云计算应用开发 1+X 证书制度系列教材

云计算应用开发

（中级）

主　编　腾讯云计算（北京）有限责任公司

副主编　叶期财　曹　昊

参　编　杜浩男

主　审　冯　杰

電子工業出版社

Publishing House of Electronics Industry

北京·BEIJING

内容简介

本书是由腾讯云计算（北京）有限责任公司开发的1+X职业技能等级证书的配套教材，是一本基于"项目导向，任务驱动"教学理念而编写的云计算应用开发（中级）教材。本书依据云计算应用开发工作任务的实际实施过程进行内容组织。

本书从云计算应用开发工程师的角度由浅入深、系统地介绍云计算应用开发的相关知识和实际操作。本书共7个项目，包括11个任务及7个项目实训。其中，项目1为软件开发和调试，涉及Java程序开发与软件测试；项目2为公有云计算资源的管理与调用，涉及公有云服务器的管理与调用，以及轻量应用服务器和弹性伸缩的管理与调用；项目3为公有云存储资源的管理与调用，涉及公有云硬盘的管理与调用，以及公有云对象存储和文件存储的管理与调用；项目4为公有云网络资源的管理与调用，涉及私有网络和负载均衡的管理与调用，以及NAT网关和弹性公网IP的管理与调用；项目5为云开发内容管理系统的使用，涉及云开发环境的管理与调用；项目6为云计算应用开发——使用云开发CLI工具，涉及云开发CLI工具的管理与调用；项目7为云计算应用开发——静态网站托管，涉及静态网站托管的管理与调用。

本书既可以作为中职、高职和应用型本科院校大数据、云计算及计算机相关专业的教材，也可以作为云计算应用开发人员的自学用书或培训指导书。

图书在版编目（CIP）数据

云计算应用开发：中级 / 腾讯云计算（北京）有限责任公司主编. —北京：电子工业出版社，2022.12

ISBN 978-7-121-44658-0

Ⅰ. ①云… Ⅱ. ①腾… Ⅲ. ①云计算－职业技能－鉴定－教材 Ⅳ. ① TP393.027

中国版本图书馆 CIP 数据核字（2022）第 236065 号

责任编辑：李　静　　　特约编辑：田学清
印　　刷：天津千鹤文化传播有限公司
装　　订：天津千鹤文化传播有限公司
出版发行：电子工业出版社
　　　　　北京市海淀区万寿路 173 信箱　　邮编：100036
开　　本：787×1092　1/16　　印张：15　　字数：384 千字
版　　次：2022 年 12 月第 1 版
印　　次：2022 年 12 月第 1 次印刷
定　　价：49.80 元

凡所购买电子工业出版社图书有缺损问题，请向购买书店调换。若书店售缺，请与本社发行部联系，联系及邮购电话：（010）88254888，88258888。

质量投诉请发邮件至 zlts@phei.com.cn，盗版侵权举报请发邮件至 dbqq@phei.com.cn。

本书咨询联系方式：（010）88254604，lijing@phei.com.cn（QQ：1096074593）。

前　言

为贯彻《国家职业教育改革实施方案》，落实由中华人民共和国教育部牵头的1+X证书制度试点工作的有关政策要求，腾讯云计算（北京）有限责任公司发挥在云计算应用开发领域积累的技术和资源优势，与高校开展校企合作，共同开发了配套教材。

1．本书特色

本书结合编者多年的工作经验并根据云计算应用开发岗位所需的知识和技能编写而成。本书依据云计算应用开发工作任务的实际实施过程进行内容组织，是为1+X证书制度试点院校的学生量身定制的教材。本书中的项目由企业实际开发项目改编而来，重在培养读者分析问题与解决问题的能力。

2．参考学时

本书参考学时为56学时，其中，实践教学学时为34学时。各项目参考学时参见以下学时分配表。

学时分配表

项目	课程内容	学时分配		
		讲授	实训	小计
项目1软件开发和调试	任务1-1 Java程序开发	2	2	10
	任务1-2 软件测试	2	2	
	项目实训：JUnit测试	0	2	
项目2公有云计算资源的管理与调用	任务2-1 公有云服务器的管理与调用	2	2	10
	任务2-2 轻量应用服务器和弹性伸缩的管理与调用	2	2	
	项目实训：WordPress网站建制	0	2	
项目3公有云存储资源的管理与调用	任务3-1 公有云硬盘的管理与调用	2	2	10
	任务3-2 公有云对象存储和文件存储的管理与调用	2	2	
	项目实训：WordPress共享图片	0	2	

续表

项目	课程内容	学时分配		
		讲授	实训	小计
项目 4 公有云网络资源的管理与调用	任务 4-1 私有网络和负载均衡的管理与调用	2	2	10
	任务 4-2 NAT 网关和弹性公网 IP 的管理与调用	2	2	
	项目实训：具有 CLB 的 WordPress 网站	0	2	
项目 5 云开发内容管理系统的使用	任务 5 云开发环境的管理与调用	2	2	6
	项目实训：内容管理系统的配置	0	2	
项目 6 云计算应用开发——使用云开发 CLI 工具	任务 6 云开发 CLI 工具的管理与调用	2	1	5
	项目实训：使用云开发 CLI 工具管理云存储文件	0	2	
项目 7 云计算应用开发——静态网站托管	任务 7 静态网站托管的管理与调用	2	1	5
	项目实训：搭建 Hexo 静态博客	0	2	
总计		22	34	56

本书由腾讯云计算（北京）有限责任公司担任主编，由常州信息职业技术学院的叶期财和曹昊老师担任副主编，参编人员还有杜浩男，由冯杰担任主审。本书在编写过程中参考了大量书籍和互联网资源，并得到了相关职业院校老师的支持，在此表示感谢。

由于编者水平和编写时间所限，书中难免存在疏漏和不足之处，敬请广大读者给予批评指正。

电子课件

题库

源代码

目　录

项目 6　云计算应用开发——使用云开发 CLI 工具

项目 7　云计算应用开发——静态网站托管

项目1

软件开发和调试

学习目标

微课－项目1

（一）知识目标

（1）了解Java程序的开发过程。

（2）了解Java程序的执行方法。

（3）了解Java语言的基本语法。

（4）了解Java程序开发的工具平台。

（5）了解Java程序的调试方法。

（6）了解软件质量保证方法。

（7）了解软件测试的工作流程和测试分类。

（8）了解常见的测试策略。

（9）了解常见的测试环境的搭建技术。

（10）了解常见的白盒测试和黑盒测试用例设计。

（11）了解测试报告和缺陷报告的编写技巧。

（二）技能目标

（1）具有Java程序开发能力。

（2）掌握Java程序开发工具平台的操作技能。

（3）掌握Java程序的调试技能。

（4）掌握软件质量保证技能。

（5）掌握软件测试的工作流程和测试分类技能。

（6）掌握常见的测试策略技能。

（7）掌握常见的测试环境的搭建技术能力。

（8）掌握常见的白盒测试和黑盒测试用例设计技能。

（9）掌握测试报告和缺陷报告的编写能力。

（三）素质目标

（1）培养良好的IT职业道德、职业素养和职业规范。

（2）培养热爱科学、实事求是、严肃认真、一丝不苟、诚实守信的工作作风。

（3）提升自我更新知识和技能的能力。

（4）培养阅读技术文档、编写技术文档的能力。

（5）提升团队协作能力。

项目描述

（一）项目背景及需求

按照由机器端到人类端的认知进行划分，计算机语言可以分为3种：机器语言、汇编语言和高级编程语言。虽然计算机只能识别机器语言，但是人们在编程时却不会采用机器语言，而是采用汇编语言和高级编程语言。

汇编语言和计算机架构紧密相关，所以开发人员需要熟悉硬件的运作原理，并且由于每类计算机的硬件都有各自的汇编语言，因此想要移植使用汇编语言编写的程序时需要全部重新编写；高级编程语言采用接近人类的自然语言进行编程，进一步简化了编程过程，并且高级编程语言与计算机硬件的关联性不高，使用高级编程语言编写的程序在被移植到不同计算机中时只需做部分修改，所以绝大多数开发人员选择高级编程语言。

Java编程语言（Java Program Language）是一种高级的编程语言，它是由Sun公司（后被Oracle公司收购）于1995年5月推出的一种可以编写跨平台应用软件、完全面向对象的程序设计语言。自Java编程语言问世以来，与Java相关的技术和应用发展得非常快，在计算机、移动设备、家用电器等领域中都可以看到相关技术的应用。Java语言具有以下特点：

（1）Object oriented（面向对象）。

（2）Distributed（分布式）。

（3）Multithreaded（多线程）。

（4）Dynamic（动态的）。

（5）Portable（可移植）。

（6）High performance（高性能）。

（7）Robust（健壮的）。

（8）Secure（安全的）。

Java程序的开发环境为JDK（Java Development Kit，以下简称JDK），它是整个Java的核心，其中包括Java编译器（javac）、Java运行工具（java）、Java文档生成工具（javadoc）、Java打包工具（jar）等。

在Java程序开发过程中，所有的源代码都存储在以.java结尾的文本文件中，通过javac命令可以将源代码文件编译成.class文件。.class文件中保存的是字节码，它是Java虚拟机（Java Virtual Machine，以下简称JVM）的机器语言。下一步就可以使用java命令启动一个JVM实例运行程序。Java程序的编译和运行流程如图1-1所示。

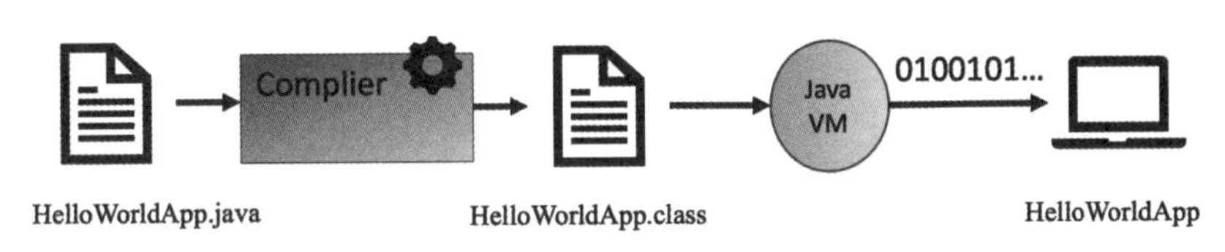

图 1-1　Java 程序的编译和运行流程

因为JVM能运行在不同的操作系统上，所以.class文件可以在Windows、Linux和macOS等系统上运行。有些JVM为提高性能会在运行程序时执行一些额外的操作，如即时编译（Just In Time，以下简称JIT），可以查找性能瓶颈并重新编译经常使用的代码。

平台是指程序运行的硬件或软件环境，而如Windows、Linux和macOS等系统。大多数平台是操作系统和底层硬件的组合，而Java平台则只是一个软件平台，并运行在其他平台之上，这也是Java语言跨平台特性的由来，如图1-2所示。

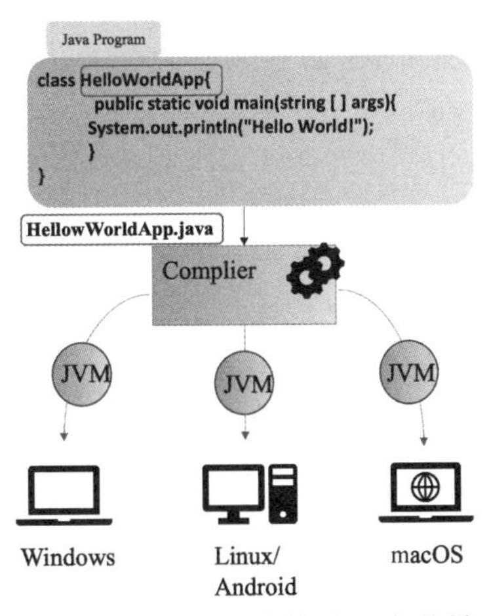

图 1-2　Java 语言的跨平台特性

Java平台有以下两个组件。

（1）JVM：JVM是Java平台的基础，建立在其他操作系统平台之上。

（2）Java API：Java API是一些Java软件的集合，提供了很多有用的功能。这些软件被分组到相关的类和接口的库中，这些库被称为packages。

（二）项目构成

高级编程语言是所有系统开发的基础，本项目将通过Java语言来完成以下任务：

（1）开发环境的设置。

（2）程序开发。

（3）应用程序开发及调试。

（4）软件测试。

（5）一个应用JUnit进行测试的试验。

任务1-1　Java程序开发

（一）任务描述

本任务通过对以下知识点的介绍，让读者了解并掌握Java程序开发：

（1）掌握Java语言的基础语法。

（2）掌握Java程序的开发过程。

（3）能够独立制作库文件。

（4）掌握Java程序代码的调试方法。

（5）掌握软件优化调测工具的使用。

（二）问题引导

对于Java程序开发，常见的问题如下：

（1）Java语言有什么特点？

（2）什么是JDK？

（3）Java程序的运行机制是什么样的？

（4）Java如何配置系统环境变量？

（5）Java语言的基本语法格式是什么样的？

（三）知识准备

想要开发Java程序，需要考虑以下问题。

（1）操作系统：如Windows或Linux等系统。

（2）JDK：JDK是整个Java的核心，其中包括Java编译器（javac）、Java运行工具

（java）、Java文档生成工具（javadoc）、Java打包工具（jar）等。

（3）Java编辑器：用来编写、编辑Java源代码。

本项目设定的开发环境为使用腾讯云的云服务器，所以操作系统选择Linux CentOS 6.8，而这个版本的操作系统可以支持的JDK版本为JDK 8，在大多数的Linux系统中都有已经安装好的编辑器（如vi）。使用者首先需要在腾讯云上启用一个操作系统为CentOS 6.8的云服务器，然后使用远端连线工具（如putty）连线到云服务器中安装所需要的JDK，所使用的安装工具是yum（Yellow dog Updater,Modified，以下简称yum）。yum是一个在Fedora、Red Hat、SUSE和CentOS系统中的前端软件包管理器，它基于RPM（Redhat Package Management，以下简称RPM）包管理，能够从指定的服务器自动下载RPM包并安装，可以自动处理依赖性关系，并且一次性安装所有依赖的软件包，无须烦琐地一次次下载、安装。

yum提供了查找、安装、删除某一个、一组甚至全部软件包的命令，而且命令简洁又好记。yum命令的语法格式如下：

```
yum [options] [command] [package ...]
```

- options：可选，选项包括-h（帮助）、-y（当安装过程提示选择全部为"yes"）、-q（不显示安装的过程）。
- command：要进行的操作。
- package：安装的包名，可以是多个包名，包名之间用空格隔开。

yum常用命令如下所述。

- yum check-update：列出所有可用更新。
- yum update：更新所有已安装软件。
- yum install <package_name>：仅安装指定的软件。
- yum update <package_name>：仅更新指定的软件。
- yum list：列出所有可安装的软件清单。
- yum remove <package_name>：删除软件包。
- yum search <keyword>：查找软件包。

在编写Java程序时，应注意以下几点。

（1）区分大小写：Java语言是区分大小写的，这就意味着标识符Hello与hello是不同的。

（2）命名规范：对于所有的类来说，类名的首字母应该大写，如果类名由若干个单词组成，则每个单词的首字母都应该大写（如MyFirstJavaClass）。所有的方法名都应该以小写字母开头。如果方法名含有若干个单词，则后面的每个单词的首字母大写。

（3）源文件名：源文件名必须与类名相同。当保存文件时，应该使用类名作为文件名保存，文件名的后缀为.java，如果文件名与类名不相同，则会导致编译错误。

（4）主方法入口：所有的Java程序都是从public static void main(String[] args)方法开始执行的。

图1–3所示为Java程序主方法入口的语法范例，说明了一个基本的方法声明的语法。访问修饰符用来说明是否可被公开存取；关键字static用来说明这个函数是静态函数；void用来说明这个函数的返回值类型；main是方法名，需要符合标识符的命名规范；小括号内的参数需要指定数据类型，如String类。

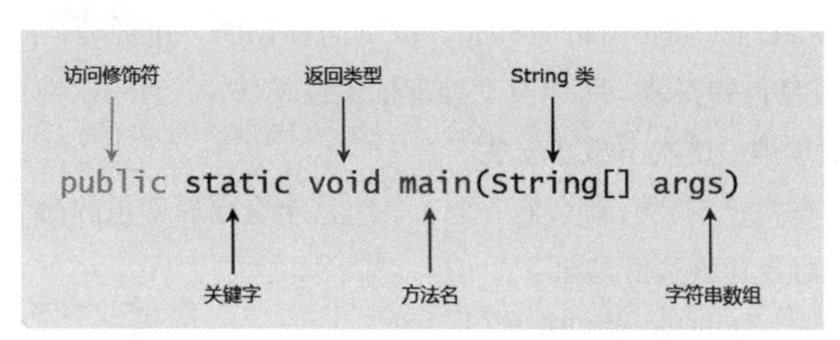

图 1–3　Java 程序主方法入口的语法范例

1. Java变量的相关知识

Java程序中所有的组成部分都需要名字。类名、变量名及方法名都被称为标识符。关于Java标识符，有以下几点需要注意：

• 所有的标识符都应该以字母（A ~ Z或a ~ z）、美元符（$）或下画线（_）开始。

• 首字符之后可以是字母（A ~ Z或a ~ z）、美元符（$）、下画线（_）或数字的任何字符组合。

合法标识符举例：age、$salary、_value、_1_value。非法标识符举例：123abc、–salary。

Java语言可以使用修饰符来修饰类中的方法和属性。Java语言中主要有以下两类修饰符。

• 访问控制修饰符：default、public、protected、private。

• 非访问控制修饰符：final、abstract、static、synchronized。

Java语言中主要有以下几种类型的变量。

• 类变量：独立于方法之外的变量，使用static修饰。

• 实例变量：独立于方法之外的变量，不过没有使用static修饰。

• 局部变量：类的方法中的变量。

2. Java基本数据类型的相关知识

变量就是申请内存来存储值。也就是说，当创建变量时，需要在内存中申请空间。而内存管理系统根据变量的数据类型为变量分配存储空间，分配的存储空间只能用来存储该类型数据。因此，通过定义不同类型的变量，可以在内存中存储整数、小数或字符。Java语言有两大数据类型：内置数据类型和引用数据类型。

内置数据类型包含八种基本数据类型：六种数字类型（四种整数类型和两种浮点类型）、一种字符类型、一种布尔类型。

1）byte类型

• byte类型数据是8位、有符号的、以二进制补码表示的整数。

• 最小值是-128（-2^7）。

• 最大值是127（2^7-1）。

• byte类型数据用在大型数组中可以节约空间，主要用于代替整数，因为byte类型变量占用的空间只有int类型变量占用的空间的四分之一。

• 默认值是0。

示例：byte a=10，byte b=-20。

2）short类型

• short类型数据是16位、有符号的、以二进制补码表示的整数。

• 最小值是-32768（-2^{15}）。

• 最大值是32767（$2^{15}-1$）。

• short类型数据也可以像byte类型数据那样节省空间，因为short类型变量占用的空间是int类型变量占用的空间的二分之一。

• 默认值是0。

示例：short s=100，short r=-200。

3）int类型

• int类型数据是32位、有符号的、以二进制补码表示的整数。

• 最小值是-2,147,483,648（-2^{31}）。

• 最大值是2,147,483,647（$2^{31}-1$）。

• 一般整型变量默认为int类型数据。

• 默认值是0。

示例：int a=1000000, int b=-2000000。

4）long类型

• long类型数据是64位、有符号的、以二进制补码表示的整数。

• 最小值是-9,223,372,036,854,775,808（-2^{63}）。

• 最大值是9,223,372,036,854,775,807（$2^{63}-1$）。

• long类型数据主要用在需要比较大的整数的系统中。

• 默认值是0L。

示例：long a=100000L，long b=-200000L。“L”理论上不分大小写，但是如果写成小写形式的“l”，则容易与数字“1”混淆，不容易分辩，所以最好采用大写形式。

5）float类型

• float类型数据是单精度、32位、符合IEEE 754标准的浮点数。

• float类型数据在存储大型浮点数组时可以节省内存空间。

• 默认值是0.0f。

• float类型数据不能用来表示精确的值，如货币。

示例：float f1=1234.5f。

6）double类型

• double类型数据是双精度、64位、符合IEEE 754标准的浮点数。

• 浮点数的默认类型为double类型。

• double类型数据同样不能表示精确的值，如货币。

• 默认值是0.0d。

示例：7是一个int类型字面量，而7D、7.和7.0是double类型字面量。

```
double  d1 = 7D;
double  d2 = 7.;
double  d3 = 7.0;
double  d4 = 7.D;
double  d5 = 12.3456;
```

7）boolean类型

• boolean类型数据表示一位的信息。

• 只有两个取值：true和false。

• boolean类型数据只作为一种标志来记录true/false情况。

• 默认值是false。

示例：boolean one=true。

8）char类型

• char类型数据是一个单一的16位Unicode字符。

• 最小值是\u0000（十进制等效值为0）。

• 最大值是\uFFFF（即65535）。

• char类型可以存储任何字符。

示例：char letter='Z'。

3. Java语言的流程判断和控制

Java语言有5种主要的流程判断结构，分别如下：

- if语句。
- if…else语句。
- if…else if…else语句。
- 嵌套的if…else语句。
- switch case语句。

1）if语句

一个if语句包含一个布尔表达式和一条或多条语句，语法格式如下：

```
if (布尔表达式)
{
    //当布尔表达式的值为true时将执行的语句
}
```

2）if…else语句

if语句后面可以跟else语句，当if语句中的布尔表达式的值为false时，else语句块会被执行，语法格式如下：

```
if (布尔表达式) {
    //当布尔表达式的值为true时将执行的语句
} else {
    //当布尔表达式的值为false时将执行的语句
}
```

3）if…else if…else语句

if语句后面可以跟else if…else语句，这种语句可以检测到多种可能的情况，语法格式如下：

```
if (布尔表达式 1) {
    //当布尔表达式1的值为true时将执行的语句
} else if (布尔表达式 2) {
    //当布尔表达式2的值为true时将执行的语句
} else {
    //当以上布尔表达式的值都不为true时将执行的语句
}
```

使用该语句时需要注意下面几点：

（1）if语句至多有1个else语句，else语句在所有的else if语句之后。

（2）if语句可以有若干个else if语句，这些else if语句必须在else语句之前。

（3）一旦其中一个else if语句中的布尔表达式的值为true，那么其他的else if语句及else语句都将跳过执行。

4）嵌套的if…else语句

使用嵌套的if…else语句是合法的，也就是说，可以在另一个if语句或else if语句中使用if语句或else if语句，语法格式如下：

```
if (布尔表达式 1) {
    //当布尔表达式1的值为true时将执行的语句
    if (布尔表达式 2) {
        //当布尔表达式2的值为true时将执行的语句
    }
}
```

5）switch case语句

switch case语句判断一个变量与一系列值中的某个值是否相等，每个值称为一个分支，语法格式如下：

```
switch(expression){
    case value :
        //语句
        break; //可选
    case value :
        //语句
        break; //可选
    //可以有任意数量的case语句
    default : //可选
        //语句
}
```

switch case语句有如下规则：

（1）switch语句中的变量的数据类型可以是byte、short、int或char。从Java SE 7开始，switch语句支持字符串String类型了，同时case后面的值必须为字符串常量或字面常量。

（2）switch语句可以拥有多个case语句，每个case后面跟冒号和一个要比较的值。

（3）case语句中的值的数据类型必须与变量的数据类型相同，而且只能是常量或字面常量。

（4）当变量的值与case语句中的值相等时，那么case语句中冒号之后的语句开始执行，直到break语句出现才会跳出switch语句。

（5）当遇到break语句时，switch语句终止。程序跳转到switch语句后面的语句执行。case语句中并非必须包含break语句。如果没有break语句出现，程序会继续执行下一条case语句，直到出现break语句。

（6）switch语句可以包含一个default分支，该分支一般是switch语句的最后一个分支（可以在任何位置，但建议在最后）。当所有case语句中的值与变量的值都不相等时执行default分支。default分支不需要break语句。

（7）当switch case语句执行时，一定会先进行匹配，匹配成功后返回当前case语句的值，再根据是否有break语句来判断是否继续输出，或者跳出判断。

Java语言有3种主要的循环结构，分别如下：

- while循环。
- do…while循环。
- for循环。

1）while循环

while循环是最基本的循环，只要布尔表达式的值为true，循环就会一直执行下去。语法格式如下：

```
while (布尔表达式) {
    //代码语句
}
```

2）do…while循环

对while循环而言，如果不满足条件，则不能进入循环。但是有时我们需要即使不满足条件也至少执行一次循环，因此引入了do…while循环。do…while循环和while循环相似，不同的是，do…while循环至少会执行一次。语法格式如下：

```
do {
    //代码语句
} while (布尔表达式);
```

3）for 循环

for循环执行的次数是在执行前就确定的。语法格式如下：

```
for(初始化; 布尔表达式; 更新) {
    //代码语句
}
```

关于for循环有以下几点说明：

（1）执行初始化步骤。初始化的内容可以是声明变量类型并初始化一个或多个循环控制变量，也可以是空语句。

（2）检测布尔表达式的值。如果布尔表达式的值为true，则循环体被执行。如果布尔表达式的值为false，则循环终止，开始执行循环体后面的语句。

（3）执行一次循环后，更新循环控制变量。

（4）再次检测布尔表达式的值。

（5）循环执行上面的过程。

4. Java语言中的方法

Java语言中的方法通常是用函数的方式来进行定义的。下面以经常使用的System.out.println();语句为例进行说明。

- System是系统类。
- out是标准输出对象。
- println()是一个方法。

这条语句的作用是调用系统类System中的标准输出对象out里的println()方法。

在一般情况下，定义一个方法的语法格式如下：

```
修饰符 返回值类型 方法名(参数类型 参数名){
    ...
    方法体
    ...
    return 返回值;
}
```

方法包含一个方法头（上述语法格式中的第一行）和一个方法体。下面是一个方法的所有部分。

（1）修饰符：修饰符是可选的，用于告诉编译器如何调用该方法。修饰符用于定义该方法的访问类型。

（2）返回值类型：方法可能会返回值。返回值类型是方法返回值的数据类型。有些方法执行所需的操作，但是没有返回值，在这种情况下，返回值类型是关键字void。

（3）方法名：表示方法的实际名称。

（4）参数类型、参数名：参数名像是一个占位符，参数类型用于指定内存占位数量。当方法被调用时，传递值给参数，这个值被称为实参或变量。参数列表包含方法的参数类型、顺序和参数的个数。参数是可选的，方法可以不包含任何参数。

（5）方法体：方法体包含具体的语句，用于定义该方法的功能。

方法具有以下优点：

（1）使程序变得更简短而清晰。

（2）有利于程序的维护。

（3）可以提高程序开发的效率。

（4）提高了代码的重用性。

方法名需要为合法标识符，方法的命名规则如下（方法的命名规则只是便于开发人员阅读代码，并无强制性）：

（1）方法名的第一个单词应全部采用小写形式，而后面的单词的首字母则采用大写形式，不使用连接符，如addPerson。

（2）下画线可能出现在JUnit测试方法名称中，用以分隔名称的逻辑组件。一个典型的模式是test<MethodUnderTest>_<state>，如testPop_emptyStack。

（四）任务实施

1. 掌握Java程序的开发过程

首先在腾讯云网站上注册一个账号，然后开启一台云服务器，云服务器的基本信息如图1–4所示。这是一个通过WordPress博客平台（CentOS 6.8 64位）镜像所创建的云服务器实例，因为只作为练习使用，所以选择较精简的实例规格（标准型S5 | S5.SMALL1）来完成Linux主机的设置。

图 1–4　云服务器的基本信息

在图1–4中的右上角单击“登录”按钮后，进入主机内安装Java程序的开发环境（JDK）。在“清理终端”界面中输入以下命令：

```
#确认操作系统的版本
more /etc/redhat-release

#查询可安装的JDK的版本
yum search openjdk

#安装JDK 8
sudo yum install java-1.8.0-openjdk-devel

#查询JDK 8的安装路径
rpm -ql java-1.8.0-openjdk-devel
```

图1–5所示为在云服务器上的操作过程，确认操作系统的版本是CentOS release 6.9（Final），而最新的可安装的JDK版本为java–1.8.0–openjdk。

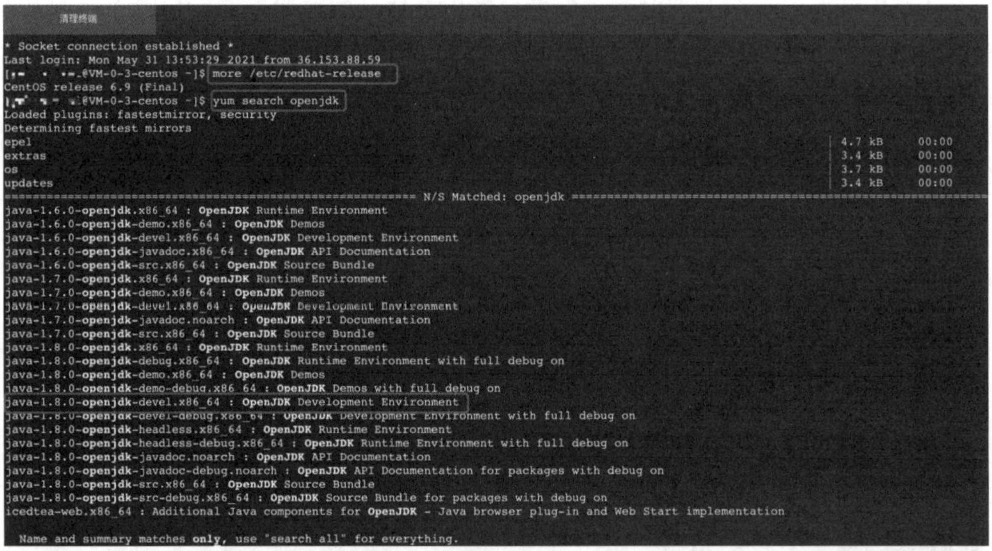

```
清理终端
* Socket connection established *
Last login: Mon May 31 13:53:29 2021 from 36.153.88.59
@VM-0-3-centos ~]$ more /etc/redhat-release
CentOS release 6.9 (Final)
@VM-0-3-centos ~]$ yum search openjdk
Loaded plugins: fastestmirror, security
Determining fastest mirrors
epel                                                    | 4.7 kB     00:00
extras                                                  | 3.4 kB     00:00
os                                                      | 3.7 kB     00:00
updates                                                 | 3.4 kB     00:00
============================ N/S Matched: openjdk ============================
java-1.6.0-openjdk.x86_64 : OpenJDK Runtime Environment
java-1.6.0-openjdk-demo.x86_64 : OpenJDK Demos
java-1.6.0-openjdk-devel.x86_64 : OpenJDK Development Environment
java-1.6.0-openjdk-javadoc.x86_64 : OpenJDK API Documentation
java-1.6.0-openjdk-src.x86_64 : OpenJDK Source Bundle
java-1.7.0-openjdk.x86_64 : OpenJDK Runtime Environment
java-1.7.0-openjdk-demo.x86_64 : OpenJDK Demos
java-1.7.0-openjdk-devel.x86_64 : OpenJDK Development Environment
java-1.7.0-openjdk-javadoc.noarch : OpenJDK API Documentation
java-1.7.0-openjdk-src.x86_64 : OpenJDK Source Bundle
java-1.8.0-openjdk.x86_64 : OpenJDK Runtime Environment
java-1.8.0-openjdk-debug.x86_64 : OpenJDK Runtime Environment with full debug on
java-1.8.0-openjdk-demo.x86_64 : OpenJDK Demos
java-1.8.0-openjdk-demo-debug.x86_64 : OpenJDK Demos with full debug on
java-1.8.0-openjdk-devel.x86_64 : OpenJDK Development Environment
java-1.8.0-openjdk-devel-debug.x86_64 : OpenJDK Development Environment with full debug on
java-1.8.0-openjdk-headless.x86_64 : OpenJDK Runtime Environment
java-1.8.0-openjdk-headless-debug.x86_64 : OpenJDK Runtime Environment with full debug on
java-1.8.0-openjdk-javadoc.noarch : OpenJDK API Documentation
java-1.8.0-openjdk-javadoc-debug.noarch : OpenJDK API Documentation for packages with debug on
java-1.8.0-openjdk-src.x86_64 : OpenJDK Source Bundle
java-1.8.0-openjdk-src-debug.x86_64 : OpenJDK Source Bundle for packages with debug on
icedtea-web.x86_64 : Additional Java components for OpenJDK - Java browser plug-in and Web Start implementation

  Name and summary matches only, use "search all" for everything.
```

图1–5 在云服务器中确认操作系统和JDK的版本

使用Linux系统内建的编辑器vi来编辑一个简单的Java程序，该Java程序包含3个主要的部分：源代码注释、类定义、main()方法。代码如下：

```
#HelloWorldApp.java
/**
* The HelloWorldApp class implements an application that
* simply prints "Hello World!" to standard output.
*/
```

```
class HelloWorldApp {
    public static void main(String[] args) {
        System.out.println("Hello World!"); // Display the string.
    }
}
```

在“清理终端”界面中输入以下命令，编辑、编译及运行程序：

```
#创建一个源代码文件夹
mkdir examples
cd examples

#创建一个源代码文件
vi HelloWorldApp.java

#将源代码文件编译成.class文件
javac HelloWorldApp.java
ls -l

#运行程序
java HelloWorldApp
```

在云服务器中运行Java程序，如图1-6所示。

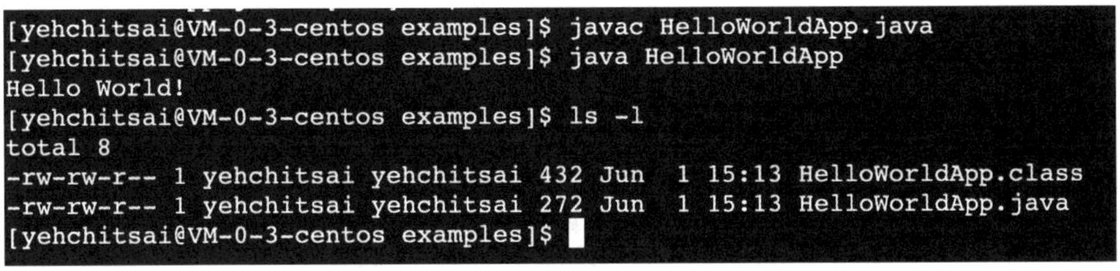

```
[yehchitsai@VM-0-3-centos examples]$ javac HelloWorldApp.java
[yehchitsai@VM-0-3-centos examples]$ java HelloWorldApp
Hello World!
[yehchitsai@VM-0-3-centos examples]$ ls -l
total 8
-rw-rw-r-- 1 yehchitsai yehchitsai 432 Jun  1 15:13 HelloWorldApp.class
-rw-rw-r-- 1 yehchitsai yehchitsai 272 Jun  1 15:13 HelloWorldApp.java
[yehchitsai@VM-0-3-centos examples]$
```

图 1-6　在云服务器中运行 Java 程序

2．能够独立制作库文件

Java语言支持三种注释方式，分别是//、/*…*/和/**…*/。第三种注释方式被称作文档注释，允许开发人员在程序中嵌入关于程序的信息，同时可以使用javadoc工具来生成信息，并输出到HTML说明文件中。文档注释使开发人员可以更加方便地记录其所开发的程序的信息。

文档注释在开始的/**之后，第一行或几行是关于类、变量和方法的主要描述。然后，可以包含一个或多个各种各样的@标签，每个@标签必须在一个新行的开始或在一行的开始紧跟星号（*），多个相同类型的标签应该放成一组。例如，如果有3个@see标签，则可以将它们一个接一个地放在一起。下面是一个类的文档注释的示例：

```
/*** 计算加减乘除的计算器类
* @author yehchitsai@czcit
* @version 1.0
*/
```

javadoc工具将Java程序的源代码作为输入，输出一些包含程序注释的HTML文件，每个类的信息将在独自的HTML文件中，可以输出继承的树形结构和索引。由于javadoc工具的实现不同，工作也可能不同，因此需要检查Java开发系统的版本等细节，选择合适的javadoc工具版本。

下面以一个计算器类的示例来说明javadoc工具所生成的库文件。代码如下：

```
package com.javadocs.calculator;

import java.io.*;
/**
* 计算加减乘除的计算器类
* @author yehchitsai@czcit
* @version 1.0
* Calculator 类:
* 基本的算术运算如加减乘除等
* Add, Subtract, Multiply, Divide
*/

/**
* Calculator 类构造器
*/
public class Calculator {
    public Calculator() {
    }
```

```
/**
* Add method.
* @param a the first parameter.
* @param b the second parameter.
* @return result of (a+b) as a integer.
* @exception IOException On input error.
* @see IOException
*/
    public int add (int a, int b) throws IOException {
        return a + b;
    }

/**
*Subtract method.
* @param a the first parameter.
* @param b the second parameter.
* @return a - b as a integer.
* @exception IOException On input error.
* @see IOException
*/
    public int subtract (int a, int b) throws IOException {
        return a - b;
    }

/**
* Multiply method.
* @param a the first parameter.
* @param b the second parameter.
* @return a * b as a integer.
* @exception IOException On input error.
* @see IOException
*/
```

```
    public long multiply (int a, int b) throws IOException {
        return a * b;
    }

/**
* Divide method.
* 需要特别注意的是，当除以0时会抛出异常
* Note that this method throws an exception when
* b is zero.
* @param a the first parameter.
* @param b the second parameter.
* @return a/b as a double.
* @exception IOException On operation error.
* @see IllegalArgumentException
*/
    public double divide (int a, int b)  throws IOException {
        double result;
        if (b == 0) {
            throw new IllegalArgumentException ("Divisor cannot divide by zero");
        } else {
            result = Double.valueOf (a)/Double.valueOf (b);
        }
        return result;
    }
}
```

登录腾讯云服务器，使用编辑器vi生成Calculator.java文件，然后输入以下命令生成库文件，需要指定生成的文件的字符集，以确保在浏览器上正常显示：

```
javadoc -charset utf-8 Calculator.java
```

javadoc工具生成的库文件如图1–7所示。

表1–1所示为javadoc工具可以识别的标签。

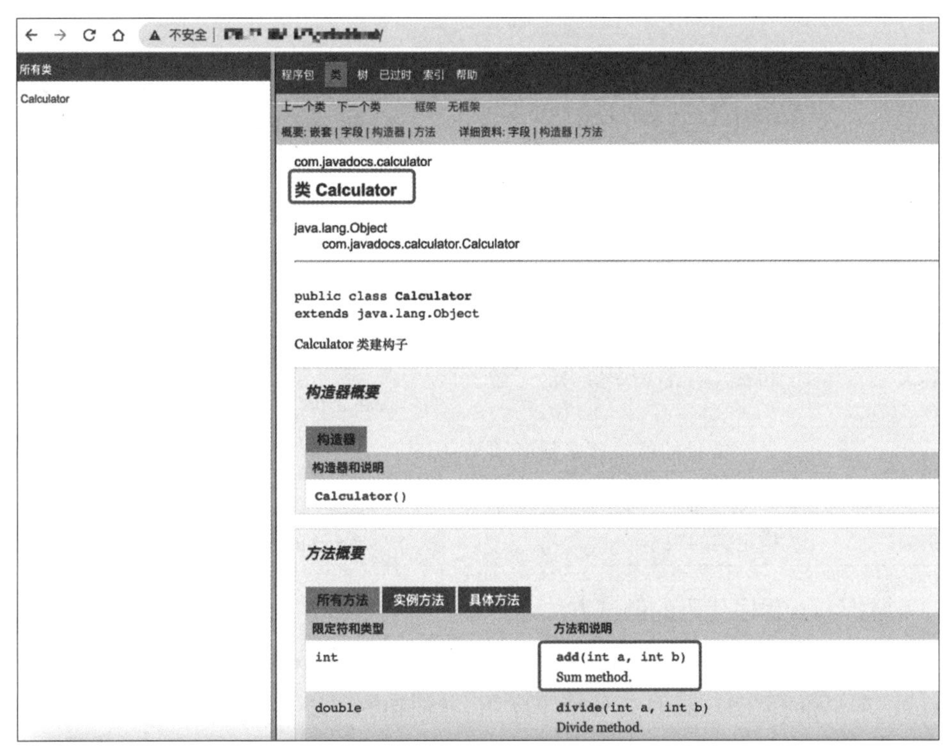

图 1–7 javadoc 工具生成的库文件

表 1–1 javadoc 工具可以识别的标签

标签	描述	示例
@author	标识一个类的作者	@author Ye
@deprecated	指定一个过期的类或成员	@deprecated As of JDK1.1, replaced by hello(int,int)
{@docRoot}	指定当前文档根目录的路径	<a href="{@docRoot}/copyright.html"> Copyright</a>
@exception	标识一个类抛出的异常	@exception IOException I/O exception occurred
{@inheritDoc}	从直接父类继承的注释	{@inheritDoc}
{@link}	插入一个到另一个主题的链接	{@link name text}
{@linkplain}	插入一个到另一个主题的链接，但是该链接显示纯文本字体	Refer to {@linkplain add() the overridden method}
@param	说明一个方法的参数	@param parameter–name explanation
@return	说明返回值类型	@return explanation
@see	指定一个到另一个主题的链接	@see anchor

续表

标签	描述	示例
@serial	说明一个序列化属性	@serial description
@serialData	说明通过 writeObject() 和 writeExternal() 方法写的数据	@serialData description
@serialField	说明一个 ObjectStreamField 组件	@serialField name type description
@since	标记当引入一个特定的变化时	@since release
@throws	和 @exception 标签一样 .	@throws IOException I/O exception occurred
{@value}	显示常量的值，该常量必须是 static 属性。	{@value #obj1} object1 description
@version	指定类的版本	@version info

3．掌握Java程序代码的调试方法

当Java程序中有逻辑错误时，就需要使用JDB（Java DeBugger，Java调试器）来进行调试，本书推荐在Linux系统环境下学习，这样可以更详细地了解每个步骤。首先在终端中使用编辑器vi生成以下代码，调用在上一个知识点中所建立的Calculator类进行加法运算：

```
#HelloJDB.java
import java.io.*;
import com.javadocs.calculator.*;

public class HelloJDB{
    public static void main(String[] args) throws IOException{
        int i = 5;
        int j = 6;
        Calculator calc = new Calculator();
        int sum = calc.add(i, j);
        System.out.println(sum);

        sum = 0;
        for(i=0; i< 100; i++)
            sum += i;

        System.out.println(sum);
```

```
    }
}
```

新建HelloJDB.java文件后，首先把Calculator类的源代码移到它所属的归属包中，然后对代码进行编译。需要注意的是，javac命令中的参数-g是为了产生各种调试信息，一定要加上，否则无法进行调试。最后使用JDB对程序进行调试。命令如下：

```
mv Calculator.java com/javadocs/calculator/
javac -g -d . HelloJDB.java
jdb -classpath . HelloJDB
```

运行结果如图1-8所示。

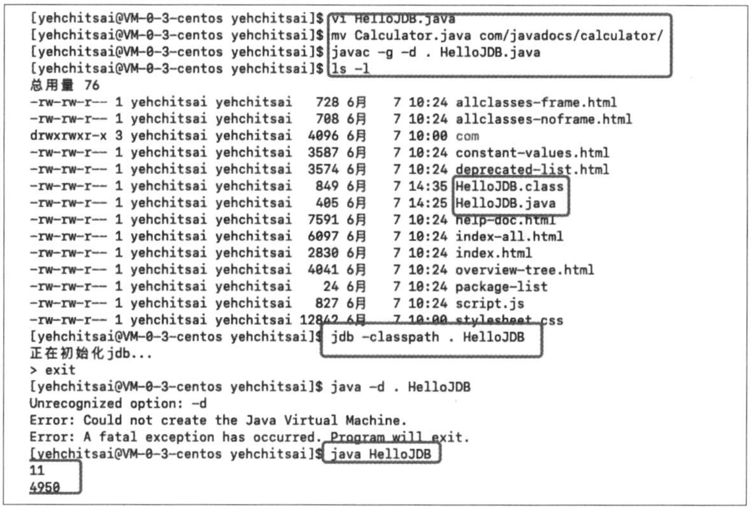

```
[yehchitsai@VM-0-3-centos yehchitsai]$ vi HelloJDB.java
[yehchitsai@VM-0-3-centos yehchitsai]$ mv Calculator.java com/javadocs/calculator/
[yehchitsai@VM-0-3-centos yehchitsai]$ javac -g -d . HelloJDB.java
[yehchitsai@VM-0-3-centos yehchitsai]$ ls -l
总用量 76
-rw-rw-r-- 1 yehchitsai yehchitsai   728 6月   7 10:24 allclasses-frame.html
-rw-rw-r-- 1 yehchitsai yehchitsai   708 6月   7 10:24 allclasses-noframe.html
drwxrwxr-x 3 yehchitsai yehchitsai  4096 6月   7 10:00 com
-rw-rw-r-- 1 yehchitsai yehchitsai  3587 6月   7 10:24 constant-values.html
-rw-rw-r-- 1 yehchitsai yehchitsai  3574 6月   7 10:24 deprecated-list.html
-rw-rw-r-- 1 yehchitsai yehchitsai   849 6月   7 14:35 HelloJDB.class
-rw-rw-r-- 1 yehchitsai yehchitsai   405 6月   7 14:25 HelloJDB.java
-rw-rw-r-- 1 yehchitsai yehchitsai  7591 6月   7 10:24 help-doc.html
-rw-rw-r-- 1 yehchitsai yehchitsai  6097 6月   7 10:24 index-all.html
-rw-rw-r-- 1 yehchitsai yehchitsai  2830 6月   7 10:24 index.html
-rw-rw-r-- 1 yehchitsai yehchitsai  4041 6月   7 10:24 overview-tree.html
-rw-rw-r-- 1 yehchitsai yehchitsai    24 6月   7 10:24 package-list
-rw-rw-r-- 1 yehchitsai yehchitsai   827 6月   7 10:24 script.js
-rw-rw-r-- 1 yehchitsai yehchitsai 12842 6月   7 10:00 stylesheet.css
[yehchitsai@VM-0-3-centos yehchitsai]$ jdb -classpath . HelloJDB
正在初始化jdb...
> exit
[yehchitsai@VM-0-3-centos yehchitsai]$ java -d . HelloJDB
Unrecognized option: -d
Error: Could not create the Java Virtual Machine.
Error: A fatal exception has occurred. Program will exit.
[yehchitsai@VM-0-3-centos yehchitsai]$ java HelloJDB
11
4950
```

图 1-8　生成可调试文件并进行调试

在调试程序时，要先学会设置断点，这样才能让程序停在有问题的代码处进行排查。学习调试需要学会设置以下4种断点：

- 方法断点。
- 行断点。
- 条件断点。
- 临时断点。

接下来的练习会使用方法断点来显示目前执行所在行号、目前变量内容，以及使用行断点来显示所有断点、清除断点等。

通过设定方法断点执行到主程序，开始运行并检查执行所在行号。需要注意的是，如果要显示执行所在行号，则需要把类文件（.class文件）和源代码文件（.java文件）放在一起。运行结果如图1-9所示。

```
[yehchitsai@VM-0-3-centos yehchitsai]$ jdb -classpath . HelloJDB
正在初始化jdb...
> list
在使用 'run' 命令启动 VM 前，命令 'list' 是无效的
> stop in HelloJDB.main
正在延迟断点HelloJDB.main。
将在加载类后设置。
> run
运行HelloJDB
设置未捕获的java.lang.Throwable
设置延迟的未捕获的java.lang.Throwable
>
VM 已启动：设置延迟的断点HelloJDB.main

断点命中："线程=main", HelloJDB.main(), 行=6 bci=0
6          int i = 5;

main[1] list
2     import com.javadocs.calculator.*;
3
4     public class HelloJDB{
5       public static void main(String[] args) throws IOException{
6 =>         int i = 5;
7            int j = 6;
8            Calculator calc = new Calculator();
9            int sum = calc.add(i, j);
10            System.out.println(sum);
11
main[1] 
```

图 1-9　设定方法断点执行到主程序的运行结果

单步跟踪命令next和step在执行一般语句时没有区别；在执行有方法调用的语句时，next命令会把方法执行完，step命令会进入方法体；如果要直接运行完整个方法体，则可以使用step up命令。所以在调试时，对于单步执行，我们要优先使用next命令，这样效率会比较高。使用step命令进入类构造器的主体的运行结果如图1-10所示。

```
main[1] main[1] step
>
已完成的步骤："线程=main", HelloJDB.main(), 行=8 bci=5
8           Calculator calc = new Calculator();

main[1] step
>
已完成的步骤："线程=main", com.javadocs.calculator.Calculator.<init>(), 行=17 bci=0
17        public Calculator() {

main[1] list
13      /**
14      * Calculator 类建构子
15      */
16      public class Calculator {
17 =>      public Calculator() {
18         }
19
20      /**
21      * Sum method.
22      * @param a the first parameter.
main[1] step up
>
已完成的步骤："线程=main", HelloJDB.main(), 行=8 bci=12
8           Calculator calc = new Calculator();
```

图 1-10　使用 step 命令进入类构造器的主体的运行结果

可以使用locals命令来检视目前的变量内容，也可以使用print命令直接打印该变量的内容，运行结果如图1-11所示。

```
main[1] step up
>
已完成的步骤: "线程=main", HelloJDB.main(), 行=8 bci=12
8          Calculator calc = new Calculator();

main[1] locals
方法参数:
args = instance of java.lang.String[0] (id=420)
本地变量:
i = 5
j = 6
main[1] print i
 i = 5
main[1] list
4     public class HelloJDB{
5       public static void main(String[] args) throws IOException{
6           int i = 5;
7           int j = 6;
8 =>        Calculator calc = new Calculator();
9           int sum = calc.add(i, j);
10           System.out.println(sum);
11
12           sum = 0;
13           for(i=0; i< 100; i++)
```

图 1–11　分别使用 locals 命令和 print 命令的运行结果

设定行断点stop at HelloJDB:13，并利用cont命令直接运行到第13行的循环的开始，可以先利用locals命令观察一下变量的改变，再设定行断点完成循环运算，如图1–12所示。

```
main[1] stop at HelloJDB:13
设置断点HelloJDB:13
main[1] cont
11
>
断点命中: "线程=main", HelloJDB.main(), 行=13 bci=32
13          for(i=0; i< 100; i++)

main[1] next
>
已完成的步骤: "线程=main", HelloJDB.main(), 行=14 bci=40
14              sum += i;

main[1] next
>
已完成的步骤: "线程=main", HelloJDB.main(), 行=13 bci=46
13          for(i=0; i< 100; i++)

main[1] locals
方法参数:
args = instance of java.lang.String[0] (id=420)
本地变量:
i = 0
j = 6
calc = instance of com.javadocs.calculator.Calculator(id=421)
sum = 0
main[1] list
9          int sum = calc.add(i, j);
10          System.out.println(sum);
11
12          sum = 0;
13 =>       for(i=0; i< 100; i++)
14              sum += i;
15
16          System.out.println(sum);
17      }
18
main[1] stop at HelloJDB:16
```

图 1–12　设定行断点并观察变量的改变

最后可以通过stop或clear命令来观察设定的所有断点，并可以利用clear命令清除特定断点，如图1-13所示。

```
main[1] stop at HelloJDB:16
设置断点HelloJDB:16
main[1] cont
>
断点命中: "线程=main", HelloJDB.main(), 行=16 bci=52
16          System.out.println(sum);

main[1] locals
方法参数:
args = instance of java.lang.String[0] (id=420)
本地变量:
i = 100
j = 6
calc = instance of com.javadocs.calculator.Calculator(id=421)
sum = 4950
main[1] stop
断点集:
        断点HelloJDB.main
        断点HelloJDB:13
        断点HelloJDB:16
main[1] clear HelloJDB:13
已删除: 断点HelloJDB:13
main[1] clear
断点集:
        断点HelloJDB.main
        断点HelloJDB:16
main[1] exit
4950
[yehchitsai@VM-0-3-centos yehchitsai]$
```

图1-13　观察所有断点并清除特定断点

4. 掌握软件优化调测工具的使用

1）strace简介

strace是Linux系统中的一个调试和跟踪工具，用来监控一个应用程序所使用的系统调用及它所接收的系统信息，然后把每一个执行的系统调用的名称、参数和返回值打印出来。以下是strace可以应用的场景。

- 可以筛选出特定的系统调用。
- 可以记录系统调用的次数、时间、成功和失败的次数。
- 可以跟踪发送给进程的信号。
- 可以通过pid附加到任何正在运行的进程上。

以下是strace常用的选项。

- -c：统计每一个系统调用所执行的时间、次数和出错的次数等。
- -d：输出strace关于标准错误的调试信息。
- -f：跟踪由fork调用所产生的子进程。
- -h：输出简要的帮助信息。
- -r：打印每一个系统调用所需的相对时间。

- -t：在输出中的每一行前加上时间信息。
- -tt：在输出中的每一行前加上时间信息，微秒级。时间格式为17:22:58.345879
- -ttt：微秒级输出，以微秒表示时间。时间格式为1448529538.276858
- -T：显示每一个调用所耗费的时间。
- -v：输出所有的系统调用，环境变量、状态、输入、输出等调用由于使用频繁，默认不输出。
- -e expr：指定一个表达式，用来控制如何跟踪。例如，-e open等价于-e trace=open，表示只跟踪打开（open）文件的调用。
- -o filename：将strace的输出写入文件filename。
- -p pid：跟踪指定的进程pid。
- -u username：以username的UID和GID执行被跟踪的命令。

图1-14所示为跟踪javac编译工作的系统调用情形，显示javac系统调用所执行的时间、次数和出错的次数的统计结果，可以观察到open这个系统调用共被调用了32次，其中有20次调用是错误的。

```
[yehchitsai@VM-0-3-centos yehchitsai]$ strace -c javac HelloJDB.java
% time     seconds  usecs/call     calls    errors syscall
------ ----------- ----------- --------- --------- ----------------
  0.00    0.000000           0        11           read
  0.00    0.000000           0        32        20 open
  0.00    0.000000           0        12           close
  0.00    0.000000           0         9         6 stat
  0.00    0.000000           0        12           fstat
  0.00    0.000000           0        32           mmap
  0.00    0.000000           0        20           mprotect
  0.00    0.000000           0         3           munmap
  0.00    0.000000           0         3           brk
  0.00    0.000000           0         2           rt_sigaction
  0.00    0.000000           0         1           rt_sigprocmask
  0.00    0.000000           0         3         2 access
  0.00    0.000000           0         1           clone
  0.00    0.000000           0         1           execve
  0.00    0.000000           0         2           readlink
  0.00    0.000000           0         1           getrlimit
  0.00    0.000000           0         2         2 prctl
  0.00    0.000000           0         1           arch_prctl
  0.00    0.000000           0         3         1 futex
  0.00    0.000000           0         1           set_tid_address
  0.00    0.000000           0         1           set_robust_list
------ ----------- ----------- --------- --------- ----------------
100.00    0.000000                   153        31 total
```

图1-14　统计javac系统调用所执行的时间、次数和出错的次数

我们可以利用参数-e open来观察系统调用open的错误信息是什么，因为错误信息的输出是2（stderr），所以必须用2>&1这个语法把错误信息导向标准输出1（stdout）中，再用grep这个语法来过滤并加编号，如图1-15所示，可以看到主要的错误原因是因为找不到某些库xxx.so.x。

```
[yehchitsai@VM-0-3-centos yehchitsai]$ strace -e open javac HelloJDB.java 2>&1 | grep open -n
1:open("/usr/lib/jvm/java-1.8.0-openjdk-1.8.0.272.b10-0.el6_10.x86_64/bin/../lib/amd64/jli/tls/x86_64/libpthread.so.0", O_RDONLY) = -1 ENOENT (No such file or directory)
2:open("/usr/lib/jvm/java-1.8.0-openjdk-1.8.0.272.b10-0.el6_10.x86_64/bin/../lib/amd64/jli/tls/libpthread.so.0", O_RDONLY) = -1 ENOENT (No such file or directory)
3:open("/usr/lib/jvm/java-1.8.0-openjdk-1.8.0.272.b10-0.el6_10.x86_64/bin/../lib/amd64/jli/x86_64/libpthread.so.0", O_RDONLY) = -1 ENOENT (No such file or directory)
4:open("/usr/lib/jvm/java-1.8.0-openjdk-1.8.0.272.b10-0.el6_10.x86_64/bin/../lib/amd64/jli/libpthread.so.0", O_RDONLY) = -1 ENOENT (No such file or directory)
5:open("/usr/lib/jvm/java-1.8.0-openjdk-1.8.0.272.b10-0.el6_10.x86_64/bin/../lib/amd64/tls/x86_64/libpthread.so.0", O_RDONLY) = -1 ENOENT (No such file or directory)
6:open("/usr/lib/jvm/java-1.8.0-openjdk-1.8.0.272.b10-0.el6_10.x86_64/bin/../lib/amd64/tls/libpthread.so.0", O_RDONLY) = -1 ENOENT (No such file or directory)
7:open("/usr/lib/jvm/java-1.8.0-openjdk-1.8.0.272.b10-0.el6_10.x86_64/bin/../lib/amd64/x86_64/libpthread.so.0", O_RDONLY) = -1 ENOENT (No such file or directory)
8:open("/usr/lib/jvm/java-1.8.0-openjdk-1.8.0.272.b10-0.el6_10.x86_64/bin/../lib/amd64/libpthread.so.0", O_RDONLY) = -1 ENOENT (No such file or directory)
9:open("/etc/ld.so.cache", O_RDONLY)      = 3
10:open("/lib64/libpthread.so.0", O_RDONLY) = 3
11:open("/usr/lib/jvm/java-1.8.0-openjdk-1.8.0.272.b10-0.el6_10.x86_64/bin/../lib/amd64/jli/libz.so.1", O_RDONLY) = -1 ENOENT (No such file or directory)
12:open("/usr/lib/jvm/java-1.8.0-openjdk-1.8.0.272.b10-0.el6_10.x86_64/bin/../lib/amd64/libz.so.1", O_RDONLY) = -1 ENOENT (No such file or directory)
13:open("/lib64/libz.so.1", O_RDONLY)      = 3
14:open("/usr/lib/jvm/java-1.8.0-openjdk-1.8.0.272.b10-0.el6_10.x86_64/bin/../lib/amd64/jli/libjli.so", O_RDONLY) = 3
15:open("/usr/lib/jvm/java-1.8.0-openjdk-1.8.0.272.b10-0.el6_10.x86_64/bin/../lib/amd64/jli/libdl.so.2", O_RDONLY) = -1 ENOENT (No such file or directory)
16:open("/usr/lib/jvm/java-1.8.0-openjdk-1.8.0.272.b10-0.el6_10.x86_64/bin/../lib/amd64/libdl.so.2", O_RDONLY) = -1 ENOENT (No such file or directory)
17:open("/lib64/libdl.so.2", O_RDONLY)      = 3
18:open("/usr/lib/jvm/java-1.8.0-openjdk-1.8.0.272.b10-0.el6_10.x86_64/bin/../lib/amd64/jli/libc.so.6", O_RDONLY) = -1 ENOENT (No such file or directory)
```

图 1-15　检视 javac 运行时系统调用中的 open 操作发生错误的原因

2）Valgrind简介

Valgrind是一款用于内存调试、内存泄漏检测及性能分析、检测线程错误的软件开发工具。Valgrind是运行在Linux系统上的多用途代码剖析和内存调试软件，主要包括Memcheck、Callgrind、Cachegrind等工具，每个工具都能完成一项任务，可能是任务调试、内存泄漏检测或性能分析等任务，甚至是检测线程违例和缓存的使用等。Valgrind基于仿真方式对程序进行调试，它先于应用程序获取实际处理器的控制权，在实际处理器的基础上仿真一个虚拟处理器，并使应用程序运行于这个虚拟处理器上，从而对应用程序的运行进行监视。应用程序并不知道该处理器是虚拟的还是实际的，并且已经被编译成二进制代码的应用程序不需要重新进行编译。Valgrind可以直接解释二进制代码，使得应用程序基于它运行，从而能够检查内存操作时可能出现的错误。所以在Valgrind下运行的应用程序的运行速度要慢得多，而且使用的内存要多得多。例如，在Memcheck工具下运行应用程序使用的内存是正常情况的两倍多。因此，最好在性能好的机器上使用Valgrind。

内存泄漏（Memory Leak）是由于疏忽或错误造成程序未能释放已经不再使用的内存，导致在释放该段内存之前就失去了对该段内存的控制，从而造成了内存的浪费。内存泄漏会因为减少可用内存的数量从而降低计算机的性能，最终，在最糟糕的情况下，过多的可用内存被分配掉会导致全部或部分设备停止正常工作，或者应用程序崩溃。

接着我们来查看先前编写的HelloJDB示例的内存使用状况。首先检查是否有Valgrind包可供安装，如果有，则进行安装。在命令行终端中输入以下命令：

```
#检查是否有包含关键字valgrind的可安装包
yum search valgrind
#安装Valgrind包
sudo yum install valgrind -y
```

运行结果如图1–16所示。

```
[yehchitsai@VM-0-3-centos yehchitsai]$ yum search valgrind
已加载插件: fastestmirror, security
Loading mirror speeds from cached hostfile
======================================== N/S Matched: valgrind ========================================
eclipse-valgrind.x86_64 : Valgrind Tools Integration for Eclipse
perl-Test-Valgrind.noarch : Generate suppressions, analyze and test any command with valgrind
valgrind-devel.i686 : Development files for valgrind
valgrind-devel.x86_64 : Development files for valgrind
valgrind-openmpi.x86_64 : OpenMPI support for valgrind
valgrind.i686 : Tool for finding memory management bugs in programs
valgrind.x86_64 : Tool for finding memory management bugs in programs
valkyrie.x86_64 : Graphical User Interface for Valgrind Suite

  Name and summary matches only, use "search all" for everything.
[yehchitsai@VM-0-3-centos yehchitsai]$ sudo yum install valgrind -y
```

图 1–16　在 CentOS 系统中检查并安装 Valgrind 包

通过Valgrind来检验在Java虚拟机上运行HelloJDB时的内存泄漏情形，命令如下：

```
valgrind --leak-check=yes java HelloJDB
```

运行结果如图1–17所示。

```
LEAK SUMMARY:
   definitely lost: 263 bytes in 9 blocks
   indirectly lost: 38 bytes in 3 blocks
     possibly lost: 287,960 bytes in 256 blocks
   still reachable: 6,746,457 bytes in 3,631 blocks
        suppressed: 0 bytes in 0 blocks
Reachable blocks (those to which a pointer was found) are not shown.
To see them, rerun with: --leak-check=full --show-leak-kinds=all

For counts of detected and suppressed errors, rerun with: -v
Use --track-origins=yes to see where uninitialised values come from
ERROR SUMMARY: 679031 errors from 495 contexts (suppressed: 0 from 0)
```

图 1–17　通过 Valgrind 来检验内存泄漏情形

说明如下。

- definitely lost（肯定丢失）：程序正在泄漏内存，需要修复这些泄漏。
- indirectly lost（间接丢失）：程序在基于指针的结构中泄漏内存。例如，如果二叉树的根节点绝对丢失，则所有子节点都将间接丢失。如果修复绝对丢失泄漏，则间接丢失泄漏应该消失。

- possibly lost（可能丢失）：程序可能正在泄漏内存。
- still reachable（仍然可以访问）：程序可能没问题，只是没有释放它可以拥有的一些内存。这是很常见的，而且通常是合理的。
- suppressed（被抑制）：意味着内存泄漏错误已被抑制。

（五）知识拓展

1．腾讯云认证

取得腾讯云认证的理由如下。

（1）行业权威：腾讯云处于行业领先地位，腾讯云认证属于行业权威。

（2）个人能力增值：获得腾讯云认证不仅可以提升自我价值，还可以获得行业认可。

（3）针对性强：腾讯云认证针对云计算、AI、大数据等行业，知识点真实匹配岗位。

（4）优先就职机会：通过腾讯云认证可以优先获得腾讯云及合作伙伴的面试机会。

2．腾讯云认证路径

腾讯云提供阶梯式的岗位技术培训认证体系，依照技术理解、应用及熟练程度分成下列3种。

- 入门级（TCA）：针对在校大学生/工作经验不足1年的从业者。
- 高级（TCP）：针对拥有1 ~ 3年工作经验的从业者。
- 专家级（TCE）：针对拥有3年以上工作经验的从业者。

依照云计算专业的方向分成下列3种。

（1）云开发工程师：适用于腾讯云开发工程师、负责云应用程序开发的人员，以及需要进行微信小程序云端开发、人工智能技术应用开发和敏捷项目管理的人员。

（2）云运维工程师：适用于从事运维腾讯云产品和服务的人员、负责在云上部署业务的技术人员、保障云上业务正常稳定运行的维护人员。

（3）云架构工程师：适用于腾讯云架构设计师、负责分析业务特性并进行云上业务架构设计的技术人员。

因为有些专项技术只是直接在云上进行应用和操作，所以对于专项技术的要求比较高，而非针对云计算的基础服务本身。根据这个需求，腾讯云推出了专项技术认证考试，目前提供的专项技术认证考试如下。

- 腾讯云音视频从业者：主要专项为腾讯云音视频。
- 腾讯云音视频开发工程师：主要专项为腾讯云音视频。
- 腾讯云微搭公有版低代码开发工程师：主要专项为腾讯云微搭低代码。

- 腾讯云 FISCO BCOS 区块链工程师：主要专项为腾讯云区块链。
- 腾讯云人工智能从业者：主要专项为腾讯云人工智能。
- 网络安全运维工程师：主要专项为腾讯云网络安全运维。
- 腾讯云安全服务高级工程师：主要专项为腾讯云安全服务。
- 大数据开发工程师：主要专项为腾讯云 EMR。
- 腾讯云专有云工程师：主要专项为腾讯云 TCE。
- 服务器运维工程师：主要专项为腾讯云服务器运维。
- 服务器运维高级工程师：主要专项为腾讯云服务器运维。
- 数据中心基础设施运维工程师：主要专项为腾讯云数据中心运维。
- 腾讯云机器学习应用工程师：主要专项为腾讯云 TI-ONE。
- 专有云交付工程师：主要专项为腾讯云 TStack。
- 专有云运维工程师：主要专项为腾讯云 TStack。
- 专有云交付运维工程师：主要专项为腾讯云 TBDS。
- PaaS 平台开发工程师：主要专项为腾讯云 TSF。
- PaaS 平台交付运维工程师：主要专项为腾讯云 TSF。
- 数据库交付运维高级工程师：主要专项为腾讯云 TDSQL（PostgreSQL 版）。
- 数据库交付运维专家级工程师：主要专项为腾讯云 TDSQL（PostgreSQL 版）。
- 数据库交付运维高级工程师：主要专项为腾讯云 TDSQL（MySQL 版）。
- 数据库交付运维专家级工程师：主要专项为腾讯云 TDSQL（MySQL 版）。
- 腾讯云研发交付工程师：主要专项为腾讯云云原生（私有化）。

任务 1-2　软件测试

（一）任务描述

本任务通过对以下知识点的介绍，让读者了解软件测试的基本概念：

（1）了解软件质量保证方法。

（2）了解软件测试的工作流程和测试分类。

（3）了解常见的测试策略。

（4）了解常见的测试环境和搭建技术。

（5）了解测试报告和缺陷报告的编写技巧。

（6）掌握常见的白盒测试和黑盒测试用例设计。

（二）问题引导

对于软件测试，常见的问题如下：

（1）什么是软件测试？

（2）软件测试的方法有哪些？

（3）白盒测试和黑盒测试的测试方法分别是什么？

（4）什么是测试环境？

（5）为什么要写软件缺陷报告？

（三）知识准备

1. 软件质量保证方法

软件质量保证的基本方法如下所述。

• 目标问题度量法：规定目标，度量收集。

• 风险管理法：识别风险，评估，风险排序，制订计划（避免、弱化、承担和转移）。

• PDCA质量控制管理循环：Plan（计划），Do（执行），Check（检查），Action（处理）。

2. 软件测试的工作流程和测试分类

图1–18所示为软件测试的工作流程。首先立项，然后编写测试计划、测试设计，接着由小到大，从单元测试、整合测试到系统测试，以确认系统功能的完整，最后针对性能进行性能测试，检验是否符合一般可以被接受的性能表现程度，通过验收测试结束整个项目的开发。

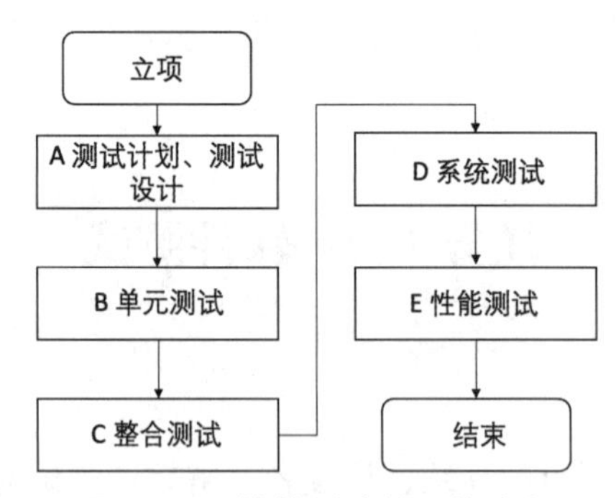

图 1–18　软件测试的工作流程

软件测试的工作流程中的每个流程都可以细分成更详细的流程。图1–19所示为单元测试的详细流程，其实跟整个软件测试的工作流程差不多，都是必须先编写测试设计文档，再产生单元测试方案，并把测试过程记录下来以制作一份记录报告，让开发人员可以根据记录报告提供新版本，接着通过回归测试，把所有的测试用例再全部测试一遍，直到没有Bug为止。

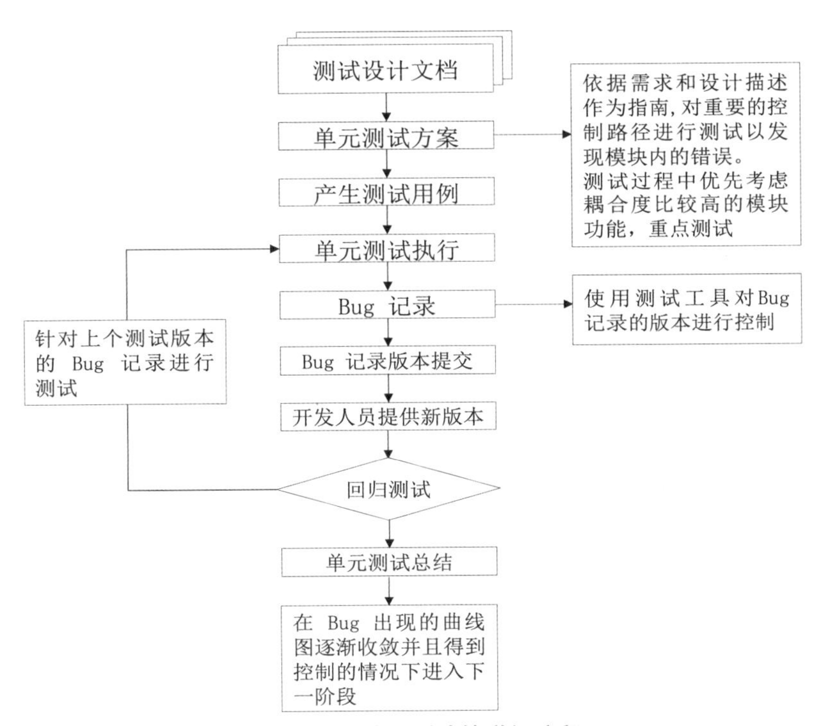

图 1–19　单元测试的详细流程

软件测试的方法种类繁多，下面运用不同的标准对软件测试的方法进行分类。

（1）按照测试策略进行分类，如表 1–2 所示。

表 1–2　按照测试策略进行分类

测试名称	测试内容
黑盒测试（Black Box Test）	把软件系统当作一个“黑箱”，无法了解或使用系统的内部结构及知识。从软件的行为而不是内部结构出发来设计测试
白盒测试（White Box Test）	设计人员可以看到软件系统的内部结构，并且使用软件的内部知识来指导测试数据及方法的选择
灰盒测试（Gray Box Test）	介于黑盒测试与白盒测试之间

（2）按照测试方式进行分类，如表 1–3 所示。

表 1–3　按照测试方式进行分类

测试名称	测试内容
手动测试（Manual Test）	测试人员用鼠标去手动测试（测试 GUI）
自动化测试（Automation Test）	用程序测试程序（测试 API）

（3）按照测试目的进行分类。

① 功能测试：测试的范围从小到大，从内到外，从程序开发人员（单元测试）到

测试人员，到一般用户 Alpha/Beta 测试，如表 1-4 所示。

表 1-4　按照测试目的进行分类（功能测试）

测试名称	测试内容
单元测试（Unit Test）	在最低的功能 / 参数上验证程序的准确性，如测试一个函数的正确性（开发人员做的）
功能测试（Functional Test）	验证模块的功能（测试人员做的）
集成测试（Integration Test）	验证几个互相有依赖关系的模块的功能（测试人员做的）
场景测试（Scenario Test）	验证几个模块是否能完成一个用户场景（测试人员做的）
系统测试（System Test）	对于整个系统功能的测试（测试人员做的）
Alpha 测试	软件测试人员在真实用户环境中对软件进行全面的测试（测试人员做的）
Beta 测试	真实的用户在真实的用户环境中进行的测试，也称公测（最终用户做的）

② 非功能测试：一个软件除了基本功能，还有很多功能之外的特性，这些特性被统称为服务质量需求（Quality of Service Requirement）。没有软件的功能，这些特性都无法表现出来，因此，我们要在软件开发的适当阶段——基本功能完成后做这些测试，如表 1-5 所示。

表 1-5　按照测试目的进行分类（非功能测试）

测试名称	测试内容
压力测试（Stress Test）	验证软件在超过负载设计的情况下仍能返回正确的结果，没有崩溃
负载测试（Load Test）	测试软件在负载情况下能否正常工作
性能测试（Performance Test）	测试软件的性能，是否提供满意的服务质量
软件辅助功能测试（Accessibility Test）	测试软件是否向残疾用户提供足够的辅助功能
本地化 / 全球化测试（Localization/Globalization Test）	测试软件是否能够在不同的地区正常显示当地语言
兼容性测试（Compatibility Test）	测试软件是否可以在不同的平台上正常运行
配置测试（Configuration Test）	测试软件在各种配置下能否正常工作
可用性测试（Usability Test）	测试软件是否好用
安全性测试（Security Test）	软件安全性测试

（4）按照测试的时机和作用进行分类：在软件开发的过程中，不少测试起着“烽火台”的作用，告诉我们软件开发的流程是否畅通，如表 1-6 所示。

表 1–6　按照测试的时机和作用进行分类

测试名称	测试内容
冒烟测试（Smoke Test）	如果冒烟测试不通过，则不能进行下一步工作
构建验证测试（Build Verification Test，BVT）	验证构建是否通过基本测试
验收测试（Acceptance Test）	为了全面考核某功能 / 特性而做的测试

（5）按照测试的颗粒度进行分类，如表1–7所示。

表 1–7　按照测试的颗粒度进行分类

测试名称	测试内容
回归测试（Regression Test）	对一个新版本重新运行以往的测试用例，查看新版本和已知的版本相比是否有退化（Regression）
探索性测试（Ad hoc Test）	随机进行的、探索性的测试
粗略的测试（Sanity Test）	只需要执行部分的测试用例

3. 常见的测试策略

目前来讲，黑盒测试与白盒测试是两种普遍的测试策略。

（1）黑盒测试是一种重要的测试策略，又称数据驱动的测试、输入/输出驱动的测试或基于需求规格说明书的测试。在使用这种测试策略时，将程序视为一个黑盒子。测试目标与程序的内部机制和结构完全无关，而是将重点集中放在发现程序不按其规范正确运行的环境条件。在这种测试策略中，测试数据完全来源于软件规范，不需要去了解程序的内部结构。

如果想用这种测试策略来发现程序的所有错误，判定的标准就是穷举输入测试，即将所有可能的输入条件都作为测试用例。例如，在三角形程序的测试中，试过了3个等边三角形的测试用例，这不能确保正确地判断出所有的等边三角形。程序中可能包含对边长为3842、3842、3842的三角形的特殊检查，并指出此三角形为不规则三角形。由于程序是个黑盒子，因此，能够确定此条语句存在的唯一方法就是试验所有的输入情况。

想要穷举测试这个三角形程序，可能需要为所有有效的三角形创建测试用例，只要三角形边长在开发语言允许的最大整数值范围内。这些测试用例本身就是天文数字，但这还绝不是所谓穷尽的；当程序指出边长为3、4、5的三角形是一个不规则三角形或边长为2、A、2的三角形是一个等腰三角形时，问题就暴露出来了。为了确保能够发现所有类似的错误，不仅需要用所有有效的输入进行测试，还需要用所有可能的输入进行测试。因此，为了穷举测试三角形程序，实际上需要创建无限的测试用例，这当然是不可能的。

如果测试这个三角形程序都这么难，那么想要穷举测试一个稍大些的程序的难度就更大了。设想一下，如果要对一个C++编译器进行黑盒穷举输入测试，不仅需要创建代表所有有效C++程序的测试用例（实际上，这又是一个无穷数），还需要创建代表所有无效C++程序的测试用例（无穷数），以确保编译器能够检测出它们是无效的。也就是说，编译器必须进行测试，以确保其不会执行不应执行的操作，如顺利地编译成功一个语法上不正确的程序等。

如果程序用到数据存储（如操作系统或数据库应用程序等），那么这个问题会变得尤为严重。举例来说，在航班预定系统这样的数据库应用程序中，诸如数据库查询、航班预约这样的事务处理需要随上一次事务的执行情况而定。因此，不仅要测试所有有效的事务处理和无效的事务处理，还要测试所有可能的事务处理顺序。

（2）另一种测试策略称为白盒测试（又称逻辑驱动的测试），该测试策略允许我们检查程序的内部结构。这种测试策略对程序的逻辑结构进行检查，从中获取测试数据。在这里，我们的目标是针对这种测试策略建立起与黑盒测试中穷举输入测试相似的测试方法。也许有一种解决方法，即将程序中的每条语句至少执行一次。但是我们不难证明，这还是远远不够的。这种方法通常称为穷举路径测试。所谓穷举路径测试，即如果使用测试用例执行了程序中所有可能的控制流路径，则程序有可能得到了完全测试。

然而，这个论断存在两个问题。首先，程序中不同逻辑路径的数量可能达到天文数字。下面的图1–20所示的小程序显示了这一点。图1–20所示为一个程序控制流图，每一个结点或圆圈表示一个按照顺序执行的语句段，通常以一个分支语句结束。每一条边或弧线表示语句段之间的控制（分支）的转换。图1–20所描述的是一个有着10 ~ 20行语句的程序，包含一个迭代20次的do循环。在do循环体中，包含一系列嵌套的if语句。要确定不同逻辑路径的数量，就相当于要确定从点a到点b之间所有不同路径的数量（假定程序中所有的判断语句都是相互独立的）。这个数量大约是10^{14}（循环体内共14条路径），即100万亿，是从520+519+…+5计算而来，5是循环体内的路径数量。由于大多数的人难以对这个数字有一个直观的概念，不妨设想一下。如果在每五分钟内可以编写、执行和确认一个测试用例，则需要用大约10亿年才能测试完所有的路径。假如可以快上300倍，每一秒就完成一次测试，也需要用漫长的320万年才能完成这项工作。

当然，在实际程序中，判断并非都是彼此独立的，这意味着可能实际执行的路径数量要稍微少一些。但是，从另一方面来讲，实际应用的程序要比图1–20所描述的简单程序复杂得多。因此，穷举路径测试就如同穷举输入测试，非但不可能，也是不切实际的。而即使可以测试到程序中的所有路径，但是程序可能仍然存在着错误，原因如下。

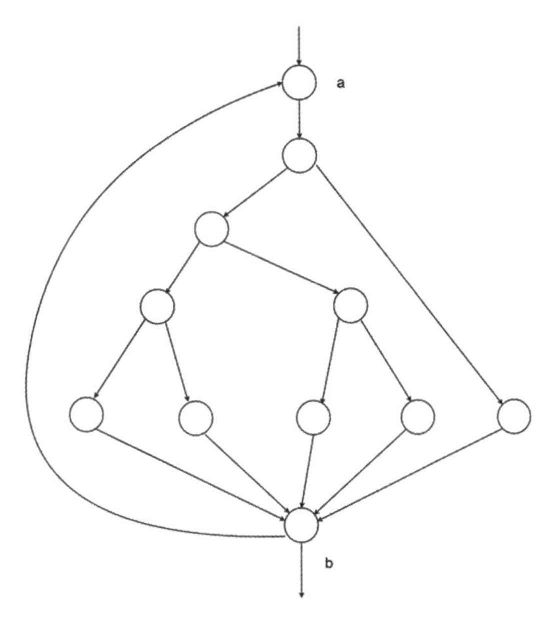

图 1-20 一个程序控制流图

①即使是穷举路径测试，也决不能保证程序符合其设计规范。

举例来说，如果要编写一个升序排序程序，但是却错误地编写成了一个降序排序程序，那么穷举路径测试就没有多大价值了，因为程序仍然存在着一个缺陷：它是个错误的程序，因为不符合设计的规范。

②程序可能会因为缺少某些路径而存在问题。穷举路径测试当然不能发现缺少了哪些必需路径。

③穷举路径测试可能不会暴露数据敏感错误。

这样的例子有很多，举一个简单的例子就能说明问题。假设在某个程序中要比较两个数值是否收敛，也就是检查两个数值之间的差异是否小于某个既定的值。Java语言的if语句如下：

```
if (a-b < c)
    System.out.println("a-b <c");
```

当然，这条语句明显是错误的，因为程序的原意是将a-b的绝对值与c进行比较。然而，要找出这样的错误，取决于a和b所取的值，而仅仅执行程序中的每条路径并不一定能找出错误来。

总之，尽管穷举输入测试要强于穷举路径测试，但两者都不是有效的方法，因为这两种方法都不可行。那么，也许存在别的方法可以将黑盒测试和白盒测试的要素结合起来，形成一个合理但并不十分完美的测试策略。

4．常见的测试环境和搭建技术

这里的测试环境，我们特指软件测试环境。软件测试环境就是软件运行的平台，即软件、硬件和网络的集合，公式为：测试环境＝软件＋硬件＋网络，设备介绍如下。

（1）硬件：主要包括PC机（包括品牌机和兼容机）、笔记本、服务器、各种手持终端等。

（2）软件：这里主要指的是软件运行的操作系统。

（3）网络：主要针对C/S结构和B/S结构的软件。

搭建测试环境需要注意以下几个要点。

1）真实（尽量模拟用户的真实使用环境）

比如，要给北京市政府做一套办公自动化系统，现在要求先为其搭建一套测试环境，很简单！只需要参考这套系统的最终使用环境就可以。

2）干净（测试环境中尽量不要安装其他与被测软件无关的软件）

一般我们在测试一款软件时，都要求在一个刚刚安装好操作系统的机器上测试，目的是防止被测软件与其他应用软件发生冲突。当然这条规则不是必需的，有时我们在干净的环境下测试完之后，也需要在一个安装较多软件的环境下测试一下，来查看一下被测软件的表现。

3）无毒（测试环境没有病毒）

我们要求测试环境干净，尽量不要安装其他无关的软件，但是最好要安装杀毒软件，以确保系统没有病毒。

4）独立（测试环境和开发环境独立）

在很多项目组中，测试组和开发组往往用一套测试环境，这样做有一定的弊端。比如，开发人员刚刚向数据库中写了一条记录，而测试人员又把这条记录给删掉了，这会导致开发人员和测试人员的矛盾，也会影响项目的进度。所以，建议读者今后在工作中尽量独立出一套测试环境。

5．测试报告和缺陷报告的编写技巧

缺陷报告是测试工程师与开发工程师交流沟通的重要桥梁，也是测试工程师日常工作的重要输出。作为优秀的测试工程师，其最基本的一项技能就是把发现的缺陷准确、无歧义地表达清楚。“准确、无歧义地表达”意味着，开发工程师可以根据缺陷报告快速理解缺陷，并精确定位问题。同时，通过这个缺陷报告，开发经理可以准确预估缺陷修复的优先级，并可以了解缺陷对用户或业务的影响及严重性。

缺陷报告主要由以下部分组成。

（1）缺陷标题：缺陷标题通常是其他人最先看到的部分，是对缺陷的概括性描述，通常采用“在什么情况下发生了什么问题”的模式。首先，对“什么问题”的描述不仅要做到清晰简洁，最关键的是要足够具体，切忌采用过于笼统的描述。在描述“什么问题”的同时，还必须清楚地表述发生问题时的上下文，也就是问题出现的场景。“用户不能正常登录”、“搜索功能有问题”和“用户信息页面的地址栏位置不正确”等，这样的描述会给人一种“说了等于没说”的感觉，不仅很容易引发开发工程师的反感和抵触情绪，从而造成缺陷被拒绝修改（Reject），还会造成缺陷管理上的困难及过程的低效。比如，当测试工程师发现了一个菜单栏上某个条目缺失的问题，在递交缺陷报告前，通常会去缺陷管理系统搜索一下是否已经有人递交过类似的缺陷。当测试工程师以“菜单栏”为关键字搜索时，可能会得到一堆“菜单栏有问题”的缺陷，如果缺陷标题的描述过于笼统，测试工程师就不得不点击进入每个已知缺陷点去看细节描述，这样就会大大降低测试工程师的工作效率。所以，如果缺陷标题本身就能概括性地描述具体问题，那么测试工程师就可以通过阅读缺陷标题来判断类似的缺陷是否被提交过，从而大大提高测试工程师提交缺陷报告的效率。其次，缺陷标题应该尽可能描述问题的本质，避免只停留在问题的表面。比如，“商品金额输入框，可以输入英文字母和其他字符”这个描述就只描述了问题的表面，而采用诸如“商品金额输入框，没有对输入内容做校验”的方式，就可以通过缺陷标题看到缺陷的本质，这样可以帮助开发工程师快速掌握问题的本质。最后，缺陷标题不宜过长，对缺陷更详细的描述应该放在“缺陷概述”中。

（2）缺陷概述：缺陷概述通常会提供更多概括性的缺陷本质与现象的描述，是缺陷标题的细化。这部分内容通常是开发工程师打开缺陷报告后最先关注的内容，所以用清晰简短的语句将问题的本质描述清楚是关键。缺陷概述还会包括缺陷的其他延展部分。比如，测试工程师可以在这部分列出同一类型的缺陷可能出现的所有场景；再比如，测试工程师还可以描述同样的问题是否会在之前的版本中重现等。在这里，测试工程师应该尽量避免以缺陷重现步骤的形式来描述，而应该使用概括性的语句。总之，缺陷概述的目的是清晰简洁地描述缺陷，使开发工程师能够聚焦缺陷的本质。

（3）缺陷影响：缺陷影响描述的是缺陷引起的问题对用户或业务的影响范围及严重程度。

（4）环境配置：环境配置用于详细描述测试环境的配置细节，为缺陷的重现提供必要的环境信息。比如，操作系统的类型与版本、被测软件的版本、浏览器的种类和版本、被测软件的配置信息、集群的配置参数、中间件的版本信息，等等。需要注意的是，环境配置的内容通常是按需描述，也就是说，这部分内容通常只描述那些重现缺陷的环境敏感信息。比如，“菜单栏上某个条目缺失的问题”只会发生在Chrome浏览器上，而其他浏览器都没有类似问题。那么，Chrome浏览器就是环境敏感信息，必须予以描述，至于Chrome浏览器是运行在什么操作系统上就无关紧要了，无须特意去描述。

（5）前置条件：前置条件是指测试步骤开始前系统应该处在的状态，其目的是减少缺陷重现步骤的描述。合理地使用前置条件可以在描述缺陷重现步骤时排除不必要的干扰，使其更有针对性。比如，某个业务操作需要先完成用户登录，测试工程师在缺陷重现步骤里就没有必要描述登录操作的步骤细节，可以直接使用“前置条件：用户已完成登录”的描述方式；再比如，用户在执行登录操作前，需要事先在被测系统准备好待登录用户，测试工程师在描述时也无须增加“用测试数据生成工具生成用户”的步骤细节，可以直接使用“前置条件：用户已完成注册”的描述方式。

（6）缺陷重现步骤：缺陷重现步骤是整个缺陷报告中最核心的内容，其目的在于用简洁的语言向开发工程师展示缺陷重现的具体操作步骤。这里需要注意的是，操作步骤通常是从用户角度出发来描述的，每个步骤都应该是可操作且连贯的，所以往往会采用步骤列表的表现形式。通常测试工程师在写缺陷重现步骤前，需要反复执行这些步骤3次以上：一是为了确保缺陷的可重现性；二是为了找到最短的重现路径，过滤掉那些非必要的步骤，以避免产生不必要的干扰。

对于缺陷重现步骤的描述应该尽量避免以下3个常见问题：①笼统的描述，缺乏可操作的具体步骤；②出现与缺陷重现不相关的步骤；③缺乏对测试数据的相关描述。

（7）期望结果和实际结果：期望结果和实际结果通常与缺陷重现步骤绑定在一起，在描述缺陷重现步骤的过程中，需要明确说明期望结果和实际结果。期望结果来自对需求的理解，而实际结果则来自测试执行的结果。通常来讲，当测试工程师描述期望结果时，需要说明应该发生什么，而不是什么不应该发生；当测试工程师描述实际结果时，需要说明发生了什么，而不是什么没有发生。

（8）优先级（Priority）和严重程度（Severity）：之所以将优先级和严重程度放在一起，是因为这两个概念看起来有点类似，但是本质却完全不同。而且，很多入行不久的测试工程师，也很难搞清楚这两者的差异到底在哪里。缺陷优先级是指缺陷必须被修复的紧急程度，而缺陷严重程度是指因缺陷引起的故障对软件产品的影响程度。可见，严重程度是缺陷本身的属性，通常确定后就不再变化，而优先级是缺陷的工程属性，会随着项目进度、解决缺陷的成本等因素而变动。

缺陷的优先级和严重程度的关系：缺陷越严重，优先级就越高；缺陷影响的范围越大，优先级也会越高；有些缺陷虽然从用户影响角度来说不算严重，但是会妨碍测试或自动化测试的执行，这类缺陷属于典型的严重程度低，但是优先级高；有些缺陷虽然严重程度比较高，但是考虑到修复成本及技术难度，也会出现优先级较低的情况。

（9）变通方案（Workaround）：变通方案是提供一种临时绕开当前缺陷而不影响产品功能的方式，通常由测试工程师或开发工程师完成，或者由他们一同决定。变通方案的有无及实施的难易程度，是决定缺陷优先级和严重程度的重要依据。如果某个严重的缺陷没有任何可行的变通方案，那么不管修复缺陷的代价有多大，优先级一定会是最高的；但是如果该缺陷存在比较简单的变通方案，那么优先级就不一定会是最高的了。

（10）根原因分析（Root Cause Analysis）：如果测试工程师能在发现缺陷的同时，定位出问题的根本原因，清楚地描述缺陷产生的原因并反馈给开发工程师，那么缺陷修复的效率会大幅提升。

（11）附件（Attachment）：附件用于附上面对错误时所捕捉到的截图或视频，帮助开发人员看到面临的缺陷。

（四）任务实施

掌握常见的白盒测试和黑盒测试。

1. 白盒测试

白盒测试关注的是测试用例执行的程度或覆盖程序逻辑结构（源代码）的程度。完全的白盒测试是将程序中的每条路径都执行到，然而对于一个带有循环的程序来说，完全的路径测试并不切合实际。

如果完全从路径测试中跳出来看，那么有价值的目标似乎就是将程序中的每条语句至少执行1次。遗憾的是，这恰恰是合理的白盒测试中较弱的准则。以下Java代码段代表了一个将要进行测试的小程序：

```
public void foo(int A，int B，int X ) {
    if(A > 1 && B == 0 ) {
        X = X / A;
    }
    if (A == 2 || X > 1) {
        X = X + 1;
    }
}
```

图1-21所示为上述将要进行测试的Java代码段的程序路径，通过编写单个的测试用例遍历程序路径ace，可以执行到每一条语句。可以理解为：通过在点a处设置A=2、B=0、X=3，每条语句将被执行一次（实际上，X可以被赋任何值）。遗憾的是，这个准则相当不足。举例来说，也许第一个判断应是“或”，而不是“与”。如果这样，那么这个错误就不会被发现。另外，可能第二个判断应该写成X>0，这个错误也

不会被发现。还有，程序中存在一条X未发生改变的路径（路径abd），如果这是个错误，那么它也不会被发现。换句话说，语句覆盖这条准则有很大的不足，以至于它通常没有什么用处。

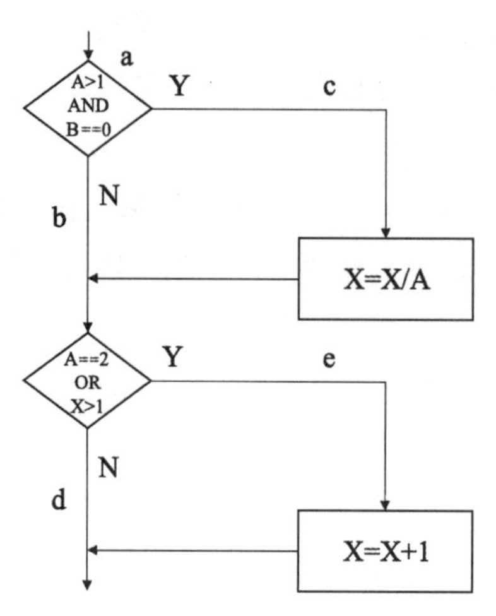

图 1-21　将要进行测试的 Java 代码段的程序路径

判定覆盖（也称分支覆盖）是比语句覆盖强一些的逻辑覆盖准则。该准则要求必须编写足够的测试用例，使得每一个判断都至少有一个为真或为假的输出结果。换句话说，每条分支路径都必须至少遍历一次。判定或分支语句包括switch case、do…while和if…else语句。在一些程序语言（如FORTRAN语言）中，多重选择goto语句也是合法的。

判定覆盖通常可以满足语句覆盖。由于每条语句都是在要么从分支语句开始，要么从程序入口点开始的某条子路径上，如果每条分支路径都被执行到了，则每条语句也应该被执行到了。但是，仍然还有至少3种例外情况：

①程序中不存在判断。

②程序或子程序/方法有着多重入口点。只有从程序的特定入口点进入时，某条特定的语句才能执行到。

③在ON单元（ON-unit）中的语句。遍历每条分支路径并不一定能确保所有的ON单元都能执行到。

由于我们将语句覆盖视为一个必要条件，那么，作为更佳准则的判定覆盖的定义理应涵盖语句覆盖。因此，判定覆盖要求每个判断都必须有“是”或“否”的结果，并且每条语句都至少被执行一次。换一种更简单的表达方式，即每个判断都必须有“是”或“否”的结果，而且每个入口点（包括ON单元）都必须至少被调用一次。

我们的探讨仅针对有两个选择的判断或分支，当程序中包含有多重选择的判断时，判定覆盖准则的定义就必须有所改变。对于这些程序，判定覆盖准则将所有判断的每个可能结果都至少执行一次，以及将程序或子程序的每个入口点都至少调用一次。

在图1-21中，两个涵盖了路径ace和abd或涵盖了路径acd和abe的测试用例就可以满足判定覆盖的要求。如果我们选择了后一种情况，则两个测试用例的输入分别是A=3、B=0、X=3和A=2、B=1、X=1。

判定覆盖虽然是一种比语句覆盖更强的准则，但是仍然相当不足。举例来说，我们仅有50%的可能性遍历到那条X未发生变化的路径。如果第二个判断存在错误（如把X>1写成了X<1），则前面示例中的两个测试用例都无法找出这个错误。

比判定覆盖更强一些的准则是条件覆盖。在条件覆盖情况下，需要编写足够的测试用例，以确保将一个判断中的每个条件的所有可能的结果至少执行一次。因为这并不总是能让每条语句都执行到，所以，作为对这条准则的补充，就是将程序或子程序（包括ON单元）的每个入口点都至少调用一次。

虽然条件覆盖准则看上去似乎满足了判定覆盖准则，但并不总是如此。如果正在测试判断条件if(A&B)，则条件覆盖准则将要求编写两个测试用例：A为真，B为假；A为假，B为真。但是这并不能使if语句被执行到。对图1-21所示示例所进行的条件覆盖测试涵盖了全部的判断结果，但这仅仅是偶然情况。举例来说，两个可选的测试用例的输入分别是A=1、B=0、X=3和A=2、B=1、X=1，这两个测试用例涵盖了全部的条件结果，却仅涵盖了四个判断结果中的两个（这两个测试用例都涵盖了路径abe，因而不会执行第一个判断结果为真的路径，以及第二个判断结果为假的路径）。

显然，解决上面左右为难局面的方法就是所谓的判定/条件覆盖准则。这种准则要求设计出充足的测试用例，将每个判断中的每个条件的所有可能的结果至少执行一次，将每个入口点都至少调用一次。判定/条件覆盖准则的一个缺点是，尽管看上去所有条件的所有结果似乎都执行到了，但是由于有些特定的条件会屏蔽掉其他的条件，因此常常并不能全部都执行到。

2. 黑盒测试

黑盒测试又称数据驱动的测试、输入/输出驱动的测试或基于需求规格说明书的测试，黑盒测试的目标是找出程序不符合规格说明书的地方。有以下几种方法可供参考。

（1）等价划分：当测试某个程序时，我们就被限制在从所有可能的输入中努力找出某个小的子集。理所当然，我们要找的子集必须是正确的，并且是可能发现最多错误的子集。确定这个子集的一种方法，就是要意识到一个精心挑选的测试用例还应具备另外两个特性：

①严格控制测试用例的增加，减少为达到“合理测试”的某些既定目标而必须设计的其他测试用例的数量。

②它覆盖了大部分其他可能的测试用例。也就是说，它会告诉我们是否使用这个特定的输入集合，哪些错误会被发现，哪些错误会被遗漏掉。

虽然这两个特性看起来很相似，但是描述的却是截然不同的两种思想。

第一个特性意味着每个测试用例都必须体现尽可能多的不同的输入情况，以最大限度地减少测试所需的全部用例的数量。而第二个特性意味着应该尽量将程序输入范围进行划分，将其划分为有限数量的等价类，这样就可以合理地假设测试每个等价类的代表性数据等同于测试该类的其他任何数据。也就是说，如果等价类的某个测试用例发现了某个错误，则该等价类的其他测试用例也应该能发现同样的错误。相反，如果等价类的某个测试用例没有发现某个错误，则我们可以预计该等价类中的其他测试用例不会出现在其他等价类中，因为等价类是相互交叠的。这两种思想形成了称为等价划分的黑盒测试方法。

第二种思想可以用来设计一个“令人感兴趣的”输入条件集合以供测试，而第一种思想则可以用来设计涵盖这些状态的一个最小测试用例集。前文所讲述的三角形程序中的一个等价类的示例是集合“三个值相等且都大于0的整型数据”。将此作为一个等价类后，我们就可以说，如果对该集合中某个元素所进行的测试没有发现错误，则对该集合中其他元素所进行的测试也不大可能会发现错误。换句话说，我们的测试时间最好花在其他地方（测试其他的等价类）。

使用等价划分方法设计测试用例主要有两个步骤：确定等价类；生成测试用例。

①确定等价类：确定等价类是选取每一个输入条件（通常是规格说明书中的一个句子或短语），并将其划分为两个或更多的组——有效等价类和无效等价类。有效等价类代表的是对程序的有效输入，而无效等价类代表的则是其他任何可能的输入条件（即不正确的输入值）。

在给定了输入或外部条件之后，确定等价类大体上是一个启发式的过程。下面给出了一些指导原则：

- 如果输入条件规定了一个取值范围（如数量可以是1 ~ 999），那么应确定出一个有效等价类（1<数量<999），以及两个无效等价类（数量<1，数量>999）。
- 如果输入条件规定了取值的个数（如汽车可以登记一到六名车主），那么应确定出一个有效等价类和两个无效等价类（没有车主，或者车主多于六名）。
- 如果输入条件规定了一个输入值的集合，而且有理由认为程序会对每个值进行不同处理（如交通工具的类型必须是公共汽车、卡车、出租车、火车或摩托车），那么应为每个输入值确定一个有效等价类和一个无效等价类（如交通工具的类型是拖车）。

- 如果存在输入条件规定了“必须是”的情况（如标识符的首字符必须是字母），那么应确定一个有效等价类（标识符的首字符是字母）和一个无效等价类（标识符的首字符不是字母）。

②生成测试用例：

- 为每个等价类设置一个不同的编号。
- 编写新的测试用例，尽可能多地覆盖那些尚未被涵盖的有效等价类，直到所有的有效等价类都被测试用例所覆盖（包含进去）。
- 编写新的测试用例，覆盖一个且仅一个尚未被涵盖的无效等价类，直到所有的无效等价类都被测试用例所覆盖。

用单个测试用例覆盖无效等价类，是因为某些特定的输入错误检查可能会屏蔽或取代其他输入错误检查。举例来说，如果规格说明规定了“请输入书籍类型（硬皮、软皮或活页）及数量（1 ~ 999）”，那么代表两个错误输入（书籍类型错误，数量错误）的测试用例“XYZ 0”很可能不会执行对数量的检查，因为程序也许会提示“XYZ是未知的书籍类型”，所以就不检查输入的其余部分了。

（2）边界值分析：经验证明，与其他没有考虑边界条件的测试用例相比，考虑了边界条件的测试用例具有更高的测试回报率。所谓边界条件，是指输入和输出等价类中那些恰好处于边界、超过边界、在边界以下的状态。边界值分析方法与等价划分方法存在以下两方面的不同：

①与等价划分方法是从等价类中选择任意一个元素作为代表不同，边界值分析方法需要选择一个或多个元素，以便等价类的每个边界都经过一次测试。

②与等价划分方法仅仅关注输入条件（输入空间）不同，边界值分析方法不仅需要考虑输入条件（输入空间），还需要考虑从结果空间设计测试用例。

想要提供一份如何进行边界值分析的“详细说明”是比较难的，因为这种方法需要一定程度的创造性，以及对问题采取一定程度的特殊处理办法。不过，这里还是给读者提供一些通用指南：

①如果输入条件规定了一个输入值范围，那么应针对范围的边界设计测试用例，针对刚刚越界的情况设计无效输入测试用例。举例来说，如果输入值的有效范围是 -1.0 ~ 1.0，那么应针对 -1.0、1.0、-1.001 和 1.001 的情况设计测试用例。

②如果输入条件规定了输入值的数量，那么应针对最小数量输入值、最大数量输入值，以及比最小数量少一个、比最大数量多一个的情况设计测试用例。举例来说，如果某个输入文件可以容纳 1 ~ 255 条记录，那么应针对 0、1、255 和 256 条记录的情况设计测试用例。

③对每个输出条件应用指南①。举例来说，如果某个程序按月计算电信的扣除金额，并且最小金额是1165.25元，那么应该设计测试用例来测试扣除1165.25元的情况。此外，还应观察是否可能设计出导致扣除金额为负数或超过1165.25元的测试用例。需要注意的是，检查结果空间的边界很重要，因为输入范围的边界并不总是能代表输出范围的边界情况。同样，总是产生超过输出范围的结果也是不大可能的，但是无论如何，应该考虑这种可能性。

④对每个输出条件应用指南②。如果某个信息检索系统根据输入请求显示关联程度最高的信息摘要，而摘要的数量从未超过4条，那么应编写测试用例，使程序显示0条、1条和4条摘要，还应设计测试用例，导致程序错误地显示5条摘要。

⑤如果程序的输入或输出是一个有序序列（如顺序的文件、线性列表或表格），那么应特别注意该序列的第一个和最后一个元素。

⑥此外，找出其他的边界条件。

（五）知识扩展

DevOps（Development和Operations的组合词）是一组过程、方法与系统的统称，用于促进开发（应用程序/软件工程）、技术运营和质量保障（QA）部门之间的沟通、协作与整合。它是一种重视软件开发人员（Dev）和IT运维技术人员（Ops）之间沟通合作的文化、运动或惯例。通过自动化的软件交付和架构变更的流程，来使得构建、测试、发布软件能够更加地快捷、频繁和可靠。它的出现是由于软件行业日益清晰地认识到：为了按时交付软件产品和服务，开发和运维工作必须紧密合作。DevOps的说明如图1-22所示。

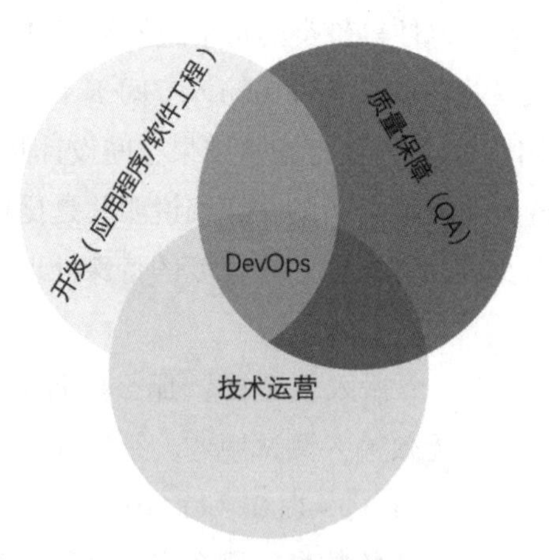

图1-22　DevOps的说明

可以把DevOps看作开发（应用程序/软件工程）、技术运营和质量保障（QA）三者的交集。传统的软件组织将开发、IT运营和质量保障设为各自分离的部门，在这种环境下，如何采用新的开发方法（如敏捷软件开发）是一个重要的课题：按照从前的工作方式，开发和部署不需要IT支持或QA深入的、跨部门的支持，但是却需要极其紧密的多部门协作。然而，DevOps考虑的还不只是软件部署。它是一套针对这几个部门之间沟通与协作问题的流程和方法，腾讯云所提供的DevOps业务流程如图1-23所示。

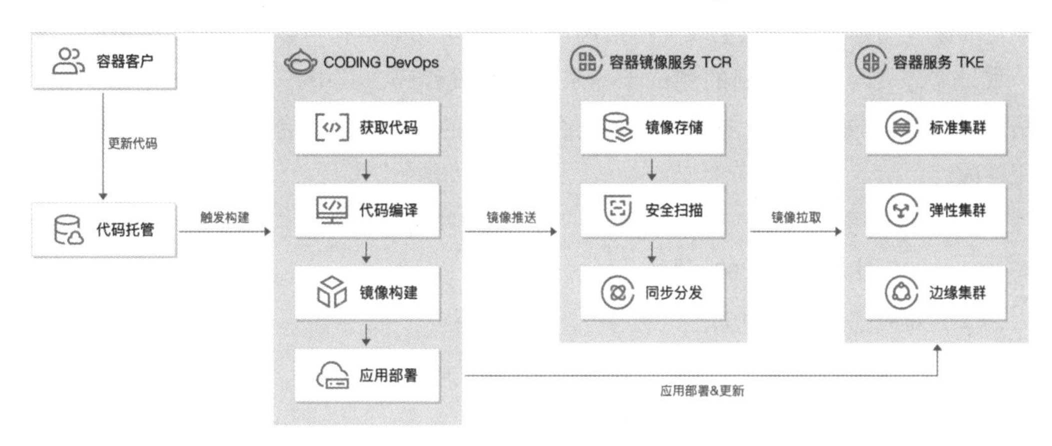

图 1-23　腾讯云所提供的 DevOps 业务流程

云计算提供了完整的DevOps应用，DevOps的底层支撑是一整套完整的工具链，示例如下：

（1）产品的需求管理和规划工具：TFS、JIRA、WIKI等。

（2）产品的拆分到项目的开发过程所需的工具：

- 代码管理和评审：Gerrit/Git、Phabricator等。
- 代码质量检查：KlocWork、Fortify、Converity、BlackDuck、Sonar等。
- 持续集成：Jenkins/Pipeline、Docker等。
- 自动化测试：RobotFramework、Postman、WebInspect、Nessus等。

（3）产品的发布和维护：Artifactory、Docker、Jenkins等。

项目实训

JUnit 测试

（一）实训目的

（1）掌握单元测试的概念。

（2）掌握项目开发与单元测试的关系。

（3）掌握Java程序的单元测试工具JUnit。

（4）掌握建立测试环境的操作步骤。

（二）实训内容

想要开发完成一个应用系统，不仅需要编写代码，还需要代码编译后可以运行。如何确保应用系统在正式上线交付给用户时，系统功能运行可以跟功能规格书的要求一致，这需要经过有规划的测试步骤来检验每段代码，其中，单元测试（Unit Test）是最基础且基本的测试。本实训就是要在腾讯云的云服务器平台中完成一个完整的单元测试。

（三）问题引导

（1）如何使用腾讯云的云服务器？

（2）如何进行单元测试？

（3）单元测试可以用命令行来进行吗？

（4）单元测试要安装新的测试包吗？

（5）使用云服务器测试的优点是什么？

（四）实训步骤

1．掌握单元测试的概念

单元测试是指对软件中的最小可测试单元进行检查和验证。对于单元测试中单元的含义，一般来说，在Java程序中单元指一个类。总的来说，单元就是人为规定的最小的被测功能模块。单元测试是在软件开发过程中要进行的最低级别的测试活动，软件的独立单元将在与程序的其他部分相隔离的情况下进行测试。

单元测试的优点如下所述。

（1）单元测试是一种验证行为：程序中的每一项功能都需要测试来验证它的正确性。即使是开发后期，我们也可以轻松地增加功能或更改程序结构，而不用担心这个过程中会破坏重要的东西。而且单元测试为代码的重构提供了保障。这样，我们就可以更自由地对程序进行改进。

（2）单元测试是一种设计行为：编写单元测试将使开发人员从调用者的角度来观察、思考。特别是先写测试（Test-First），迫使开发人员把程序设计成易于调用和可测试的，即迫使开发人员解除软件中的耦合。

（3）单元测试是一种编写文档的行为：单元测试是一种无价的文档，它是展示函数或类如何使用的最佳文档。这份文档是可编译、可运行的，并且它保持最新，永远与代码同步。

（4）单元测试具有回归性：自动化的单元测试避免了代码出现回归，单元测试编写完成之后，我们可以随时随地快速运行单元测试。

2．掌握项目开发与单元测试的关系

图1–24所示为一个项目开发所经历的流程，从需求设计、系统设计、功能规格详细设计到编程，而在验收时，验收方必须明确地验证整个项目的功能是否符合当初的规范，于是就会进行单元测试、集成测试、系统测试和验收测试。

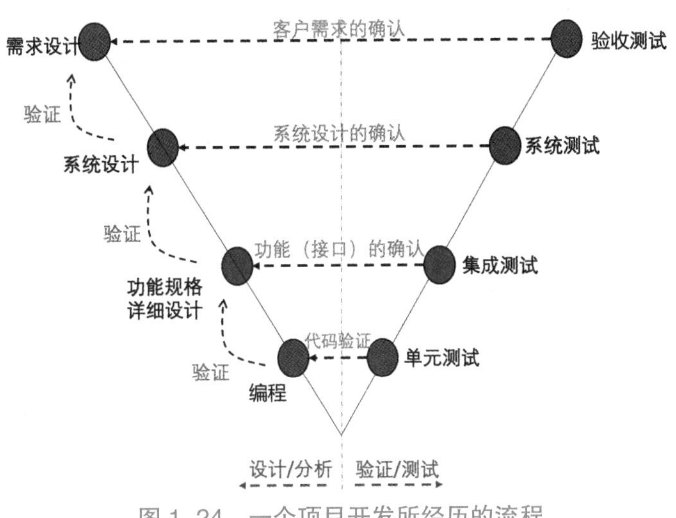

图 1–24　一个项目开发所经历的流程

多半开发人员会把时间花费在编程上，却忽略了如何完成验收才是一个项目的成功关键。而单元测试是项目验收的基础步骤，根据研究显示，单元测试的成本效率大约是集成测试的两倍，大约是系统测试的三倍。所以，开发人员不应该只进行后阶段的测试活动，而是应该尽可能早地排除尽可能多的Bug，这样可以减少后阶段测试的成本。

3．掌握Java程序的单元测试工具JUnit

针对不同的编程语言有不同的单元测试工具，下面按照编程语言进行分组分别介绍单元测试工具。

（1）C/C++：首先是CppUnit，这是C++单元测试工具的鼻祖，是一款免费的、开源的单元测试框架；然后是C++Test，这是Parasoft公司的产品，C++Test是一款功能强大的自动化C/C++单元测试工具，可以自动测试任何C/C++函数、类，以及自动生成测试用例、测试驱动函数或桩函数，在自动化的环境下能够快速地将单元级的测试覆盖率达到100%；最后是Gtest，Gtest测试框架是在不同平台（Linux、macOS X、Windows、Cygwin、Windows CE和Symbian）上为编写C++测试而生成的，它是基于xUnit架构的测试框架，具有丰富的断言集且支持用户定义的断言，同时支持自动发现测试、death测试、类型参数化测试等，可以检查致命与非致命的失败，提供各类运行测试的选项和生成XML格式的测试报告等。

（2）Java：JUnit是Java社区中知名度非常高的单元测试工具。它诞生于1997年，由Kent Beck和Erich Gamma共同开发完成。JUnit虽然设计得非常小巧，但是功能却非常强大。JUnit是一款开发源代码的Java测试框架，用于编写和运行可重复的测试，是用于单元测试框架体系xUnit的一个实例，主要用于白盒测试、回归测试。

下面以任务1-1中的Calculator.java文件作为单元测试的对象，Calculator类提供了加减乘除等运算，为了强化重点，因此移除了说明部分。代码如下：

```
import java.io.*;

public class Calculator {
    public Calculator() {
    }

    public int add(int a, int b) throws IOException {
        return a + b;
    }

    public int subtract(int a, int b) throws IOException {
        return a - b;
    }

    public long multiply(int a, int b) throws IOException {
        return a * b;
    }

    public double divide(int a, int b)  throws IOException {
        double result;
        if (b == 0) {
            throw new IllegalArgumentException("Divisor cannot divide by zero");
        } else {
            result = Double.valueOf(a)/Double.valueOf(b);
        }
        return result;
    }
}
```

本实训以JUnit 4.x版本进行单元测试，以下是JUnit 4的特性。

（1）注解。

JUnit 4通过注解的方式来识别测试方法。目前，JUnit 4支持的注解主要有以下几种。

- @BeforeClass：全局只会执行一次，而且是第一个执行。
- @Before：在测试方法执行之前执行。
- @Test：测试方法。
- @After：在测试方法执行之后执行。
- @AfterClass：全域性只会执行一次，而且是最后一个执行。
- @Ignore：忽略此方法。

（2）Assert类。

Assert类中定义了很多静态方法来进行断言。方法如下所述。

- assertTrue(String message,boolean condition)：要求 condition==true。
- assertFalse(String message,boolean condition)：要求 condition==false。
- fail(String message)：必然失败，同样要求程序代码不可达。
- assertEquals(String message,XXX expected,XXX actual)：要求 expected.equals(actual)。
- assertArrayEquals(String message,XXX[] expecteds,XXX [] actuals)：要求 expected.equalsArray(actual)。
- assertNotNull(String message,Object object)：要求 object!=null。
- assertNull(String message,Object object)：要求 object==null。
- assertSame(String message,Object expected,Object actual)：要求 expected==actual。
- assertNotSame(String message,Object unexpected,Object actual)：要求 expected!=actual。
- assertThat(String reason,T actual,Matcher matcher)：要求 matcher.matches(actual)==true。

接下来，我们来编写一个简单的单元测试案例，以确认Calculator类所提供的加减乘除等运算是可以正常运行的。因为Calculator类有4个方法，分别为testAdd()、testSubtract()、testMultiply()、testDivide()，所以我们也必须验证它的4个方法，然而单元测试的数量可以大于类原有的方法数量，因为可以用不同的方式来对方法进行不同的测试。我们故意对加法测试进行一次错误的答案检验，操作数分别为a=15、b=20，加法运算的结果应该是35，而我们却将expectedResult（预期答案）设定为36，这时，测试报告应该会显示这个错误的结果。代码如下：

```
CalculatorTest.java
import org.junit.Test;
import org.junit.Assert;
import org.junit.Before;
```

```
import org.junit.After;

public class CalculatorTest {
    private Calculator objCalcUnderTest;
    @Before
    public void setUp() {
        objCalcUnderTest = new Calculator();
    }

    @Test
    public void testAdd() {
        int a = 15;
        int b = 20;
        int expectedResult = 36;
        long result = objCalcUnderTest.add(a, b);
        Assert.assertEquals(expectedResult, result);
    }

    @Test
    public void testSubtract() {
        int a = 25;
        int b = 20;
        int expectedResult = 5;
        long result = objCalcUnderTest.subtract(a, b);
        Assert.assertEquals(expectedResult, result);
    }

    @Test
    public void testMultiply() {
        int a = 10;
        int b = 25;
        long expectedResult = 250;
        long result = objCalcUnderTest.multiply(a, b);
```

```
            Assert.assertEquals(expectedResult, result);
        }
        @Test
        public void testDivide() {
            int a = 10;
            int b = 25;
            double expectedResult = 0.4;
            double result = objCalcUnderTest.divide(a, b, 0.0f);
            Assert.assertEquals(expectedResult, result);
        }

    @After
        public void tearDown() {
            objCalcUnderTest = null;
        }
    }
```

4．掌握建立测试环境的操作步骤

接下来，我们需要把整个测试环境建立起来，于是我们配置一台云服务器来进行单元测试。

（1）注册腾讯云账号：在开始使用腾讯云服务之前，需要先注册一个腾讯云账号（如果用户已在腾讯云注册，则可以忽略此步骤）。拥有腾讯云账号后，可以在腾讯云网站、控制台登录，从而选购和使用所需要的云产品与服务。腾讯云账号的注册方式包括以下几种。

①微信扫码快速注册：使用微信扫码快速注册腾讯云账号，后续可以使用微信扫码登录腾讯云。

②邮箱账号注册：使用邮箱账号注册腾讯云账号，方便企业客户维护账号。

③QQ账号注册：使用已有的QQ账号注册腾讯云账号，后续可以直接使用QQ账号快速登录腾讯云。

④微信公众号注册：使用已有的微信公众号注册腾讯云账号。

（2）购买云服务器：登录腾讯云网站后，可以在腾讯云网站首页的菜单栏中选择“产品”→“计算”→“计算”→“云服务器”选项（或者在腾讯云网站首页的菜单栏中选择“控制台”→“云产品”→“计算”→“云服务器”选项），找到本项目所需要的CVM云服务器，根据以下信息完成对云服务器的配置。（随着时间的推移，腾讯云网站可能会不断更新或发生其他改变，使得本书中的部分操作步骤或操作界面截图有所滞后，但是这并不会影响对本书内容的说明，敬请读者予以理解。）

• 地域：选择距离用户最近的一个地域，如用户在“深圳”，则选择“广州”地域会比较好。

• 机型：选择需要的云服务器机型配置，主要选项是vCPU、GPU和内存。这里我们选择“基础配置（2核2GB）”。

• 操作系统：选择需要的云服务器操作系统。这里我们选择“CentOS 8.2 64位”。

• 公网带宽：勾选“免费分配独立公网IP”复选框后会分配公网IP，默认为“1Mbps”。腾讯云提供按流量计费和按带宽计费两种类型的网络计费模式，用户可以根据需求调整。

• 购买时长：租用云服务器可以是按量计费，也可以是包年包月，默认为“1个月”。

• 购买数量：默认为“1台”。

付费完成后，即完成了云服务器的购买。

（3）登录云服务器：使用SSH软件登录，在站内信中会有该操作系统的账号与密码。

（4）安装所需软件包：首先确认操作系统的版本，然后安装JDK和JUnit。输入命令如下：

```
#确认操作系统的版本
more /etc/redhat-release
#确认可安装的JDK的版本
yum search jdk
#确认可安装的JUnit的版本
yum search junit
#安装JDK和JUnit
sudo yum install java-1.8.0-openjdk-devel junit4
```

运行结果如图1–25所示。从图1–25中可以知道，需要安装的JDK的版本为1.8。

5. 创建Java类与单元测试类

将前文中的待测试类文件Calculator.java和测试类文件CalculatorTest.java上传到该服务器，或者使用编辑器vi进行编辑。编译前记得要先设定环境变量CLASSPATH，否则会出现“找不到类”的错误信息，要将JUnit的类压缩包指定放在CLASSPATH这个环境变量中，可以通过RPM这个操作系统的包管理工具来找到JUnit的安装位置，命令如下：

```
#编译Calculator.java文件
javac Calculator.java
#找到JUnit的安装位置
rpm -ql junit4
#设定环境变量CLASSPATH
export CLASSPATH=/usr/share/java/junit4.jar:.
#编译CalculatorTest.java文件
javac CalculatorTest.java
```

运行结果如图1-26所示。

```
[yehchitsai@VM-0-3-centos examples]$ more /etc/redhat-release
CentOS release 6.9 (Final)
[yehchitsai@VM-0-3-centos examples]$ yum search jdk
已加载插件: fastestmirror, security
Loading mirror speeds from cached hostfile
epel                                                              | 4.7 kB     00:00
extras                                                            | 3.4 kB     00:00
os                                                                | 3.7 kB     00:00
updates                                                           | 3.4 kB     00:00
=========================================== N/S Matched: jdk ===========================================
copy-jdk-configs.noarch : JDKs configuration files copier
java-1.6.0-openjdk.x86_64 : OpenJDK Runtime Environment
java-1.6.0-openjdk-demo.x86_64 : OpenJDK Demos
java-1.6.0-openjdk-devel.x86_64 : OpenJDK Development Environment
java-1.6.0-openjdk-javadoc.x86_64 : OpenJDK API Documentation
java-1.6.0-openjdk-src.x86_64 : OpenJDK Source Bundle
java-1.7.0-openjdk.x86_64 : OpenJDK Runtime Environment
java-1.7.0-openjdk-demo.x86_64 : OpenJDK Demos
java-1.7.0-openjdk-devel.x86_64 : OpenJDK Development Environment
java-1.7.0-openjdk-javadoc.noarch : OpenJDK API Documentation
java-1.7.0-openjdk-src.x86_64 : OpenJDK Source Bundle
java-1.8.0-openjdk.x86_64 : OpenJDK Runtime Environment
java-1.8.0-openjdk-debug.x86_64 : OpenJDK Runtime Environment with full debug on
java-1.8.0-openjdk-demo.x86_64 : OpenJDK Demos
java-1.8.0-openjdk-demo-debug.x86_64 : OpenJDK Demos with full debug on
java-1.8.0-openjdk-devel.x86_64 : OpenJDK Development Environment
java-1.8.0-openjdk-devel-debug.x86_64 : OpenJDK Development Environment with full debug on
java-1.8.0-openjdk-headless.x86_64 : OpenJDK Runtime Environment
java-1.8.0-openjdk-headless-debug.x86_64 : OpenJDK Runtime Environment with full debug on
java-1.8.0-openjdk-javadoc.noarch : OpenJDK API Documentation
java-1.8.0-openjdk-javadoc-debug.noarch : OpenJDK API Documentation for packages with debug on
java-1.8.0-openjdk-src.x86_64 : OpenJDK Source Bundle
java-1.8.0-openjdk-src-debug.x86_64 : OpenJDK Source Bundle for packages with debug on
ldapjdk-javadoc.x86_64 : Javadoc for ldapjdk
icedtea-web.x86_64 : Additional Java components for OpenJDK - Java browser plug-in and Web Start
                   : implementation
ldapjdk.x86_64 : The Mozilla LDAP Java SDK

  Name and summary matches only, use "search all" for everything.
[yehchitsai@VM-0-3-centos examples]$ yum search junit
```

图 1-25 确认操作系统与可安装的 JDK 的版本

```
[yehchitsai@VM-0-3-centos examples]$ javac Calculator.java
[yehchitsai@VM-0-3-centos examples]$ rpm -ql junit4
/etc/maven/fragments/junit4
/usr/share/doc/junit4-4.5
/usr/share/doc/junit4-4.5/README.html
/usr/share/doc/junit4-4.5/cpl-v10.html
/usr/share/java/junit4-4.5.jar
/usr/share/java/junit4.jar
/usr/share/maven2/poms
/usr/share/maven2/poms/JPP-junit4.pom
[yehchitsai@VM-0-3-centos examples]$ export CLASSPATH=/usr/share/java/junit4.jar:.
[yehchitsai@VM-0-3-centos examples]$ javac CalculatorTest.java
[yehchitsai@VM-0-3-centos examples]$ ls -la Calculator*
-rw-rw-r-- 1 yehchitsai yehchitsai  700 6月  13 13:49 Calculator.class
-rw-rw-r-- 1 yehchitsai yehchitsai  954 6月  13 10:22 Calculator.java
-rw-rw-r-- 1 yehchitsai yehchitsai 1148 6月  13 13:49 CalculatorTest.class
-rw-rw-r-- 1 yehchitsai yehchitsai 1271 6月  13 13:11 CalculatorTest.java
[yehchitsai@VM-0-3-centos examples]$ 
```

图 1-26 编译单元测试组件

6. 运行单元测试

输入以下命令运行单元测试：

```
java org.junit.runner.JUnitCore CalculatorTest
```

运行结果如图1–27所示。从图1–27中可以看到共有四项测试，其中失败一项。

```
[yehchitsai@VM-0-3-centos examples]$ java org.junit.runner.JUnitCore CalculatorTest
JUnit version 4.5
....E
Time: 0.012
There was 1 failure:
1) testAdd(CalculatorTest)
java.lang.AssertionError: expected:<36> but was:<35>
        at org.junit.Assert.fail(Assert.java:91)
        at org.junit.Assert.failNotEquals(Assert.java:618)
        at org.junit.Assert.assertEquals(Assert.java:126)
        at org.junit.Assert.assertEquals(Assert.java:443)
        at org.junit.Assert.assertEquals(Assert.java:427)
        at CalculatorTest.testAdd(CalculatorTest.java:21)
        at sun.reflect.NativeMethodAccessorImpl.invoke0(Native Method)
        at sun.reflect.NativeMethodAccessorImpl.invoke(NativeMethodAccessorImpl.java:62)
        at sun.reflect.DelegatingMethodAccessorImpl.invoke(DelegatingMethodAccessorImpl.java:43)
        at java.lang.reflect.Method.invoke(Method.java:498)
        at org.junit.runners.model.FrameworkMethod$1.runReflectiveCall(FrameworkMethod.java:44)
        at org.junit.internal.runners.model.ReflectiveCallable.run(ReflectiveCallable.java:15)
        at org.junit.runners.model.FrameworkMethod.invokeExplosively(FrameworkMethod.java:41)
        at org.junit.internal.runners.statements.InvokeMethod.evaluate(InvokeMethod.java:20)
        at org.junit.internal.runners.statements.RunBefores.evaluate(RunBefores.java:28)
        at org.junit.internal.runners.statements.RunAfters.evaluate(RunAfters.java:31)
        at org.junit.runners.BlockJUnit4ClassRunner.runChild(BlockJUnit4ClassRunner.java:73)
        at org.junit.runners.BlockJUnit4ClassRunner.runChild(BlockJUnit4ClassRunner.java:46)
        at org.junit.runners.ParentRunner.runChildren(ParentRunner.java:180)
        at org.junit.runners.ParentRunner.access$000(ParentRunner.java:41)
        at org.junit.runners.ParentRunner$1.evaluate(ParentRunner.java:173)
        at org.junit.internal.runners.statements.RunBefores.evaluate(RunBefores.java:28)
        at org.junit.internal.runners.statements.RunAfters.evaluate(RunAfters.java:31)
        at org.junit.runners.ParentRunner.run(ParentRunner.java:220)
        at org.junit.runners.Suite.runChild(Suite.java:115)
        at org.junit.runners.Suite.runChild(Suite.java:23)
        at org.junit.runners.ParentRunner.runChildren(ParentRunner.java:180)
        at org.junit.runners.ParentRunner.access$000(ParentRunner.java:41)
        at org.junit.runners.ParentRunner$1.evaluate(ParentRunner.java:173)
        at org.junit.internal.runners.statements.RunBefores.evaluate(RunBefores.java:28)
        at org.junit.internal.runners.statements.RunAfters.evaluate(RunAfters.java:31)
        at org.junit.runners.ParentRunner.run(ParentRunner.java:220)
        at org.junit.runner.JUnitCore.run(JUnitCore.java:137)
        at org.junit.runner.JUnitCore.run(JUnitCore.java:116)
        at org.junit.runner.JUnitCore.run(JUnitCore.java:107)
        at org.junit.runner.JUnitCore.runMain(JUnitCore.java:88)
        at org.junit.runner.JUnitCore.runMainAndExit(JUnitCore.java:54)
        at org.junit.runner.JUnitCore.main(JUnitCore.java:46)

FAILURES!!!
Tests run: 4,  Failures: 1

[yehchitsai@VM-0-3-centos examples]$
```

图1–27　运行单元测试的结果

（五）实训报告要求

记录应用云服务器完成本项目实训的心得体会，并结合操作界面截图进行总结说明，形成文字报告。

项目总结

本项目主要介绍了如何使用云服务器完成一个完整的Java单元测试，可以让使用者理解在软件开发的过程中，测试的过程也是持续进行的，以及通过命令行的方式可以很轻松地完成回归测试，而且在公有云的环境中，可以在测试时按需来启动所需要的服务器，从而达到云计算中按需服务的重要特性。

课后练习

一、单选题

1.下列哪一项不是计算机语言？（　　）

A.机器语言　　B.汇编语言　　C.位语言　　D.高级编程语言

2.下列哪一项不是Java编程语言的特点？（　　）

A.面向对象　　B.单线程　　C.动态的　　D.可移植

3.在Java的开发环境中，javac用于提供哪个功能？（　　）

A.运行工具　　B.编译器

C.文档生成工具　　D.打包工具

4.在Java的开发环境中，jar用于提供哪个功能？（　　）

A.运行工具　　B.编译器

C.文档生成工具　　D.打包工具

5. yum list命令的功能是（　　）。

A.列出所有可更新的软件清单　　B.列出所有可安装的软件清单

C.列出所有已安装的软件清单　　D.更新所有软件

6.下列哪一项是Java应用程序的入口方法？（　　）

A.main()　　B.run()　　C.enter()　　D.start()

7.下列哪一项不是Java语言中合法的标识符？（　　）

A.字母　　B.美元符　　C.下画线　　D.横杠

8.下列哪一项不是Java语言中的访问控制修饰符？（　　）

A.default　　B.public　　C.final　　D.protected

9.下列哪一项不是Java语言中主要的循环结构？（　　）

A.when　　B.while　　C.for　　D.do…while

10. 下列哪一项不是javadoc工具可以识别的标签？（　　）

A.@author　　B.@deprecated　　C.@company　　D.@exception

二、实操题

1. 在计算器类中对加减乘除进行负数运算的单元测试。

2. 在计算器类中对加减乘除进行溢位运算的单元测试。其中，整数的范围为 –2,147,483,648 ~ 2,147,483,647。

3. 在计算器类中增加一个求余数（mod）的功能，并对该功能进行新的单元测试。

项目 2

公有云计算资源的管理与调用

学习目标

微课 – 项目 2

（一）知识目标

（1）理解公有云的基本概念及架构。

（2）了解公有云服务器的应用场景。

（3）理解公有云服务器的配置原理。

（4）了解公有云服务器的安全知识。

（5）了解弹性伸缩的配置方法。

（二）技能目标

（1）掌握公有云服务器配置的操作步骤。

（2）能够进行公有云服务器的安全配置。

（3）能够进行云服务的弹性伸缩配置。

（三）素质目标

（1）培养良好的IT职业道德、职业素养和职业规范。

（2）提升自我更新知识和技能的能力。

（3）培养阅读技术文档、编写技术文档的能力。

（4）提升团队协作能力。

项目描述

（一）项目背景及需求

云计算的出现，就是希望能将信息科技的基础建设都变成一种租赁服务。企业根据需求去承租所需的服务，就如同承租汽车、生产设备等，而不需要一开始就在信息科技的基础建设上消耗大量的预算。

为了满足使用者或企业对于云计算的需求，美国国家标准与技术研究院（National Institute of Standards and Technology，NIST）于2011年1月对云计算进行了定义，即提供一个简单的接口，可以让用户根据自己的需要而去设定的共享运算资源（如网络、服务器、存储空间、应用程序或服务等）。

常见的三种云计算服务模型如下所述。

（1）软件即服务（Software as a Service，以下简称SaaS）：SaaS服务供应商可以直接提供应用程序让用户来使用，最好是让用户直接在浏览器的接口上使用该软件，并可以在不同客户端上安装配置，最重要的是让用户不需要理解或管控应用程序背后复杂的架构，如网络、服务器、操作系统、数据库或存储装置等。最典型的SaaS服务就是云开发（Tencent CloudBase，以下简称TCB），这是腾讯云提供的云原生一体化开发环境和工具平台，为开发人员提供高可用、自动弹性扩容/缩容的后端云服务，包含计算、存储、托管等无服务器化功能，可用于云端一体化开发多种端应用（如小程序、公众号、Web应用、Flutter客户端等），帮助开发人员统一构建和管理后端服务及云资源，避免了应用开发过程中烦琐的服务器搭建及运维等流程，使开发人员可以专注于业务逻辑的实现，而不需要担心这些应用程序执行在什么样的主机上，以及该主机的操作系统是Windows系统还是Linux系统等问题，也不必布局建设或管理服务器。

（2）平台即服务（Platform as a Service，以下简称PaaS）：一般在开始开发软件前，要先建立开发环境（安装操作系统、开发环境与工具、数据库、中间件等），再由软件开发工程师开始编写程序、测试程序可靠度、部署应用程序。因此，为了维护开发环境的运作，网络管理员与系统管理员还需要负责相关的系统维护工作。与SaaS模型相比较，云计算所提供的PaaS模型，软/硬件的部署与维护都由PaaS服务供应商负责，所以不需要用户自行设置开发环境，因而可以让软件开发工作立即运作，也无须为了维护开发环境而多花费人力，并且熟悉部署系统的工作会提早到开发阶段。

（3）基础设施即服务（Infrastructure as a Service，以下简称IaaS）：将运算、存储、网络等硬件运算资源虚拟化，同时要让用户可以安装与执行包括原有的操作系统与应用程序在内的任何软件，让用户能够如同使用实体设备一样管控软件，而无须理会其背后的硬件架构与维护。IaaS服务与传统的信息系统设置有很大的不同。传统的信息系统设置，先要考虑流量需求，根据最高流量需求来采购硬件设备（如服务器主机、存储设备、网络设备、机架、空调设备等），再聘请有经验的网络管理员与系统管理员来部署与维护。而如果采用IaaS服务，则可以直接租用虚拟服务器、存储空间等服务。传统的信息系统设置的成本是根据预估的最大流量来设计的，但是这样的尖峰用量可能只占运营时间的5%甚至更低，而IaaS服务则可以按照使用量计费，用多少付多少。

腾讯云服务器（Cloud Virtual Machine，以下简称CVM）就是典型的IaaS服务，其本质就是虚拟主机租用服务，对用户而言，其就是通过网络来控制的远程虚拟主机，用户可以对它做任何在实体服务器主机上进行的操作（如设定组态、安装软件、加载硬盘、设定访问权限、设定防火墙规则及开/关机等），可以随着业务需求的变化，实时扩展或缩减计算资源，并支持按实际使用的资源计费。使用CVM可以极大降低软/硬件的采购成本，简化IT运维工作。

（二）项目任务

图2-1所示为腾讯云所提供的云产品与服务，本项目主要介绍CVM。CVM提供可扩展的计算服务，避免了使用传统服务器时需要预估资源用量及前期投入，帮助用户在短时间内快速启动任意数量的CVM并即时部署应用程序。CVM支持用户自定义所有配置，包括CPU、内存、硬盘、网络、安全等，并可以在需求发生变化时轻松地调整它们。

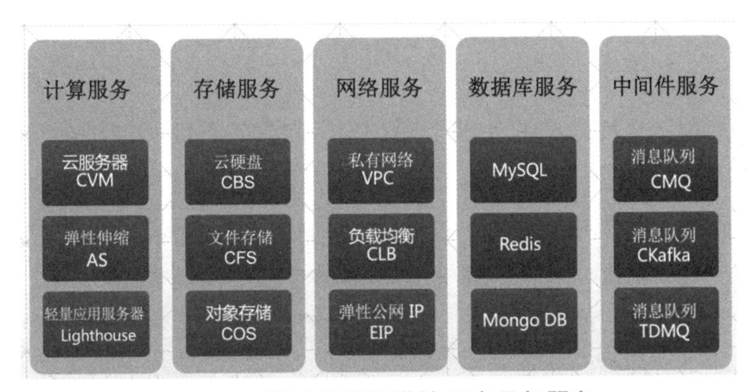

图 2-1　腾讯云所提供的云产品与服务

本项目将分成以下任务：

（1）公有云服务器的管理与调用。

（2）轻量应用服务器和弹性伸缩的管理与调用。

任务 2-1 公有云服务器的管理与调用

（一）任务描述

本任务通过对以下知识点的介绍，让读者了解并掌握公有云服务器的管理与调用：

（1）了解公有云服务器的相关概念。

（2）了解云安全元件。

（3）了解公有云服务器的配置原理。

（4）掌握公有云服务器的配置方法和调用方式。

（二）问题引导

对于公有云服务器，常见的问题如下：

（1）什么是公有云服务器？

（2）公有云服务器可以有哪些选择？

（3）地域和可用区之间有什么相关性？

（4）公有云服务器要如何计费？

（5）管理者要如何存取公有云服务器？

（6）公有云服务器安全吗？

（三）知识准备

1. 云服务器的相关概念

使用CVM之前，需要了解以下概念。

（1）实例：云端的虚拟计算资源，包括CPU、内存、操作系统、网络、磁盘等基础的计算组件。

（2）实例类型：CVM提供的各种不同CPU、内存、存储和网络配置。依据使用场景的不同，CVM实例类型可以分成标准型和内存型，表2-1所示为标准型和内存型实例类型的对比介绍。从规格上来看，标准型与内存型的差异就是在内存的配置上有所不同，所以用户可以根据自身的需求来选择适合自己的实例类型。

（3）镜像：CVM运行的预制模板，包括预配置的操作系统及预装软件。CVM提供Windows、Linux等多种预制镜像。

（4）本地盘：与实例处于同一台物理服务器上的、可以被实例用作持久存储的设备。

（5）云硬盘：腾讯云提供的分布式持久性数据块级存储设备，可以作为实例的系统盘或可扩展数据盘使用。

（6）私有网络（Virtual Private Cloud，VPC）：腾讯云提供的虚拟的、隔离的网络空间，与其他资源逻辑隔离。

表 2-1　标准型和内存型实例类型的对比介绍

类型	描述	规格	vCPU	内存 /GB	主频 /GHz
标准型 S5	均衡的计算、内存和网络资源，可以满足大多数场景下的应用资源需求	S5.SMALL 1	1	1	2.5
		S5.SMALL 2	1	2	2.5
		S5.SMALL 4	1	4	2.5
内存型 M5	具有大内存的特点，适合高性能数据库、分布式内存缓存等需要大量的内存操作、查找和计算的应用	M5.SMALL 8	1	8	2.5
		M5.MEDIUM 16	2	16	2.5
		M5.LARGE 32	4	32	2.5

（7）IP地址：腾讯云提供内网IP地址和公网IP地址。简单理解，内网IP地址提供局域网（Local Area Network，以下简称LAN）服务，使CVM之间可以互相访问。当用户在CVM实例上需要访问Internet服务时使用公网IP地址。

（8）弹性公网IP（Elastic IP，EIP）：专为动态网络设计的静态公网IP地址，满足快速排障需求。由于配置给实例的公网IP地址是浮动的，只要重启实例，原先配置的公网IP地址就会变动，这样会给实际运营的服务器造成极大的困扰，并且公网IP地址的数量也是有限的，而使用弹性公网IP既可以解决服务器公网IP地址浮动的问题，又可以解决公网IP地址数量有限的问题。

（9）安全组：安全组可以理解为一种虚拟防火墙，具备状态检测和数据包过滤功能，用于设置一台或多台CVM的网络访问控制，安全组是重要的网络安全隔离手段。

（10）登录方式：使用安全性高的SSH密钥对和普通的登录密码。这里的登录方式指的是登录服务器的方式，并非登录腾讯云提供的Web服务界面。

（11）地域（Region）：地域是指物理数据中心所在的地理区域。腾讯云不同地域之间完全隔离，以保证不同地域之间最大程度的稳定性和容错性。为了降低访问时延、提高下载速度，建议选择最靠近用户客户的地域。地域具备以下特性：

①不同地域之间的网络完全隔离，不同地域之间的云产品默认不能通过内网通信。

②不同地域之间的云产品可以通过公网服务进行Internet访问。处于不同私有网络中的云产品也可以通过腾讯云提供的“对等连接”经由腾讯云高速互联网络进行通信，以获得比Internet访问更稳定高速的互联。

③负载均衡（Cloud Load Balancer，CLB）。当前默认支持同地域流量转发、绑定

本地域的CVM。如果开通“跨地域绑定负载均衡”功能，则可以支持负载均衡跨地域绑定CVM。

④深圳/上海金融专区特别说明：针对金融行业监管要求定制的合规专区，具有高安全、高隔离性的特点。目前提供CVM、云硬盘、金融数据库、Redis存储、人脸识别等服务，已认证通过的金融行业用户可以通过提交工单来申请使用专区。

（12）可用区（Zone）：可用区是指腾讯云在同一地域内电力供应系统和网络系统互相独立的物理数据中心。其目标是能够保证可用区之间故障相互隔离（大型灾害或大型电力故障除外），不出现故障扩散，使得用户的业务持续在线服务。通过启动独立可用区内的实例，用户可以保护应用程序不受单一位置故障的影响。可用区具备以下特性：

①处于同一腾讯云账号下相同地域不同可用区，但在同一个VPC（私有网络）下的云产品之间均通过内网互通，可以直接使用内网服务访问。

②处于不同腾讯云账号下相同地域不同可用区的资源内网完全隔离。

CVM实例必须在特定地域内的可用区指定启动位置。表2-2所示为目前CVM在中国的部分地域和可用区。

表2-2　目前CVM在中国的部分地域和可用区

地域	可用区
华南地区（广州）ap-guangzhou	广州一区 ap-guangzhou-1
	广州二区 ap-guangzhou-2
	广州三区 ap-guangzhou-3
	广州四区 ap-guangzhou-4
	广州六区 ap-guangzhou-6
华南地区（深圳金融）ap-shenzhen-fsi	深圳金融一区（仅限金融机构和企业提交工单申请开通）ap-shenzhen-fsi-1
	深圳金融二区（仅限金融机构和企业提交工单申请开通）ap-shenzhen-fsi-2
	深圳全融三区（仅限金融机构和企业提交工单申请开通）ap-shenzhen-fsi-3
华东地区（上海）ap-shanghai	上海一区 ap-shanghai-1
	上海二区 ap-shanghai-2
	上海三区 ap-shanghai-3
	上海四区 ap-shanghai-4
	上海五区 ap-shanghai-5
华东地区（上海金融）ap-shanghai-fsi	上海金融一区（仅限金融机构和企业提交工单申请开通）ap-shanghai-fsi-1
	上海金融二区（仅限金融机构和企业提交工单申请开通）ap-shanghai-fsi-2
	上海金融三区（仅限金融机构和企业提交工单申请开通）ap-shanghai-fsi-3

续表

地域	可用区
华东地区（南京） ap-nanjing	南京一区 ap-nanjing-1
	南京二区 ap-nanjing-2
	南京三区 ap-nanjing-3
华北地区（北京） ap-beijing	北京一区 ap-beijing-1
	北京二区 ap-beijing-2
	北京三区 ap-beijing-3
	北京四区 ap-beijing-4
	北京五区 ap-beijing-5
	北京六区 ap-beijing-6
	北京七区 ap-beijing-7

2. 云安全元件

在设置CVM时，需要同时设定服务器所在的网络环境。腾讯云提供网络和安全功能，保障CVM实例安全、高效、自由地对外和对内提供服务。以下为所需要的安全元件。

1）加密登录方式

腾讯云提供两种加密登录方式：密码登录和SSH密钥登录。用户可以自由选择两种加密登录方式安全地与CVM进行连接。需要注意的是，Windows系统实例不支持SSH密钥登录。

2）网络访问

同处于腾讯云上的云产品可以经由Internet访问，也可以经由内网访问。

（1）Internet访问：Internet访问是腾讯云提供给实例进行公开数据传输的服务。实例被分配公网IP地址，以实现与网络上的其他计算机进行通信。

（2）内网访问：内网访问即局域网（LAN）服务，是腾讯云通过提供给实例内网IP地址，以实现同地域下完全免费的内网通信服务。

3）网络环境

腾讯云的网络环境可以分为基础网络和私有网络。

（1）基础网络：基础网络是腾讯云上所有用户的公共网络资源池，适合刚开始认识和使用腾讯云的用户。

（2）私有网络：私有网络是一块用户在腾讯云上自定义的逻辑隔离网络空间。私有网络下的实例可以被启动在预设的、自定义的网段下，与其他用户相互隔离。私有网络适合熟悉网络管理的用户。

4）安全组

安全组是一种有状态的包过滤功能虚拟防火墙，用于设置一台或多台CVM的网络访问控制，是腾讯云提供的重要的网络安全隔离手段。用户可以使用以下方法来控制用户的实例的访问权限：

（1）创建多个安全组，并给每个安全组指定不同的规则。

（2）每个实例分配一个或多个安全组，腾讯云将按照这些规则确定哪些流量可以访问实例，以及实例可以访问哪些资源。

（3）配置安全组，以便只有特定的IP地址或特定的安全组可以访问实例。

5）弹性公网IP

弹性公网IP（Elastic IP，EIP）是可以被独立购买和持有的、在某个地域下固定不变的公网IP地址。在以下场景下，推荐使用弹性公网IP：

- 实例可能会因为不可控原因宕机，需要相同IP地址的替代实例以保证访问。
- 实例没有公网IP地址，需要一个静态IP地址。

3．CVM的配置

配置CVM需要完成以下操作。

步骤1：注册腾讯云账号。

在开始使用腾讯云服务之前，需要先注册一个腾讯云账号（如果用户已在腾讯云注册，则可以忽略此步骤）。拥有腾讯云账号后，可以在腾讯云网站、控制台登录，从而选购和使用所需要的云产品与服务。腾讯云账号的注册方式包括以下几种。

（1）微信扫码快速注册：使用微信扫码快速注册腾讯云账号，后续可以使用微信扫码登录腾讯云。

（2）邮箱账号注册：使用邮箱账号注册腾讯云账号，方便企业客户维护账号。

（3）QQ账号注册：使用已有的QQ账号注册腾讯云账号，直接用QQ账号快速登录腾讯云。

（4）微信公众号注册：使用已有的微信公众号注册腾讯云账号。

步骤2：购买CVM。

- 地域：选择距离用户最近的一个地域，如用户在“深圳”，则选择“广州”地域会比较好。
- 机型：选择需要的CVM机型配置，主要选项是vCPU、GPU和内存。这里建议选择“基础配置（2核2GB）”。
- 操作系统：选择需要的CVM操作系统。配置Windows类型实例或Linux类型实例。
- 公网带宽：勾选“免费分配独立公网IP”复选框后会为用户分配公网IP，默认为“1Mbps”。腾讯云提供按流量计费和按带宽计费两种类型的网络计费模式，用户可以根据需求调整。

- 购买数量：默认为“1台”。
- 购买时长：租用CVM可以是按量计费，也可以是包年包月，默认为“1个月”。

当完成付费后，即完成了CVM的购买。CVM可以作为个人虚拟机或用户建站的服务器。接下来，用户可以登录所购买的CVM了。

步骤3：登录CVM。

根据步骤2中所选择的镜像内的操作系统，使用不同的方式登录CVM。如果是Linux系统，则使用SSH协议登录；如果是Windows系统，则使用远程桌面程序（Remote Desktop Protocol，RDP）登录。然后就可以开始使用CVM了。

（四）任务实施

CVM和轻量应用服务器（Tencent Cloud Lighthouse，以下简称Lighthouse）都是腾讯云提供的可扩展的云计算服务器，通常可以通过以下方式进行CVM的配置和管理。

- 控制台：腾讯云提供的Web服务界面，用于配置和管理所有的云服务。
- API：腾讯云也提供了API接口，方便管理云服务，如CVM和Lighthouse等。
- SDK：用户可以使用SDK编程或使用腾讯云命令行工具TCCLI调用所有的云服务API。

步骤1：注册一个腾讯云账号，并进行登录，最佳实践是通过子用户方式登录，这样便于管理，如图2-2所示。

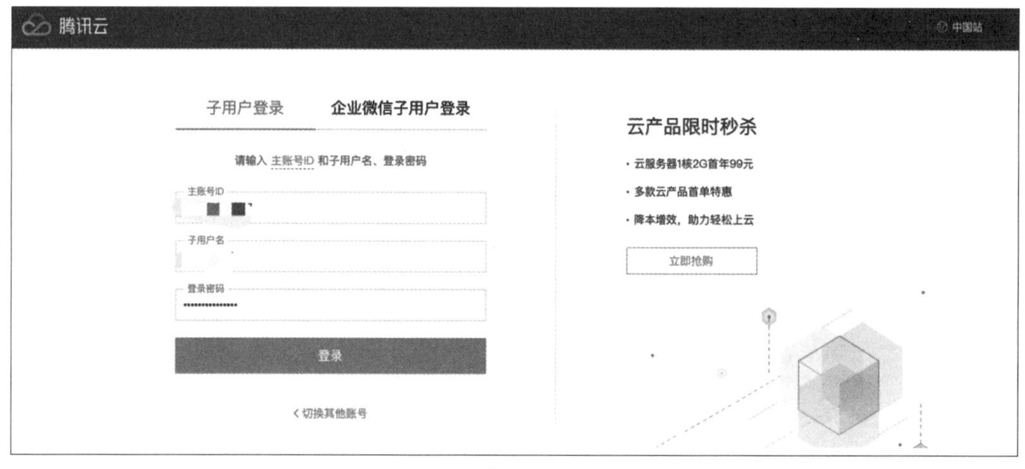

图2-2 腾讯云登录界面

步骤2：登录腾讯云网站后，可以在网站首页的菜单栏中选择“产品”→“计算”选项，然后在“计算”区域中找到本项目所需的云服务器和轻量应用服务器两项产品，如图2-3所示。

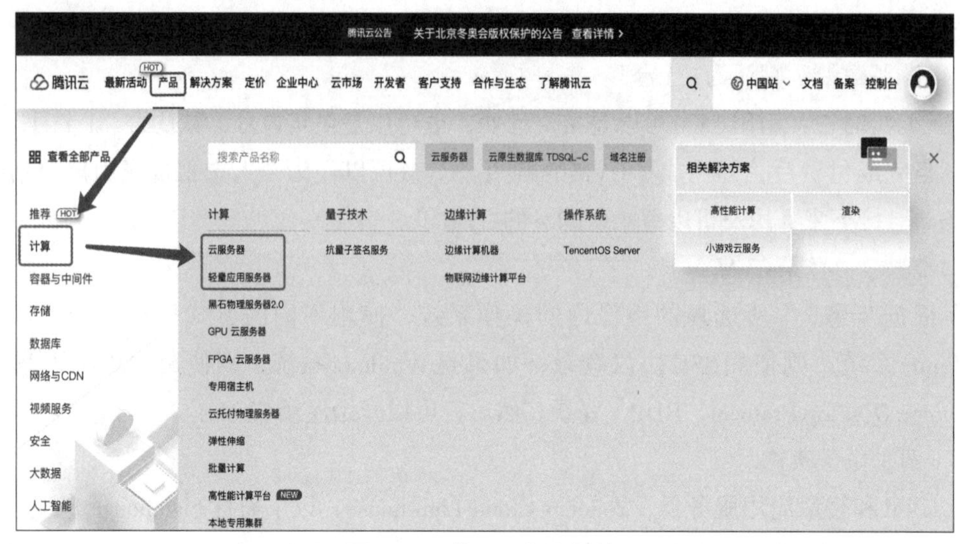

图 2–3　腾讯云产品菜单

步骤3：单击“云服务器”→“立即选购”按钮后就会出现如图2–4所示的配置界面。

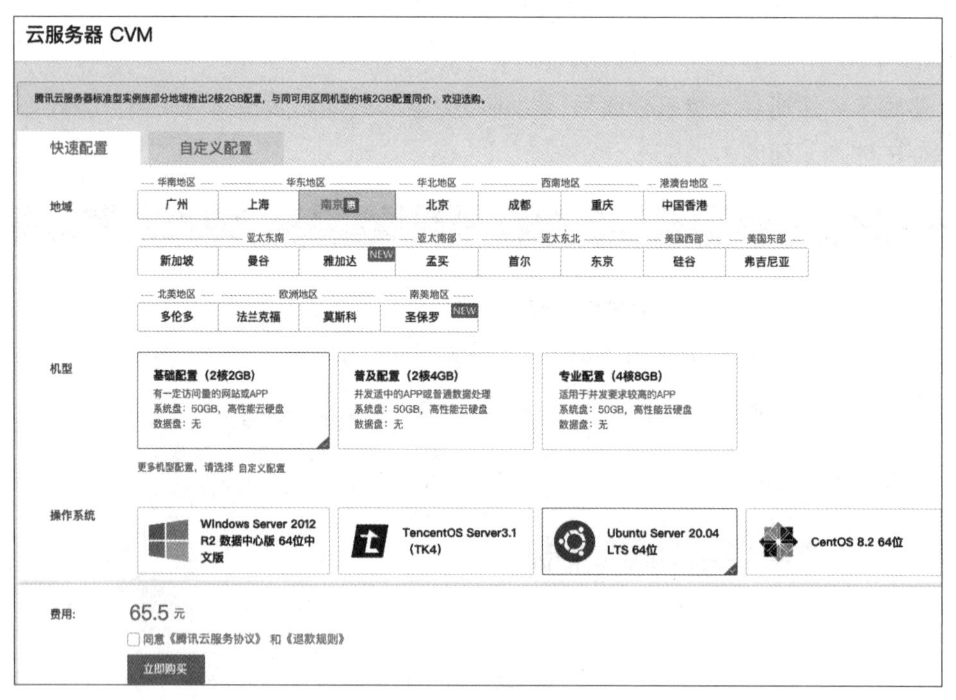

图 2–4　CVM 配置界面

（1）在选择地域时，应选择距离使用者较近的地域，如使用者多为江苏省居民，则选择“南京”地域会比较好。CVM的物理位置靠近使用者，可以有效降低网络延迟。

（2）在机型选择上，核心越少、内存越少越便宜，所以先选择2核2GB的机型。

（3）在操作系统的选择上必须搭配机型，2核2GB的机型不能使用Windows Server操作系统，所以选择Ubuntu Server作为本机型的预设操作系统。

（4）公网带宽是指使用者可以连接到CVM的带宽，可以根据网络使用量来设定。

（5）登录方式选择默认设置，系统会发送站内信通知CVM的相关组态和登录密码。

在进行配置的同时，在界面的最下方会实时显示所需费用，单击“立即购买”按钮后会进入下一步操作。

付款前系统会再次确认订单内容，在商品清单中会显示所要购买的CVM的详细内容，如图2-5所示。

- 地域：南京。
- 可用区：南京一区。
- 机型：SA2.MEDIUM2（2核CPU、2GB内存）。
- 镜像：Ubuntu Server 20.04 LTS 64位。
- 存储：系统盘（50GB高性能云硬盘）。
- 带宽：按带宽计费（带宽1Mbps）。
- 名称：未命名。
- 所属网络：vpc-8376sfxt | Default-VPC | 10.206.0.0/16。
- 所在子网：subnet-5jmfzj6o | Default-Subnet | 10.206.0.0/20。
- 单价：65.50元/月。
- 数量：1。
- 付费方式：预付费。
- 购买时长：1个月。

图2-5　CVM确认界面

刚刚并没有设定“所属网络”和“所在子网”，对单一主机而言，只需提供对外联网即可，所以不需要考虑子网。但是如果有多台CVM，则需要设定正确的子网，以确保彼此可以互相进行通信。

在如图2-5所示的界面中单击“提交订单”按钮之后，会显示如图2-6所示的CVM支付界面。支付方式有多种选择。可以事先充值或购买代金券，通过“余额支付”方式支付；也可以通过“在线支付”或“申请代理商支付”等方式支付。需要注意的是，在同一个主账号下，所有的子账号是共享余额的。

图2-6 CVM支付界面

在支付成功后，会出现如图2-7所示的支付成功界面，可以单击“进入控制台”按钮开始对CVM进行操作，也可以单击网站首页菜单栏中的“控制台”按钮进入控制台。

图2-7 CVM支付成功界面

进入控制台后，因为腾讯云的控制台可以对大多数的腾讯云服务进行操作，所以在云服务器控制台界面左侧的导航栏中选择“实例”标签，然后在右侧的“实例”页面中找到对应CVM的实例选项进行操作，务必选择实例所对应的地域。在此前的配置中，实例被创建在“南京一区”地域，所以要选择“南京1”地域才能看到此前所创建的实例，如图2–8所示。

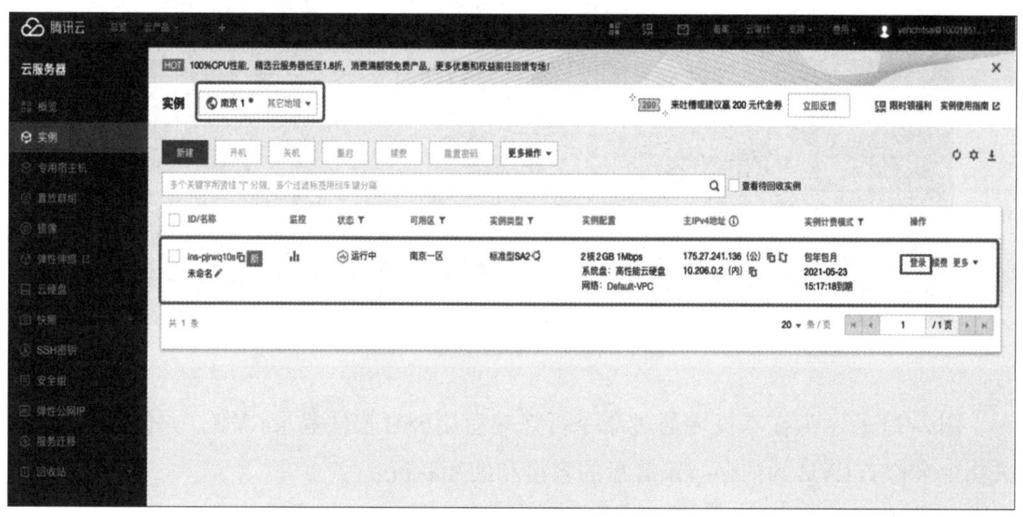

图 2–8　“实例”页面

在如图2–8所示的页面中，单击页面右上方的信件图标，将进入腾讯云“消息中心”管理界面，在“站内信”页面中选择信件标题为“产品消息 –【腾讯云】云服务器创建成功（南京，2核2GB）”的信件，查看CVM的相关信息，如图2–9所示，最重要的是登录账户、密码与公网IP地址。取得登录账户和密码后，可以在此前的“实例”页面中通过网页登录，或者在本机端通过SSH软件自行登录。

图 2–9　“站内信”页面

用户在如图2-8所示的页面中单击“登录”按钮后，将进入“清理终端”界面，如图2-10所示。

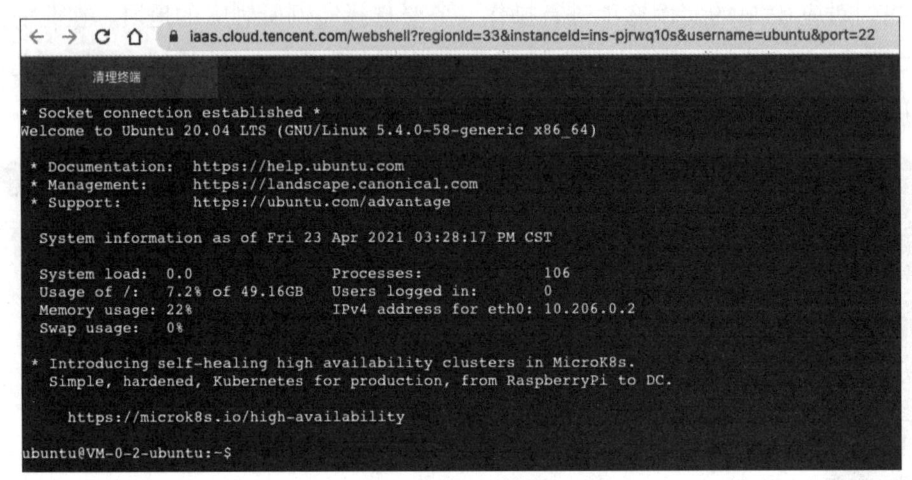

图2-10 “清理终端”界面

图2-11所示为在本机端通过命令行终端使用SSH软件登录CVM，并使用Linux相关指令来检查CVM的内存与系统盘的容量和使用状况。

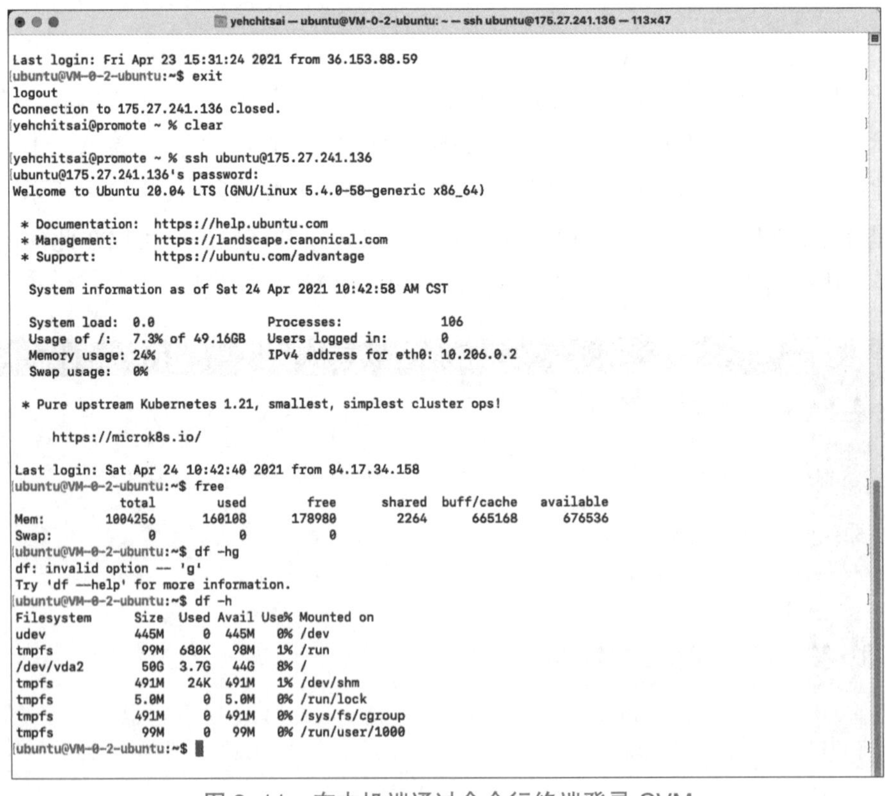

图2-11 在本机端通过命令行终端登录CVM

（五）知识拓展

1. 安全与网络

（1）限制访问：通过使用防火墙（安全组）允许受信任的地址访问实例来限制访问，在安全组中配置最严格的规则，如限制端口访问、IP 地址访问等。

（2）安全级别：创建不同的安全组规则应用于不同安全级别的实例组上，确保运行重要业务的实例无法轻易被外部触达。

（3）网络逻辑隔离：选择使用“私有网络”进行逻辑区的划分。

（4）账号权限管理：当同一组云资源需要被多个不同账号控制时，用户可以使用“策略机制”控制其对云资源的访问权限。

（5）安全登录：尽量使用“SSH 密钥登录”方式登录用户的 Linux 类型实例。这是因为使用“密码登录”方式登录的实例需要不定期修改密码。

2. 存储

（1）硬件存储：对于可靠性要求极高的数据，可以使用腾讯云云硬盘来保证数据的持久存储可靠性，尽量不要选择本地硬盘。

（2）数据库：对于访问频繁、容量不稳定的数据库，可以使用腾讯云云数据库。

3. 备份与恢复

（1）同地域备份实例：可以使用自定义镜像及云硬盘快照的方式来备份用户的实例与业务数据。

（2）屏蔽实例故障：可以通过弹性公网 IP 进行域名映射，保证在服务器不可用时能快速将服务器 IP 地址重新指向另一台 CVM 实例，从而屏蔽实例故障。

4. 监控与告警

（1）监控和响应事件：定期查看监控数据并设置好适当的告警。

（2）突发请求处理：使用弹性伸缩能够保证服务峰值中的 CVM 稳定，还能自动替换不健康的实例。

任务 2-2　轻量应用服务器和弹性伸缩的管理与调用

（一）任务描述

本任务通过对以下知识点的介绍，让读者了解并掌握 Lighthouse 和弹性伸缩的管理与调用：

（1）了解 Lighthouse。

（2）掌握 Lighthouse 的配置方法和调用方式。

（3）掌握弹性伸缩的配置方法和调用方式。

（二）问题引导

对于Lighthouse和弹性伸缩，常见的问题如下：

（1）什么是Lighthouse？

（2）Lighthouse与CVM的区别是什么？

（3）是否可以在Lighthouse中自行安装应用程序或软件？

（4）Lighthouse采用哪种计费模式？

（5）弹性伸缩是否收费？

（6）什么样的机器适合使用弹性伸缩？

（三）知识准备

Lighthouse是新一代面向中小企业和开发者的CVM产品，具备轻运维、开箱即用的特点，适用于小型网站、博客、论坛、电商，以及云端开发测试环境和学习环境等轻量级业务场景。

对比于CVM，Lighthouse更加简单易用，它简化了传统CVM的高阶概念及功能，一站式融合多种云服务，使用户可以便捷高效地部署、配置和管理应用，是用户使用腾讯云的最佳入门途径。表2-3所示为Lighthouse与CVM的主要区别。

表 2-3　Lighthouse 与 CVM 的主要区别

<table>
<tr><th colspan="2"></th><th>Lighthouse</th><th>CVM</th></tr>
<tr><td colspan="2">用户群体</td><td>中小企业、开发者、云计算入门者</td><td>所有上云用户</td></tr>
<tr><td colspan="2">业务场景</td><td>轻量级、低负载且访问量适中的应用场景：
• 企业官网、个人展示网站、博客、论坛、电商等各类网站和 Web 应用服务、个人云盘、图床服务
• 微信小程序、小游戏后端服务
• 云端开发测试环境、学习环境</td><td>全业务场景</td></tr>
<tr><td rowspan="2">计费模式</td><td>售卖方式</td><td>高性价比套餐式售卖（计算 / 网络 / 存储资源组合）</td><td>灵活选配计算 / 存储 / 网络资源，独立叠加计费</td></tr>
<tr><td>网络计费</td><td>高带宽流量包模式</td><td>固定带宽 / 流量用量</td></tr>
<tr><td colspan="2">云能力入口</td><td>一站式整合，独立且简化的控制台</td><td>面向全业务场景的控制台</td></tr>
<tr><td colspan="2">应用部署</td><td>• 开箱即用的优质官方应用镜像，预置应用系统所需的软件栈最优组合
• 30s 一键构建应用，自动完成应用软件及其所依赖的运行环境的安装和初始化配置</td><td>创建实例后，用户通常需要自行部署应用，或者使用镜像市场</td></tr>
</table>

续表

	Lighthouse	CVM
镜像	精选优质的 Lighthouse 专有应用镜像	公共镜像、自定义镜像、共享镜像、镜像市场
网络	自动创建网络资源，无须用户手动管理 VPC、子网及公网 IP 地址等	用户自行创建、配置、管理网络

常见的应用场景如Web应用服务，通过使用预置常用Web开发平台（如LAMP堆栈、Node.js等）的镜像，可以快速部署Web应用程序，简单高效地上线各类业务应用。使用Lighthouse构建Web应用服务的流程如图2-12所示。

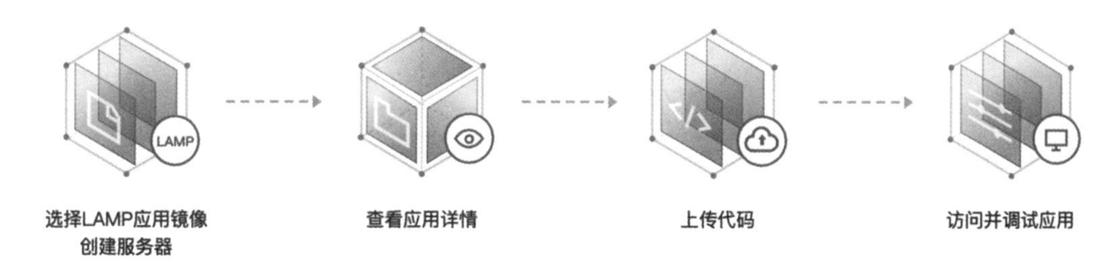

图 2-12 使用 Lighthouse 构建 Web 应用服务的流程

1. 弹性伸缩的配置方法

弹性伸缩（Auto Scaling，以下简称AS）可以根据实际业务需求和策略自动调整CVM计算资源，以确保拥有适量的CVM实例来处理应用程序负载。对Web应用服务而言，智能的扩展和收缩是成本控制与资源管理的重要组成部分。当Web应用程序开始获得更多请求流量时，AS将添加更多的服务器来应对额外负载。同时，当Web应用程序获得的请求流量开始减少时，AS将终止未充分利用的服务器。

如果采用AS进行容量调整，则用户只需事先设置好扩容条件及缩容条件即可。AS会在达到扩容条件时自动增加使用的服务器数量以维护性能；在需求下降时，AS会根据事先设置的缩容条件减少服务器数量，以最大限度地帮助用户降低成本。

图2-13所示为传统模式和采用AS的IT资源量与业务负载的关系。其中，横轴为时间，纵轴为资源需求（供给）量，线型为折线的表示IT所提供的资源量，线型为平滑曲线的表示实际的业务资源需求量。由图2-13所示的对比可知，通过采用AS，服务器集群可以永远保留恰到好处的资源供给量，并处于健康状态。而用户也将告别传统模式下的多种烦恼：

- 业务突增导致机器数量不足，以致服务无响应。
- 按照高峰访问量预估资源，而平时访问量很少达到高峰，从而造成投入资源的浪费。

• 人工守护及频繁处理容量告警，需要多次手动变更。

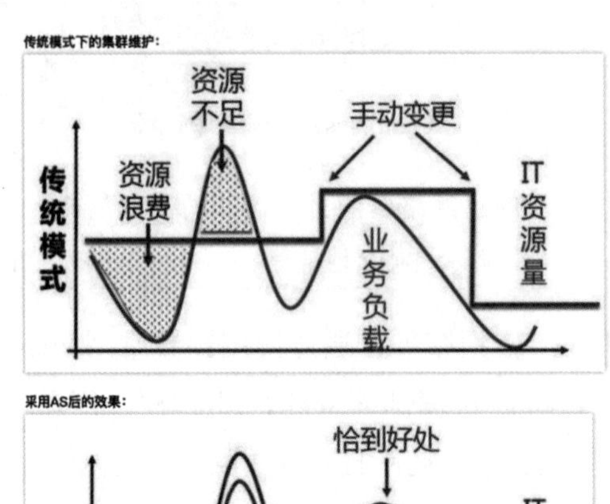

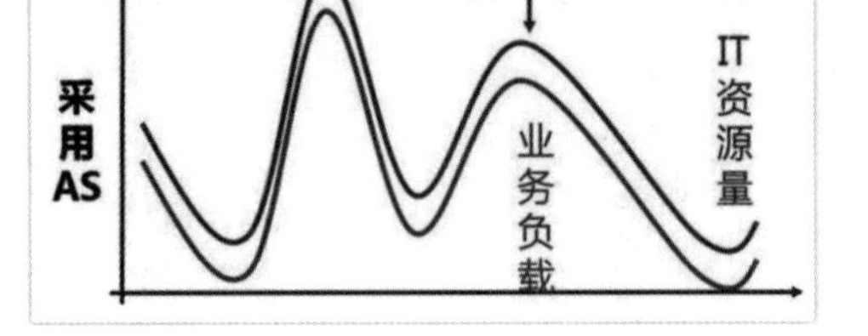

图 2-13　传统模式和采用 AS 的 IT 资源量与业务负载的关系

2. AS的工作方式

在常见的Web应用服务中，服务器集群通常运行应用程序的多个副本来满足客户流量。例如，接入层的前端服务器集群、逻辑层的应用服务器集群、后端的缓存服务器集群等。每个实例都可以处理客户请求。

这些相同或类似的实例的数量通常是可以调节的。用户可以将这些相同或类似的实例归到一个伸缩组中管理起来：

（1）用户可以指定每个伸缩组中最少的实例数量，AS会确保伸缩组中的实例的数量永远不会低于此数量。

（2）用户可以指定每个伸缩组中最大的实例数量，AS会确保伸缩组中的实例的数量永远不会高于此数量。

（3）用户可以指定伸缩策略，则AS会在应用程序需求增加或降低时启动或终止实例。伸缩策略有以下两类。

①告警触发策略：根据指定条件动态扩展或收缩（如伸缩组的机器的CPU利用率超过60%时扩展）。

②定时伸缩策略：根据指定的时间扩展或收缩（如每晚21：00扩展）。

（4）设置完伸缩策略后，用户还可以设置伸缩活动通知。AS会在发生伸缩活动时通过邮件、短信、站内信等方式告知用户。所以，用户不需要时刻关注服务器集群的业务请求量的变化，只需要留意AS的通知即可。

（5）用户可以在任何时候一键指定所需要的机器数量，或者把已有的机器添加到伸缩组中一起管理。

3. AS的基本概念

（1）伸缩组：伸缩组是遵循相同规则、面向同一场景的CVM实例的集合。伸缩组定义了组内CVM实例数量的最大值、最小值及其相关联的负载均衡实例等属性。

（2）启动配置：启动配置是自动创建CVM的模板，其中包括镜像ID、CVM实例类型、系统盘及数据盘类型和容量、密钥对、安全组等。在创建伸缩组时必须指定启动配置，启动配置一经创建后其属性将不能编辑。

（3）伸缩策略：即执行伸缩动作的条件。触发条件可以是时间或云监控的报警，动作可以是移出或添加CVM。伸缩策略可以分为两种：①定时伸缩策略，即当到达某个固定时间点时，自动增加或减少CVM实例，支持周期性重复；②告警伸缩策略，即基于云监控指标（如CPU、内存、网络流量等）自动增加或减少CVM实例。

（4）冷却时间：冷却时间是指在同一个伸缩组内，一个伸缩活动（添加或移出CVM实例）执行完成后的一段锁定时间。在这段时间内，该伸缩组不执行伸缩活动。冷却时间可指定范围为0 ~ 999999（秒）。

（四）任务实施

1. 掌握Lighthouse的调用方式

登录腾讯云网站后，在网站首页的菜单栏中选择“产品”→“计算”选项，然后在“计算”区域中找到本项目所需的“轻量应用服务器”，单击“轻量应用服务器”→“立即选购”按钮后会出现如图2-14所示的配置界面。在该界面中进行参数配置，选择设置一个LAMP服务器。

（1）地域选择靠近使用者的地域，如使用者多是江苏省居民，则选择“南京”地域会比较好。

（2）镜像选择“LAMP 7.4.16”，主要是考虑PHP的版本。

（3）实例套餐选择最基本的2核2GB。

在进行配置的同时，在界面的最下方会实时显示所需费用，单击“立即购买”按钮后会进入下一步操作。

需要注意的是，LAMP是Linux、Apache、MySQL、PHP的首字母缩写，其主要就是创建一个以Linux操作系统为基础并具有数据库和后端程序开发能力的Web服务器。而Lighthouse的本质还是CVM，只是简化了很多设定，并且更具价格竞争力。

付款前系统会再次确认订单内容，商品清单中会显示所要购买的CVM的详细内容，如图2-15所示。

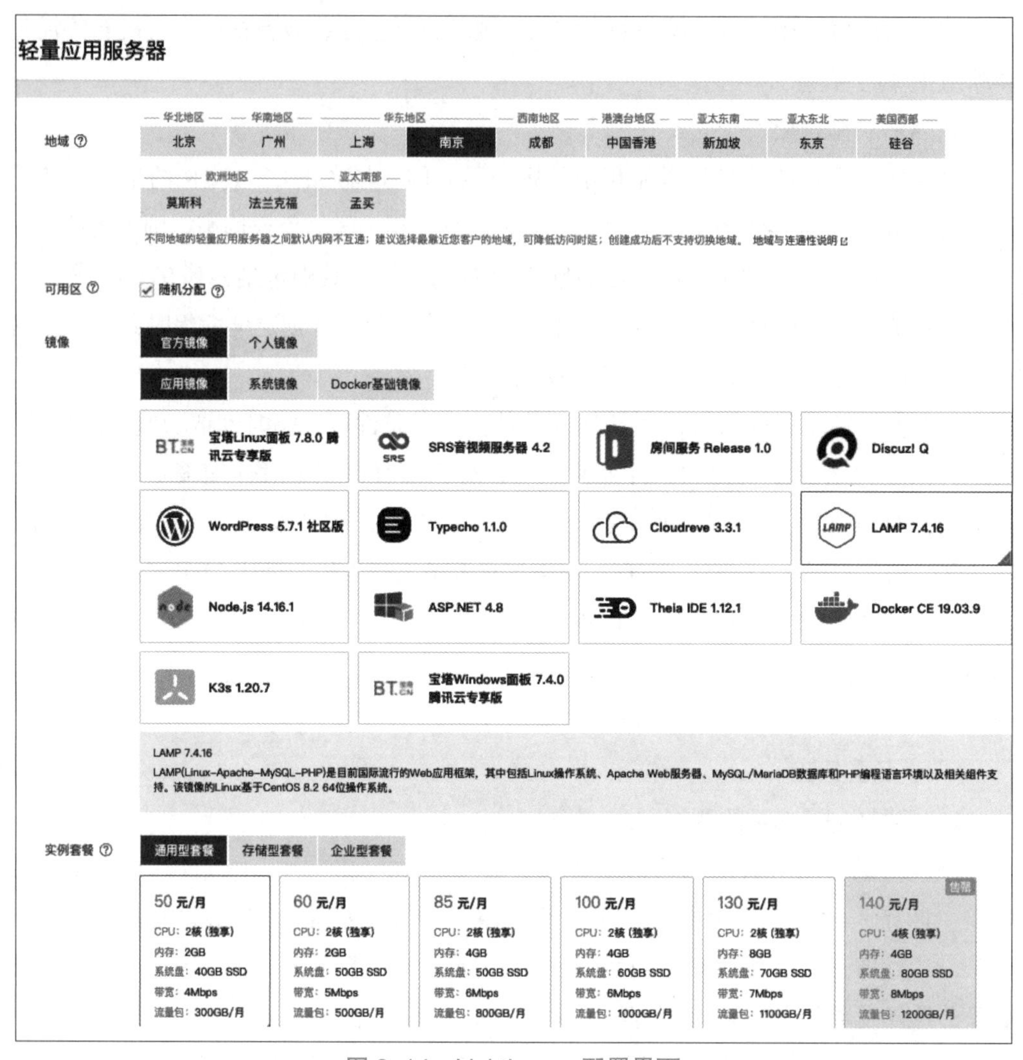

图 2-14 Lighthouse 配置界面

- 运算组件：2核CPU、2GB内存（通用型-2核2GB-40GB-300GB）。
- 云系统盘：40GB SSD云硬盘（通用型-2核2GB-40GB-300GB）。
- 流量包：300GB/月流量包（通用型-2核2GB-40GB-300GB）。
- 地域：南京。
- 镜像：LAMP 7.4.16。
- 单价：50.00元/月。
- 数量：1。
- 付费方式：预付费。
- 购买时长：1个月。

图 2-15　Lighthouse 确认界面

单击控制台界面右上方的信件图标，进入腾讯云“消息中心”管理界面，在“站内信”页面中选择信件标题为“产品-【腾讯云】轻量应用服务器创建成功”的信件，查看Lighthouse的相关信息，如图2-16所示，最重要的就是公网IP地址。

图 2-16　“站内信”页面

打开浏览器，在地址栏中输入“【公网IP地址】/phpinfo.php”就可以看到目前PHP的设定，如图2-17所示，在此网页中可以得知PHP的版本为7.3.15，Linux的版本为Linux VM-4-2-centos 3.10.0-1127.19.1.el7.x86_64。其他，例如，可调用的MySQL的库（Library）、相关Web服务器信息等都可以在此网页中找到（MySQL的版本为5.0.12，Apache的版本为2.4.4）。

2．掌握AS的配置方法和调用方式

本任务以某休闲类网站为例，假设该网站的访问高峰时段为18:00 ~ 24:00。

方案简述：按照非访问高峰时段的负载部署固定资源——1台采用包年包月计费模式的CVM。访问高峰时段的不足部分采用按量计费模式的CVM，并通过定时任务在18:00扩容增加1台，在24:00缩容减少1台。

▲ 不安全 | 118.195.178.8/phpinfo.php

PHP Version 7.3.15

System	Linux VM-4-2-centos 3.10.0-1127.19.1.el7.x86_64 #1 SMP Tue Aug 25 17:23:54 UTC 2020 x86_64
Build Date	Dec 8 2020 14:43:45
Configure Command	'./configure' '--with-apxs2=/usr/local/lighthouse/softwares/apache/bin/apxs' '--prefix=/usr/local/lighthouse/softwares/php' '--enable-fpm' '--enable-pcntl' '--enable-mysqlnd' '--with-pdo-mysql=mysqlnd' '--with-mysqli=mysqlnd' '--enable-zip' '--with-libzip=/usr/local/lighthouse/softwares/libzip' '--with-zlib' '--with-zlib-dir=/usr/local/lighthouse/softwares/libzip' '--with-openssl=/usr/local/lighthouse/softwares/openssl' '--with-curl' '--with-mhash' '--enable-mbstring' '--with-snmp' '--enable-soap' '--enable-sockets' '--with-pear' '--with-config-file-path=/usr/local/lighthouse/softwares/php/etc' '--with-config-file-scan-dir=/usr/local/lighthouse/softwares/php/etc/php.d' '--enable-shared' '--with-gd' '--with-jpeg-dir' '--with-png-dir' '--with-zlib-dir' '--with-iconv-dir' '--with-xpm-dir'
Server API	FPM/FastCGI
Virtual Directory Support	enabled
Configuration File (php.ini) Path	/usr/local/lighthouse/softwares/php/etc
Loaded Configuration File	(none)
Scan this dir for additional .ini files	/usr/local/lighthouse/softwares/php/etc/php.d
Additional .ini files parsed	(none)
PHP API	20180731
PHP Extension	20180731
Zend Extension	320180731
Zend Extension Build	API320180731,TS
PHP Extension Build	API20180731,TS
Debug Build	no
Thread Safety	enabled
Thread API	POSIX Threads
Zend Signal Handling	enabled
Zend Memory Manager	enabled
Zend Multibyte Support	provided by mbstring
IPv6 Support	enabled
DTrace Support	disabled
Registered PHP Streams	https, ftps, compress.zlib, php, file, glob, data, http, ftp, phar, zip
Registered Stream Socket Transports	tcp, udp, unix, udg, ssl, tls, tlsv1.0, tlsv1.1, tlsv1.2
Registered Stream Filters	zlib.*, convert.iconv.*, string.rot13, string.toupper, string.tolower, string.strip_tags, convert.*, consumed, dechunk

This program makes use of the Zend Scripting Language Engine:
Zend Engine v3.3.15, Copyright (c) 1998-2018 Zend Technologies

zend engine

图 2-17　查看轻量应用服务器的 LAMP 信息

传统模式与AS模式方案的对比如图2-18所示，AS模式将固定业务服务器更换为临时业务服务器，按照低谷保持保底服务器+高峰增量服务器的模式进行工作。

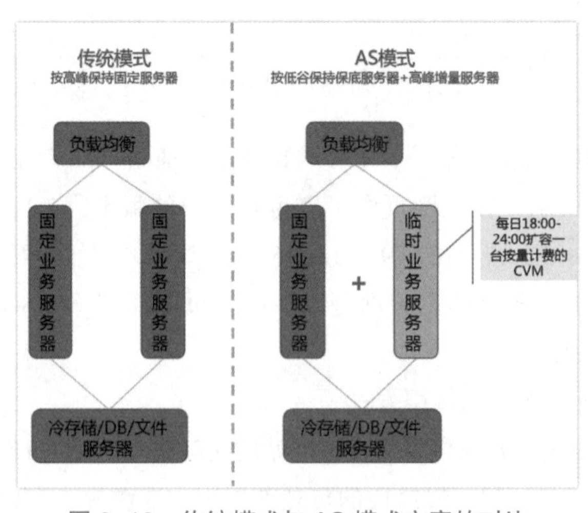

图 2-18　传统模式与 AS 模式方案的对比

登录腾讯云网站后，在网站首页的菜单栏中单击“产品”→“计算”→“计算”→“弹性伸缩”→“立即使用”按钮，会进入如图2-19所示的弹性伸缩控制台界面，这里需要先创建启动配置。

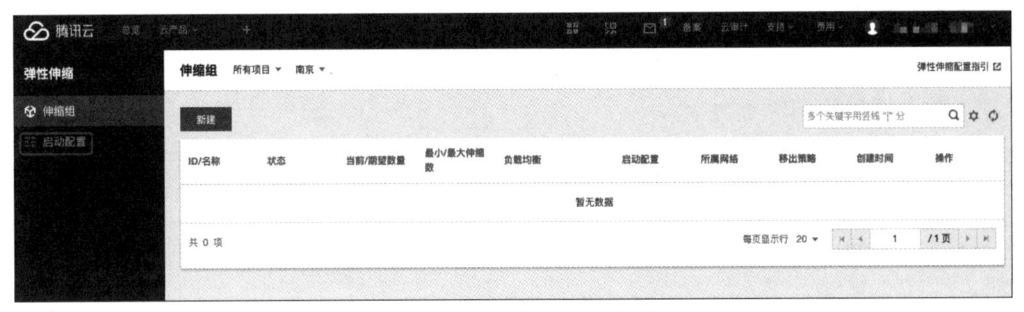

图 2-19　弹性伸缩控制台界面

步骤 1：创建启动配置。

扩容时AS以启动配置为模板创建服务器，因此需要先通过创建启动配置来选择机型。单击“启动配置”→“新建”按钮，在出现的“选择机型”页面中根据以下信息进行配置，如图2-20所示。

- 启动配置名称：web-startup-conf。
- 计费模式：按量计费。
- 地域：南京。
- 可用区：所有可用区。
- 实例：标准型S5 S5.SMALL1。
- 镜像：公共镜像 #共有四种不同类型可以选择，如果是已经事先建立好的CVM，则需要先在云服务器控制台那边建立自定义镜像，然后在这边就可以选择“自定义镜像”，并找到事先定义好的镜像Ubuntu，64位，Ubuntu Server 20.04 LTS 64位。
- 系统盘：高性能云硬盘 50GB。
- 公网带宽：1Mbps。

在设置完成后，单击“下一步：设置主机”按钮，在出现的“设置主机”页面中根据以下信息进行设置，如图2-21所示。

- 安全组：新建安全组 #建议开启80、443端口供外网存取。
- 登录方式：自动生成密码 #密码会通过站内信通知。

在设置完成后，单击“下一步：确认配置信息”按钮，在出现的“确认配置信息”页面中确认配置信息，确认无误后即可创建启动配置。

步骤 2：创建伸缩组。

进入弹性伸缩控制台界面，选择左侧导航栏中的“伸缩组”标签，单击“新建”

按钮，在弹出的“新建伸缩组”对话框的“基本配置”页面中，根据以下信息进行配置，如图2-22所示。

- 名称：WebASGroup。
- 最小伸缩数：1。
- 起始实例数：1。
- 最大伸缩数：2。
- 启动配置：asc-cooofiz5 | web-startup-conf | S5.SMALL1。
- 支持网络：vpc-9mg5u48h | Default-VPC。
- 支持子网：subnet-6qpid81w Default-Subnet 南京一区。

图 2-20 “选择机型”页面

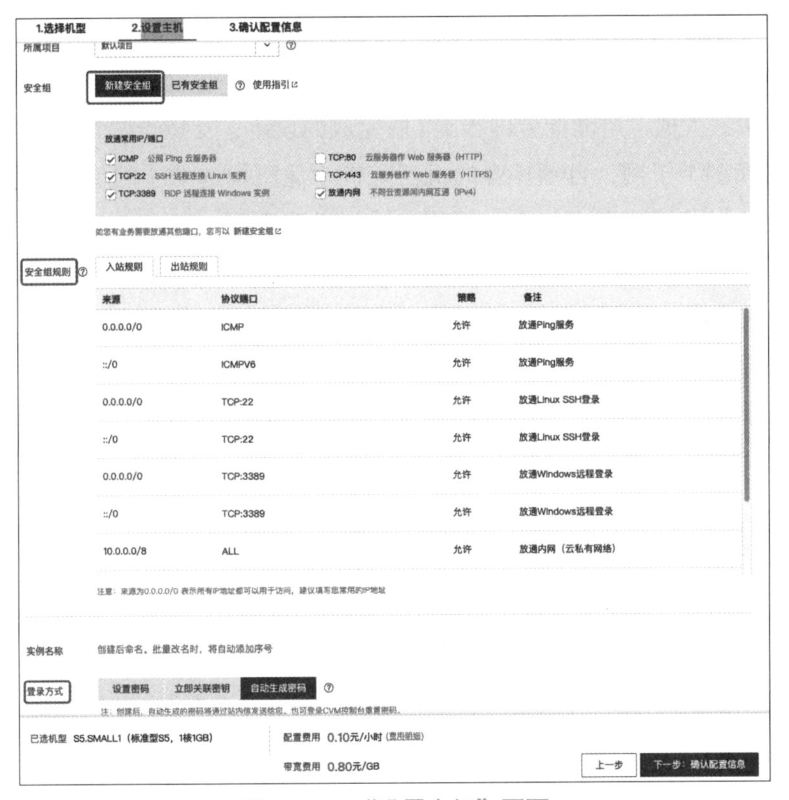

图 2-21　“设置主机”页面

新建伸缩组 ×

1 基本配置 > 2 负载均衡配置 > 3 竞价实例分配 > 4 其他配置

名称 * WebASGroup

名称不超过55个字符，仅支持中文、英文、数字、下划线、分隔符和小数点

所属项目 默认项目

最小伸缩数 * − 1 +

起始实例数 * − 1 +

最大伸缩数 * − 2 +

启动配置 * asc-cooofiz5 | web-startup-c... 新建启动配置

当前启动配置只有一个机型，建议在该启动配置设置多类似机型，以减少扩容失败风险，现在去设置

支持网络 * vpc-9mg5u48h | Default-VPC

如果您尚无任何支持网络，您可以新建私有网络

支持子网 *

子网ID	子网名称	可用区
subnet-6qpid81w	Default-Subnet	南京一区

您可选择多个子网，自动扩容的机器随机地从您勾选的子网创建，达到跨子网容灾的效果。设置建议

下一步

图 2-22　“新建伸缩组”对话框

最小伸缩数是指当伸缩组负荷极小时，保持的实例数量最小值；起始实例数为整个伸缩组刚启动时会启动的CVM实例的数量；最大伸缩数是指整个伸缩组可以拥有的实例数量最大值；启动配置即步骤1所完成的设定；支持子网是指服务器所在子网，可以选择多个子网，自动扩容的机器随机地从所勾选的子网创建，达到跨子网容灾的效果，但是需要考虑每个子网所支持的机型不同，所以并非所有子网都可以选用。

在配置完成后，单击“下一步”按钮。

负载均衡配置可以让整个服务器集群对外有一个公有IP地址，并可以根据整个伸缩组的效能来执行伸缩策略，但是因为需要更多的网络相关设定，所以此处暂不进行设定，建议直接单击“完成”按钮。

步骤3：设置扩容/缩容策略。

AS支持定时扩容及基于告警动态扩容、接收扩容/缩容通知、查看历史扩容/缩容详情等功能，用户可以结合实际情况进行使用。本任务以定时扩容为例，进入弹性伸缩控制台界面，在左侧导航栏中选择“伸缩组”标签，在“伸缩组”页面中选择需要修改的伸缩组WebASGroup，单击伸缩组名称，进入WebASGroup伸缩组基本信息页面，选择“定时任务”选项卡，并单击“新建”按钮。

在弹出的“新建定时任务”对话框中，根据以下信息设置一个18:00的定时扩容任务，任务内容为每天在18:00时将CVM的数量增加至2台，如图2-23所示。

- 名称：18扩容。
- 更改最小实例数为：0。
- 更改期望实例数为：2。
- 更改最大实例数为：2。
- 重复周期：伸缩组活动的周期，本例设置每1天执行一次。
- 执行开始时间：伸缩组活动重复开始时间，即2022-04-25 10:50开始活动，并按照重复周期执行。应该要设定为2022-04-25 18:00，但是考虑要查看是否可以正确运行，所以选择最近的时间。
- 重复结束时间：伸缩组活动重复结束时间，设置结束时间（默认一年期），即2023-04-25 10:50后不再重复。

需要注意的是，腾讯云的CVM需要1分钟左右创建，如果自定义镜像较大，则可能需要更多时间。用户可以将执行开始时间提前5分钟。

回到WebASGroup伸缩组基本信息页面，选择“关联实例”选项卡，确认此前的设定是否生效，如图2-24所示。从“加入时间”列中可以看到ins-lmy80tkc这台实例是在2022-04-25 10:50:20加入伸缩组的。

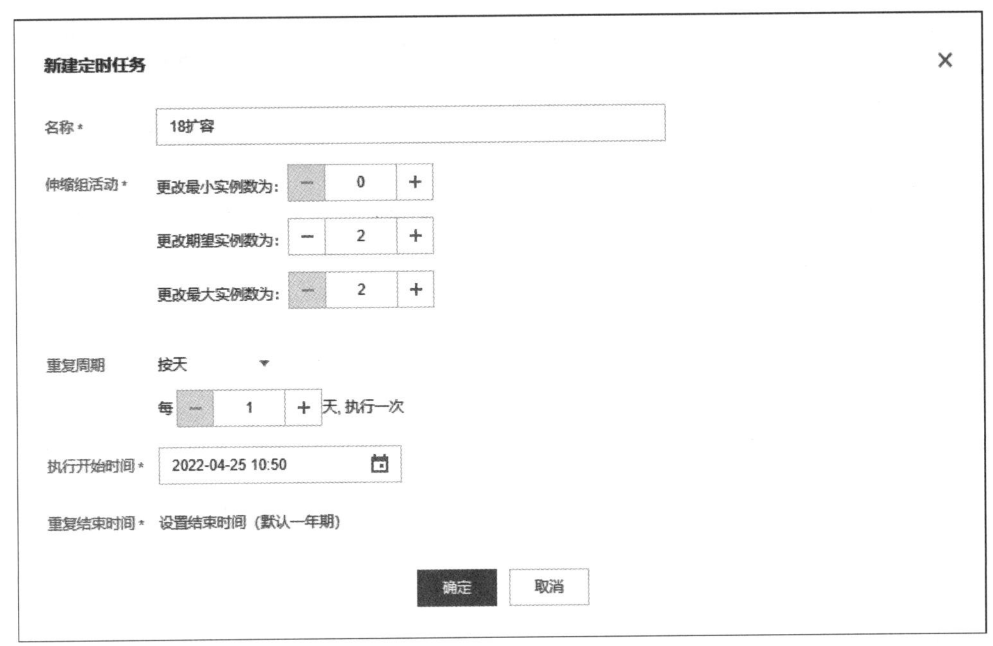

图 2–23　“新建定时任务”对话框

腾讯云　弹性伸缩　伸缩组　启动配置

WebASGroup　通过工单提问

伸缩组详情　关联实例　告警触发策略　定时任务　通知　伸缩活动　生命周期挂钩

添加实例　批量移出　请输入实例ID

实例ID/名称	监控状态	生命周期	移出保护	加入方式	主IP地址	启动配置	加入时间	操作
ins-lmy80tkc as-WebASGroup	健康	运行中	未启用	自动	175.27.235.80（公）10.206.0.17（内）	asc-kw55enzz (1) web-startup-conf	2022-04-25 10:50:20	移出 设置移出保护
ins-icrfzvik as-WebASGroup	健康	运行中	未启用	自动	175.27.242.176（公）10.206.0.12（内）	asc-kw55enzz (1) web-startup-conf	2022-04-25 10:32:21	移出 设置移出保护

共 2 项　每页显示行 20　1　/1 页

图 2–24　“关联实例”选项卡

需要注意的是，由于未通过负载均衡来设置单一固定 IP 地址，因此每台实例的公网 IP 地址都不一样。

参考以上步骤，再设置一个 24:00 的定时缩容任务，任务内容为每天在 24:00 时将 CVM 的数量减少至 1 台，在 WebASGroup 伸缩组基本信息页面中选择“伸缩活动”选项卡，可以查看伸缩活动记录，如图 2–25 所示。

需要注意的是，要删除伸缩组前必须先移出伸缩组内的所有实例，然后才可以执行删除操作，被移出的实例会自动销毁。

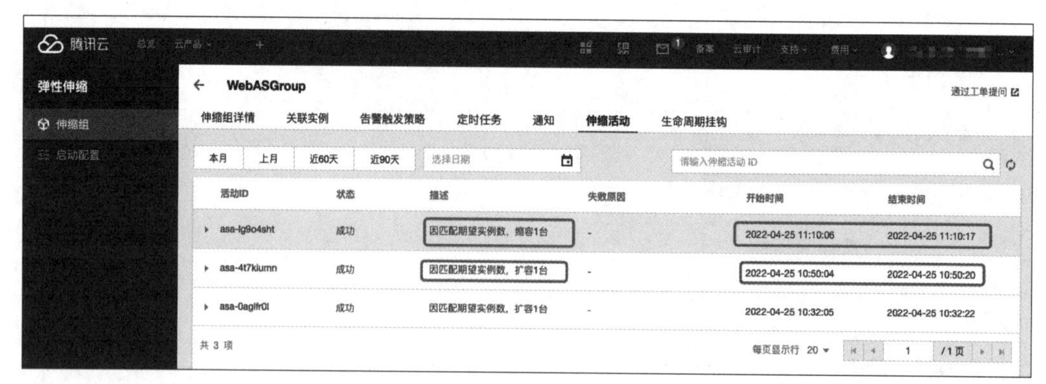

图 2–25 “伸缩活动”选项卡

（五）知识拓展

服务等级协议（Service Level Agreement，以下简称SLA）最根本的形式是协议双方（服务提供者和用户）签订的一个合约或协议，此合约规范了双方的商务关系或部分商务关系。

一般来说，SLA是服务提供者与用户之间协商并签订的一个具有法律约束力的合同，该合同规定了在服务提供过程中双方所承担的商务条款。

简单来说，云计算希望通过资源集中的方式来提供可靠的服务，但是如何提供给用户一个可靠的服务呢？这时就需要通过签订正式合约来为双方提供保障。以下是Lighthouse服务的服务等级协议的内容规范，其规定了Lighthouse服务要提供99.95%的可用性，即一个月不可以超过21.6分钟无法存取。

腾讯云提供的本服务可用性不低于99.95%，如果未达到上述可用性标准（属于免责条款情形的除外），则用户可以根据本协议第3条约定获得赔偿。假设当月为30天，单实例服务周期可用时间应为30天 ×24小时 ×60分钟 ×99.95%=43178.4分钟，即可以存在43200分钟–43178.4分钟=21.6分钟的不可用时间。

如果仍然发生此种情况，服务等级协议也规定了相关的罚则，只要腾讯云提供的服务可用性低于95%，腾讯云就必须赔偿当月的Lighthouse服务的服务费用。腾讯云的赔偿服务如表2–4所示。

表 2–4 腾讯云的赔偿服务

服务月度的服务可用性	赔偿代金券金额
低于 99.95% 但等于或高于 99%	月度服务费的 10%
低于 99% 但等于或高于 95%	月度服务费的 25%
低于 95%	月度服务费的 100%

项目实训

WordPress 网站建制

（一）实训目的

（1）掌握CVM的配置方法。

（2）掌握CVM的管理。

（3）了解WordPress系统。

（4）掌握Linux命令的使用。

（二）实训内容

在CVM上安装WordPress镜像来启动并运行一个内容管理系统网站，将了解如何配置并启动CVM实例、如何获取WordPress用户名和密码，以及如何登录WordPress网站管理页面。

（三）实训步骤

步骤1：注册腾讯云账号。

可以参考任务1-1，或者参考腾讯云官方网站注册腾讯云账号。

步骤2：建立一个运行WordPress博客平台的CVM。

登录腾讯云网站后，单击“控制台”按钮进入主控制台界面，如图2-26所示，在“最近访问”区域中选择“云服务器”选项以进入云服务器控制台界面。

图2-26 腾讯云主控制台界面

在云服务器控制台界面左侧的导航栏中选择“实例”标签，然后单击“实例”页面中的“新建”按钮（如果先前无选购实例，则会出现“立即选购”按钮），根据页面提示选择机型，并在“镜像”选区中选择“镜像市场”选项，接着单击“从镜像市场选择”文字链接，如图2–27所示。

图 2–27　CVM 的镜像来自镜像市场

在弹出的“镜像市场”对话框的左侧导航栏中选择“建站系统”标签，并在上方的搜索栏中输入“WordPress博客平台”，单击搜索图标，就可以过滤出所需平台，确认后单击“免费使用”按钮，如图2–28所示。

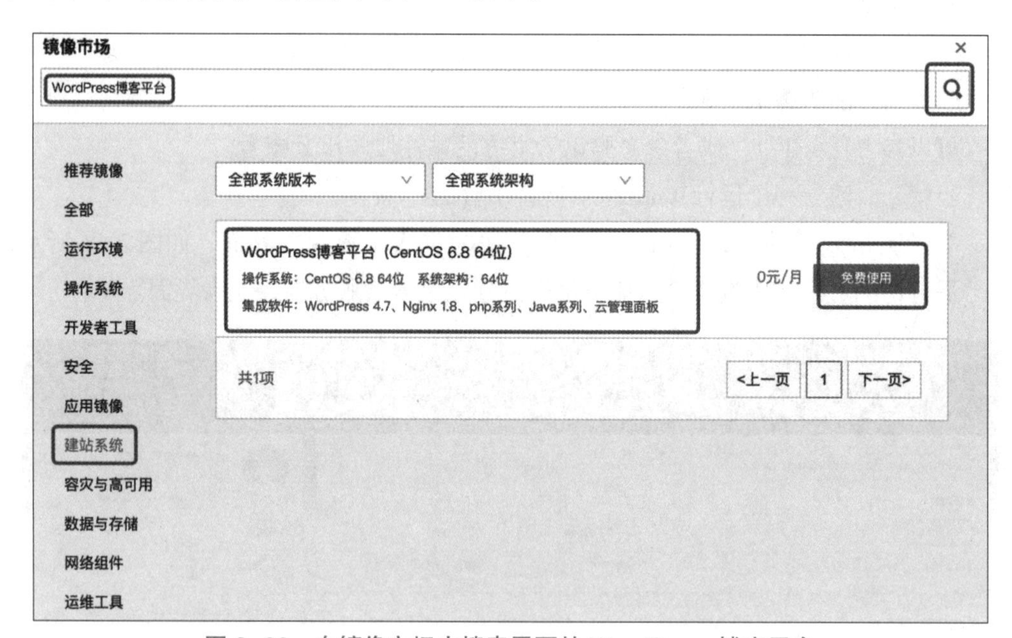

图 2–28　在镜像市场中搜索需要的 WordPress 博客平台

在设置完成后，单击“下一步：设置主机”按钮，在出现的“设置主机”页面中根据以下信息进行设置。

• 安全组：已有安全组 sg–cjh5fxta | default。

- 登录方式：自动生成密码。

在设置完成后，单击“下一步：确认配置信息”按钮，在出现的“确认配置信息”页面中确认配置信息，确认无误后单击“立即购买”按钮，进入下一步操作。

付款前系统会再次确认订单内容，在商品清单中会显示所要购买的CVM的详细内容，如图2-29所示。

- 地域：南京。
- 可用区：南京一区。
- 机型：S5.SMALL1（1核CPU、1GB内存）。
- 镜像：WordPress博客平台（CentOS 6.8 64位）V2.0。
- 存储：系统盘（50GB高性能云硬盘）。
- 带宽：按带宽计费（带宽1Mbps）。
- 名称：WordPress 2.0。
- 所属网络：vpc-8376sfxt | Default-VPC | 10.206.0.0/16。
- 所在子网：subnet-5jmfzj6o | Default-Subnet | 10.206.0.0/20。
- 单价：75.30元/月。
- 数量：1。
- 付费方式：预付费。
- 购买时长：1个月。

图 2-29　CVM WordPress 博客平台确认界面

步骤3：获取WordPress网站权限。

在云服务器控制台界面的“实例”页面中，找到运行中的CVM实例WordPress 2.0，并复制该CVM实例的公网IP地址。例如，需启动实例的公网IP地址为175.27.154.156，则只需复制该实例的公网IP地址即可，如图2-30所示。

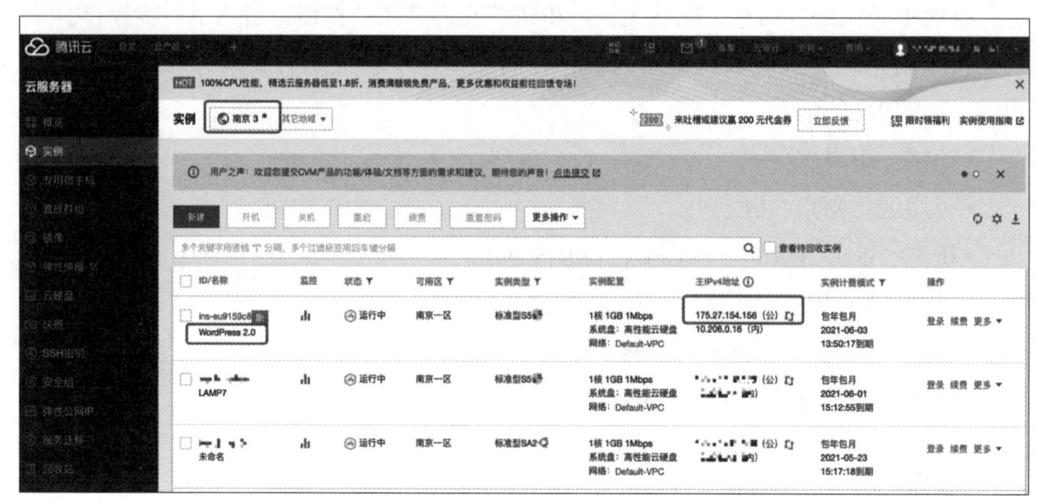

图 2-30　获取该 CVM 实例的公网 IP 地址

在本地浏览器中访问公网IP地址，打开“获取权限”引导页面，如图2-31所示。

图 2-31　“获取权限”引导页面

步骤4：启动WordPress网站。

在“获取权限”引导页面中，单击“获取权限”按钮，下载该镜像的相关信息文档到本地（需要注意的是，该文档包含WordPress网站的相关重要信息，一定要注意保存）。打开文档，获取WordPress网站的管理员登录账号和密码，如图2-32所示。

```
Congratulations, your cloud panel has been successfully installed 锛

url:http://
account:z
password:

WordPress install directory: /virtualhost/KZY
WordPress ftp ip: 175.27.154.156
WordPress ftp user:
WordPress ftp password:


WordPress database name:
WordPress database user: vC8
WordPress database password: 1


WordPress admin url: http://175.27.154.156/wp-admin/
WordPress admin user:
WordPress admin password: 4
```

图 2-32　WordPress 网站的相关重要信息

刷新引导页面，出现WordPress网站的欢迎页面，如图2-33所示，即表示WordPress网站启动成功。

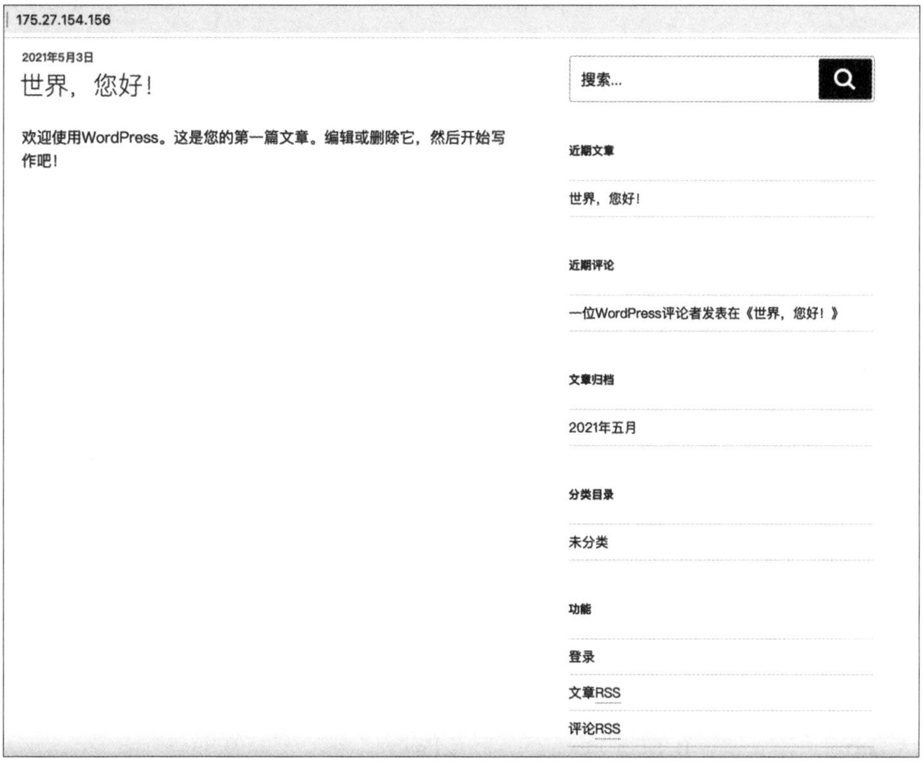

175.27.154.156

2021年5月3日

世界，您好！

欢迎使用WordPress。这是您的第一篇文章。编辑或删除它，然后开始写作吧！

搜索...

近期文章

世界，您好！

近期评论

一位WordPress评论者发表在《世界，您好！》

文章归档

2021年五月

分类目录

未分类

功能

登录

文章RSS

评论RSS

图 2-33　WordPress 网站的欢迎页面

（四）实训报告要求

记录应用CVM完成本项目实训的心得体会，并结合操作界面截图进行总结说明，形成文字报告。认真完成实训，并撰写实训报告。实训报告需要包含以下内容：

（1）实训名称。

（2）学生姓名、学号。

（3）实训日期（年、月、日）和地点。

（4）实训目的。

（5）实训内容。

（6）实训环境。

（7）实训步骤。

（8）实训总结。

项目总结

本项目主要介绍了如何通过CVM和Lighthouse来建立Web网站，可以让使用者快速地进行开发或运维，对于Web网站前端开发、后端开发和安全运维的专业学习都有极大的帮助。

课后练习

单选题

1.下列哪一项不是云计算服务模型？（　　）

A.IaaS　　B.CVM　　C.PaaS　　D.SaaS

2.腾讯云所提供的云开发是云原生一体化开发环境和工具平台，为开发人员提供高可用、自动弹性扩容/缩容的后端云服务，其应属于哪一种云计算服务模型？（　　）

A.IaaS　　B.TaaS　　C.PaaS　　D.SaaS

3.常用的人工智能服务（如人脸辨识等）应属于哪一种云计算服务模型？（　　）

A.IaaS　　B.TaaS　　C.PaaS　　D.SaaS

4.腾讯云所提供的腾讯云服务器是虚拟主机租用服务，其应属于哪一种云计算服务模型？（　　）

A.IaaS　　B.TaaS　　C.PaaS　　D.SaaS

5. 下列哪一项是腾讯云服务器所无法配置调整的？（　　）

A.CPU 个数　　B. 内存　　C. 硬盘　　D.CPU 频率

6. CVM运行的预制模板，包括预配置的操作系统及预装软件，以上叙述是在描述下列哪一项？（　　）

A. 实例　　B. 镜像　　C. 云盘　　D. 安全组

7. 针对CVM而言，所谓的弹性公网IP指的是（　　）。

A. 重启实例，配置的弹性公网IP地址就会变动

B. 重启实例，配置的弹性公网IP地址不会变动

C. 每隔一段时间，配置的弹性公网IP地址不会变动

D. 每隔一段时间，配置的弹性公网IP地址就会变动

8. CVM不提供哪些操作系统的预制镜像？（　　）

A.Windows　　B.Linux　　C.macOS　　D.CentOS

9. 在腾讯云中针对“物理（实体）数据中心所在的地理区域”用什么名称来表示？（　　）

A. 地域　　B. 可用区　　C. 安全区　　D. 数据中心区

10. 在CVM中安全组与实例之间的关联为（　　）。

A. 一个安全组只可以对应一个实例

B. 一个安全组可以对应多个实例

C. 一个实例只可以对应一个安全组

D. 实例与安全组之间无关联

项目 3

公有云存储资源的管理与调用

学习目标

微课－项目 3

（一）知识目标

（1）理解公有云存储的概念及架构。

（2）了解公有云存储的相关知识。

（3）了解公有云存储的应用场景。

（4）理解公有云存储的配置原理。

（5）了解公有云存储的安全知识。

（二）技能目标

（1）掌握公有云对象存储的操作技能。

（2）掌握公有云云硬盘的操作技能。

（3）掌握公有云文件存储的操作技能。

（4）具有运用公有云存储安全配置的能力。

（三）素质目标

（1）培养良好的IT职业道德、职业素养和职业规范。

（2）培养热爱科学、实事求是、严肃认真、一丝不苟、诚实守信的工作作风。

（3）提升自我更新知识和技能的能力。

（4）培养阅读技术文档、编写技术文档的能力。

（5）提升团队协作能力。

项目描述

（一）项目背景及需求

云存储（Cloud Storage）是一种网上在线存储服务，即将数据存放在通常由第三方托管（Hosting）的存储服务器上，而非存放在自身拥有的专属服务器上。托管公司负责运营管理可靠便利的数据中心服务，实现敏捷性、全球规模、持久性和随时随地访问的特性，云存储旨在帮助用户大规模收集、管理、保护和分析数据。需要数据存储托管服务的用户，通过向托管公司购买或租赁存储空间的方式来满足数据存储的需求。托管公司通常就是当前的云服务公司，根据用户的需求，以存储资源池（Storage Pool）的方式提供存储服务，用户便可以自行使用此存储资源池来存放文件或对象。实际上，这些数据资源可能被分布在众多的服务器主机上。此外，云存储服务也会通过Web服务应用程序接口（Application Program Interface，API）或Web化的用户界面供用户来操作、访问。

云存储的优势可以体现在以下3个方面。

（1）总体拥有成本降低：利用云存储，用户无须购买硬件、预配置存储或将资本用于“偶发”场景。用户可以根据需求添加或删除容量、快速更改性能和保留特性，并且只需为实际使用的存储付费。系统甚至可以根据可审核的规则将访问频率较低的数据自动迁移到成本更低的层次，从而实现规模经济效益。

（2）部署时间降低：当开发团队准备就绪时，基础设施不应降低其工作速度。利用云存储，IT人员可以在需要时快速交付所需的确切存储量。这样一来，IT人员能够集中精力解决复杂的应用程序问题，而无须管理存储系统。

（3）信息管理：在云中集中存储创造了一个有力的杠杆点，可以支持许多新的使用案例。通过使用云存储生命周期管理策略，用户可以执行庞大的信息管理任务，包括自动分层或锁定数据以支持合规性要求。

云存储要求确保公司的重要数据安全无忧且在需要时可用。在考虑将数据存储在云中时，需要注意以下几项基本要求。

（1）持久性（Durability）：持久性指的是数据存储在云公司而不会损失的概率。数据最好以冗余方式存储在多个设施中及每个设施内的多个设备中，这样就不会因为自然灾害、人为错误或机械故障而造成数据丢失。

（2）可用性（Availability）：可用性指的是数据存储在云公司而可以被存取到的概率。所有数据都应在需要时可用。理想的云存储可以实现检索时间和成本的适当平衡。

（3）安全性（Security）：最好对静态数据和传输中的数据进行加密。权限和访问控制在云中应像对内部存储那样发挥作用。

云数据存储有3种类型：对象存储、文件存储和数据块存储。每种类型都有自己的优势和对应的使用案例。

（1）对象存储（Cloud Object Storage，COS）：在云中开发的应用程序通常可以利用对象存储的高可扩展性和元数据特性。对象存储是腾讯云提供的一种存储海量文件的分布式存储服务，具有高扩展性、低成本、可靠安全等优点。

（2）文件存储（Cloud File Storage，CFS）：某些应用程序需要访问共享文件并需要文件系统，通常使用网络附加存储（Network Attached Storage，NAS）服务器支持这种类型的存储。文件存储是腾讯云提供的可扩展的共享文件存储服务，可以与腾讯云的CVM等服务搭配使用。

（3）数据块存储：数据块存储是数据库或ERP系统等其他企业应用程序通常需要针对每台主机的专用低延迟存储。这种类型的存储与直接连接存储（Direct-Attached Storage，DAS）或存储区域网络（Storage Area Network，SAN）类似。云硬盘（Cloud Block Storage，CBS）是腾讯云提供的用于云服务器的持久性数据块级存储设备，CBS中的数据自动在可用区内以多副本冗余的方式存储，可以避免数据的单点故障风险，提供高达99.9999999%的数据可靠性，以及高性能工作负载所需的超低延迟。

（二）项目构成

图3-1所示为腾讯云所提供的云产品与服务，本项目主要介绍腾讯云存储服务，包含云硬盘（CBS）、文件存储（CFS）和对象存储（COS）。

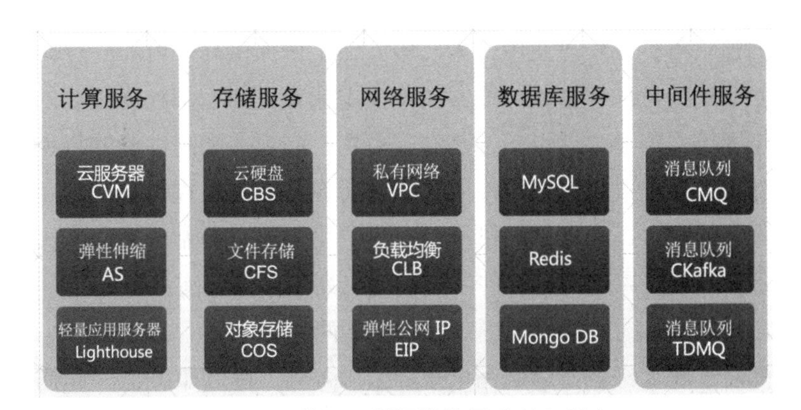

图3-1　腾讯云所提供的云产品与服务

（三）项目任务

本项目将分成以下任务：

（1）公有云存储和云硬盘的管理与调用。

（2）公有云对象存储和文件存储的管理与调用。

任务 3-1　公有云硬盘的管理与调用

（一）任务描述

本任务通过对以下知识点的介绍，让读者了解并掌握公有云硬盘的管理与调用：

（1）了解云硬盘的配置方法。

（2）掌握云硬盘的调用方式。

（二）问题引导

对于公有云硬盘，常见的问题如下：

（1）云硬盘是什么？

（2）云硬盘有什么特征？

（3）云硬盘有什么限制？

（4）不同类型的云硬盘之间有什么区别？

（5）云硬盘有什么优势？

（6）云硬盘是否可以作为数据盘使用？

（7）云硬盘是否支持挂载与卸载？

（三）知识准备

1. 腾讯云云硬盘

云硬盘是一种高可用、高可靠、低成本、可定制化的数据块级存储设备，可以作为云服务器的独立可扩展硬盘使用，为云服务器实例提供高效可靠的存储服务。云硬盘提供数据块级别的持久性存储，通常用作需要频繁更新、细粒度更新的数据（如文件系统、数据库等）的主存储设备，具有高可用、高可靠和高性能的特点。云硬盘采用三副本的分布式存储机制，将用户的数据备份在不同的物理机上，避免单点故障引起的数据丢失等问题，提高数据的可靠性。用户可以通过控制台轻松购买、调整及管理云硬盘设备，并可以通过构建文件系统创建出高于单块云硬盘容量的存储空间。

根据生命周期的不同，云硬盘可以分为以下两种。

（1）非弹性云硬盘：生命周期完全跟随云服务器，随云服务器一起购买并作为系统盘使用，不支持挂载与卸载。

（2）弹性云硬盘：生命周期独立于云服务器，可以单独购买后手动挂载到云服务器上，也可以随云服务器一起购买并自动挂载到该云服务器上，作为数据盘使用。弹性云硬盘支持随时在同一可用区内的云服务器上挂载或卸载。用户可以将多块弹性云硬盘挂载到同一台云服务器上，也可以将弹性云硬盘从云服务器A中卸载后挂载到云服务器B上。

当然，云硬盘也有使用限制，如表3-1所示。

表 3-1　云硬盘的使用限制

限制类型	限制说明
增强型 SSD 云硬盘的使用限制	（1）增强型 SSD 云硬盘当前仅在广州二区、广州四区、上海一区、上海二区、上海九区、北京一区、北京四区、成都一区、重庆一区、南京一区、南京二区开放售卖，后续将逐步增加售卖可用区 （2）增强型 SSD 云硬盘仅支持挂载在 2020 年 8 月 1 日之后创建的 S5、M5、SA2、IT3、D3 及未来上线的新代次机型上。当其挂载在旧代次实例上或已经存在的新代次实例上时，无法保证承诺性能 （3）增强型 SSD 云硬盘暂不支持用作系统盘 （4）增强型 SSD 云硬盘暂不支持加密特性 （5）暂不支持由其他类型云硬盘升级为增强型 SSD 云硬盘
弹性云硬盘的能力	自 2018 年 5 月起，随云服务器一起购买的数据盘均为弹性云硬盘，支持从云服务器上卸载并重新挂载
云硬盘的性能限制	1TB 的 SSD 云硬盘，最大随机 IOPS 能达到 26,000，意味着读 IOPS 和写 IOPS 均可达到该值
单台云服务器可挂载的弹性云硬盘数量	最多 20 块
云硬盘可挂载到云服务器上的限制	云服务器和云硬盘必须在同一可用区下
云硬盘欠费回收	如果采用包年包月计费模式的弹性云硬盘到期后七天内未续费，则系统会强制解除该云硬盘与云服务器的挂载关系，并将其回收至回收站。目前，当采用包年包月计费模式的弹性云硬盘挂载到采用包年包月计费模式的云服务器上时，用户可以根据实际需求选择以下续费方式： （1）对齐该云服务器的到期时间 （2）云硬盘到期后按月自动续费 （3）直接挂载，不做续费处理

云硬盘的典型使用场景如下所述。

（1）云服务器在使用过程中发现硬盘空间不够，可以通过购买一块或多块云硬盘并将其挂载到云服务器上来满足存储容量需求。

（2）购买云服务器时不需要额外的存储空间，有存储需求时再通过购买云硬盘来扩展云服务器的存储容量。

（3）当多台云服务器之间存在数据交换的诉求时，可以通过卸载云硬盘（数据盘）并重新挂载到其他云服务器上来实现。

（4）可以通过购买多块云硬盘并配置逻辑卷管理器（Logical Volume Manager，LVM）来突破单块云硬盘存储容量上限。

（5）可以通过购买多块云硬盘并配置磁盘阵列（Redundant Arrays of Independent Disks，RAID）策略来突破单块云硬盘I/O能力上限。

腾讯云提供多样化持久性存储设备，用户可以灵活选择硬盘种类，并自行在硬盘上进行存储文件、搭建数据库等操作。腾讯云硬盘的特征如下所述。

（1）弹性挂载与卸载：所有类型的弹性云硬盘均支持弹性挂载、卸载，用户可以通过在云服务器上挂载多块云硬盘来搭建大容量的文件系统。

（2）弹性扩容：用户可以随时对云硬盘进行扩容，单块云硬盘最大支持32TB。

（3）快照备份：既支持创建快照和快照回滚，以便及时备份关键数据；也支持使用快照创建硬盘，以便快速实现业务部署。

下面分别说明如何达到这些特征。

（1）可靠：云硬盘采用三副本的分布式存储机制，具有极高的可靠性。系统确认数据在三个副本中都完成写入后才会返回写入成功的响应。后台数据复制机制能在任何一个副本出现故障时迅速通过数据迁移等方式复制一个新副本，时刻确保有三个副本可用，为用户提供安全放心的数据存储服务。云硬盘数据跨机架存储，可靠性达99.9999999%。

（2）弹性：用户可以自由配置存储容量，按需扩容，并且无须中断业务。云硬盘的容量上限为32TB，单台云服务器累计可以挂载20块弹性云硬盘作为数据盘使用，以高效应对TB/PB级数据的大数据处理场景。

（3）高性能：高性能云硬盘采用快取（Cache）机制满足用户的常规业务需求。单块SSD云硬盘可以提供26,000随机读/写IOPS（Input/Output Per Second），满足对I/O能力有极端要求的场景。

（4）易用：用户通过简单的创建、挂载、卸载及删除等操作即可轻松管理与使用云硬盘，缩短业务部署时间，节省成本。

（5）快照备份：用户可以随时为云硬盘创建快照来备份数据，也可以通过使用快照文件快速创建云硬盘来达到快速部署业务的目的。

2. 地域和可用区

地域是指物理数据中心所在的地理区域。腾讯云通过不同地域之间的完全隔离，来保证不同地域之间最大程度的稳定性和容错性，同时可以降低访问时延、提高下载速度。

可用区是指腾讯云在同一地域内电力供应系统和网络系统互相独立的不同物理数据中心。其目标是能够保证可用区之间的故障相互隔离（大型灾害或大型电力故障除外），不出现故障扩散，使得用户的业务持续在线服务。通过启动独立可用区内的实例，用户可以保护应用程序不受单一位置故障的影响。

在选择地域和可用区时，需要考虑以下因素：

（1）云硬盘的挂载对象限制。云硬盘仅能挂载到同一可用区的云服务器上。

（2）需要使用云硬盘的云服务器所在的地域、用户及用户的目标客户所在的地理位置。建议购买云服务时选择最靠近用户客户的地域，以降低访问时延、提高访问速度。

（3）需要使用云硬盘的云服务器和其他云产品的关系。建议选择的云产品都尽量在同一地域的同一可用区内，这样各产品之间便可以通过内网进行通信，从而降低访问时延、提高访问速度。

（4）业务高可用和容灾考虑。即使在只有一个VPC的场景下，也建议将业务至少部署在不同的可用区，以保证可用区之间的故障隔离，实现跨可用区容灾。

（5）不同可用区之间可能会有网络的通信延迟，因此需要结合业务的实际需求进行评估，在高可用和低延迟之间找到最佳平衡点。

3．云硬盘的类型

云硬盘可以分为以下3种类型。

（1）高性能云硬盘：高性能云硬盘是腾讯云推出的混合型存储类型，通过Cache机制提供接近固态存储的高性能存储能力，同时采用三副本的分布式存储机制保障数据可靠性。高性能云硬盘适用于高数据可靠性要求、普通中度性能要求的Web/App服务器，以及业务逻辑处理、中小型建站等中小型应用场景。

（2）SSD云硬盘：SSD云硬盘采用三副本的分布式存储机制，提供低时延、高随机IOPS、高吞吐量的I/O能力及数据安全性高达99.9999999%的存储服务。SSD云硬盘适用于对I/O性能有较高要求的场景。

（3）增强型SSD云硬盘：增强型SSD云硬盘是由腾讯云基于新一代存储引擎设计和最新网络基础设施提供的产品类型，采用三副本的分布式存储机制，提供低时延、高随机IOPS、高吞吐量的I/O能力及数据安全性高达99.9999999%的存储服务。增强型SSD云硬盘适用于大型数据库、NoSQL数据库等对时延要求很高的I/O密集型场景。

（4）极速型SSD云硬盘：极速型SSD云硬盘是由腾讯云基于最新自研高性能分布式存储引擎，搭配高速网络基础设施及最新一代存储硬件提供的产品类型，可以长期稳定地提供超低时延的可靠性能。极速型SSD云硬盘非常适用于需要极低延迟的I/O密集型和吞吐量密集型工作负载，如大型MySQL、HBase和Cassandra等数据库业务，etcd和rocksdb等键值存储，ElasticSearch等日志检索业务，视频处理、直播等实时高带宽型业务等。其在关键交易工作负载、核心数据库业务、大型OLTP（On-Line Transaction Processing，联机事务处理过程）业务、视频处理等场景下表现优秀。

表3-2所示为不同类型的云硬盘的性能指标。

表 3-2　不同类型的云硬盘的性能指标

性能指标	极速型 SSD 云硬盘	增强型 SSD 云硬盘	SSD 云硬盘	高性能云硬盘
单盘最大容量（GB）	32000	32000	32000	32000
单盘最大IOPS	1000000	100000	26000	6000
随机 IOPS 性能计算公式	基准性能：随机 IOPS =min{4000+容量(GB)×100,50000} 额外性能：最大 IOPS =min{额外性能值×128,950000}	基准性能：随机 IOPS =min{1800+存储容量（GB）×50, 50000} 额外性能：最大 IOPS =min{128×额外性能值,50000}	随机 IOPS=min{1800+存储容量（GB）×30, 26000}	随机 IOPS= min{1800+容量(GB)×8,6000}
单盘最大吞吐量（MB/s）	4000	1000	260	150
吞吐性能计算公式（MB/s）	基准性能：吞吐 =min{120+容量(GB)×0.5, 350} 额外性能：吞吐 =min{额外性能值×1,3650}	基准性能：吞吐 =min{120+存储容量（GB）×0.5,350} 额外性能：吞吐 = min{1×额外性能值,650}	吞吐 =min {120+存储容量(GB)×0.2,260}	吞吐 =min{100+存储容量（GB）×0.15,150}
单路随机读/写时延（ms）	0.1 ~ 0.5	0.3 ~ 1	0.5 ~ 3	0.8 ~ 5

4．云硬盘的状态

云硬盘共有6种不同的状态，如表3-3所示。

表 3-3　云硬盘的状态

状态	属性	描述
待挂载	稳定状态	云硬盘创建成功后，被挂载到云服务器上之前的状态
挂载中	中间状态	挂载云硬盘操作执行中，进入已挂载之前的状态
已挂载	稳定状态	已将云硬盘挂载到同一可用区内的云服务器上之后的状态
卸载中	中间状态	卸载云硬盘操作执行中，进入待挂载之前的状态
待回收	稳定状态	过期后未在规定时限内续费的云硬盘或手动销毁的采用包年包月计费模式的云硬盘，停服（云硬盘不可用，仅保留数据）且强制卸载后进入回收站中的状态
已销毁	稳定状态	云硬盘在回收站中存放期满未进行续费找回或销毁操作执行完成，原云硬盘不存在，数据完全清除

云硬盘创建成功后开始计费，到待回收时结束计费。云硬盘状态之间的转换关系会因计费模式的不同而有所不同，可以分为包年包月和按量计费两种情况，如图3-2所示。从图3-2中可以看出，只要进入待挂载状态，不论是否使用（挂载），都会计费的。而且无论是手动销毁，还是逾时欠费，云硬盘都不会立即被销毁，而是会进入待回收状态，以避免不小心所造成的数据遗失或损毁。

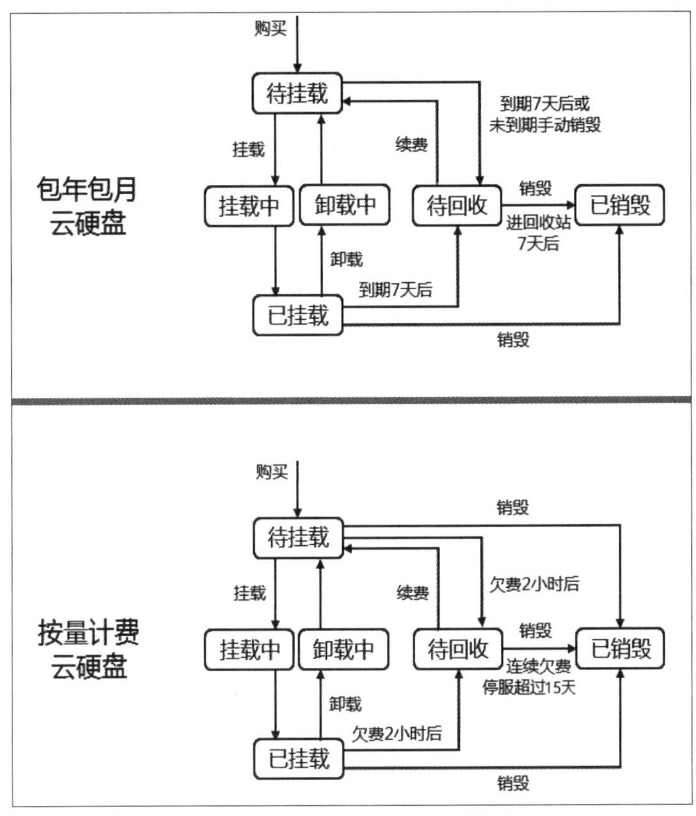

图 3-2 云硬盘状态之间的转换关系

（四）任务实施

本任务介绍如何通过控制台在南京地域可用区下创建一块名称为cloud-cbs的云硬盘，并挂载到云服务器上，从中了解云硬盘的配置方法及掌握云硬盘的调用方式。假设用户已具备一台可用的云服务器，可以创建云硬盘并挂载到该云服务器上。进行简单的初始化操作后，该云硬盘即可作为云服务器的数据盘进行使用。此过程的具体步骤如下：

（1）创建云硬盘。

（2）挂载云硬盘。

（3）初始化云硬盘。

1．创建云硬盘

登录腾讯云网站后，在网站首页的菜单栏中选择“产品”→“存储”→“基础存储服务”→“云硬盘”选项，如图3-3所示。

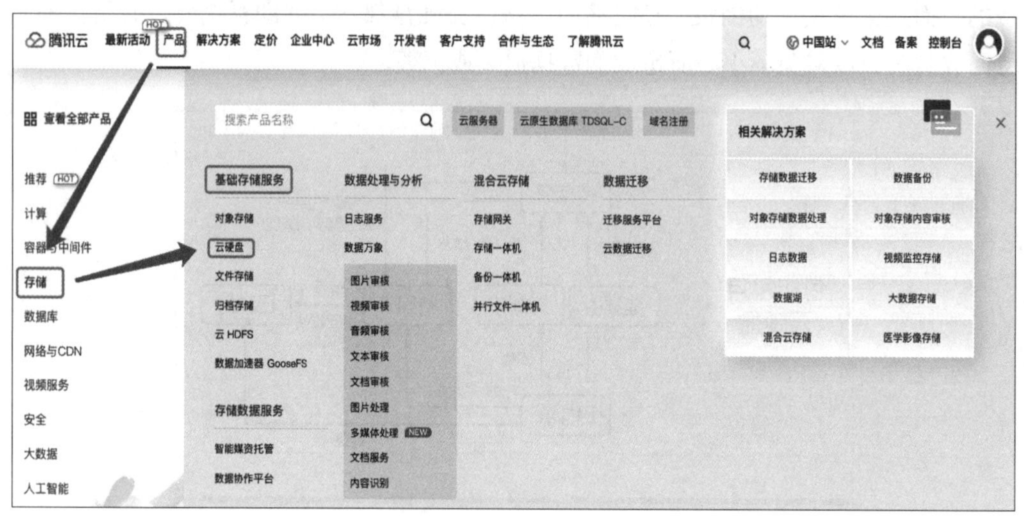

图3-3　在产品中选择“云硬盘”选项

进入云硬盘说明页面后单击“立即选购”按钮，会进入“云硬盘”页面，在该页面上方的地域下拉列表中选择“南京”选项，因为项目2中已经在南京地域建立了一台云服务器，所以在下方的云硬盘列表中会存在一个系统盘disk-ew78344u，可用区为“南京一区”，并且已经有关联实例ins-pjrwq10s，如图3-4所示。

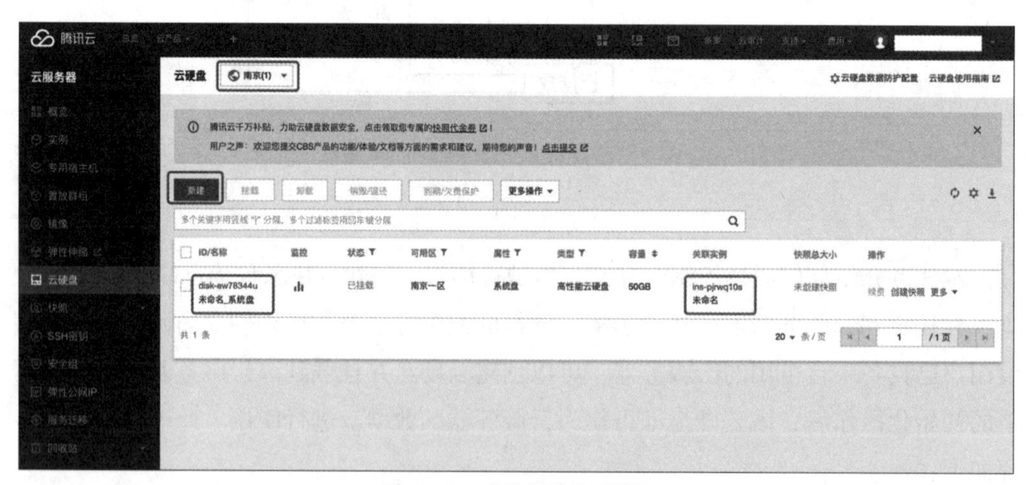

图3-4　“云硬盘”页面

单击“新建”按钮，在弹出的“购买数据盘”对话框中配置以下参数，如图3-5所示。

• 可用区：南京一区（提示：云硬盘不支持跨可用区挂载，并且不支持更改可用区）。
• 云硬盘类型：高性能云硬盘。
• 容量：10GB。
• 硬盘名称：cloud-cbs。
• 计费模式：包年包月。
• 购买时长：1 个月。

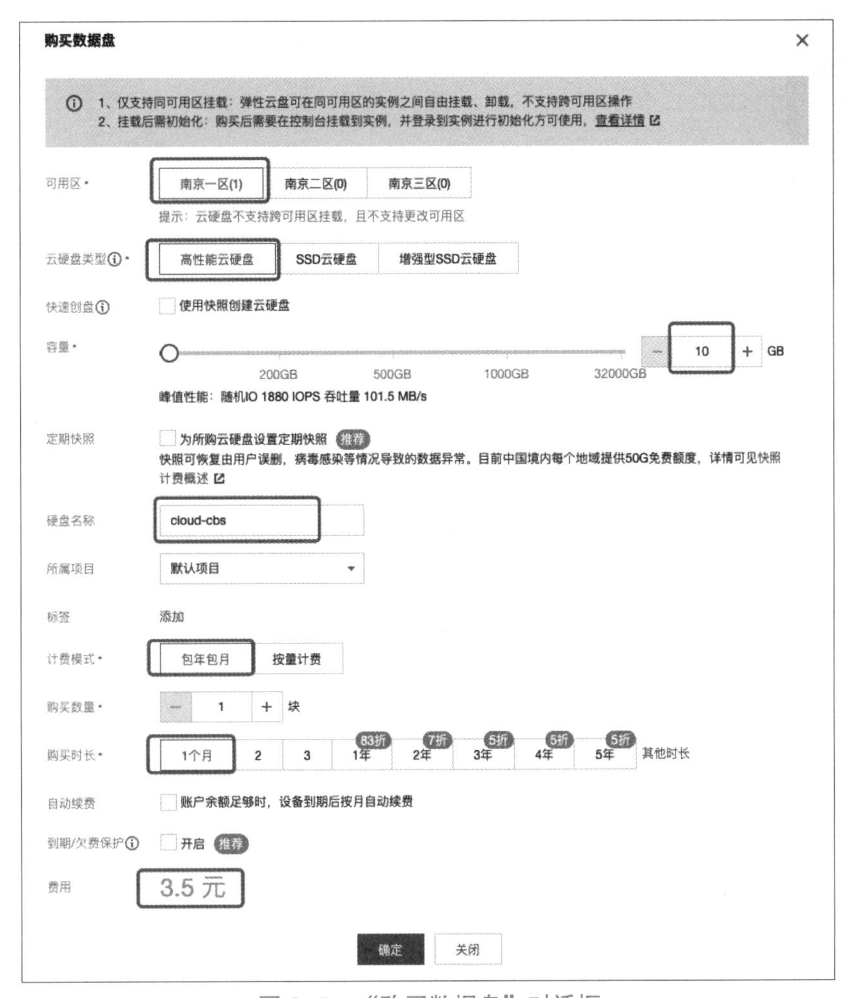

图 3-5　“购买数据盘”对话框

在配置完成后，单击“确定”按钮，规格确认无误后，在订单支付页面单击“提交订单”按钮，并完成支付流程。

2. 挂载云硬盘

进入云服务器控制台界面，在左侧导航栏中选择“云硬盘”标签，在“云硬盘”页面上方的地域下拉列表中选择“南京”选项，并在云硬盘 cloud-cbs 所在行右侧的

“操作”列中选择“更多”→“挂载”命令，如图3-6所示。

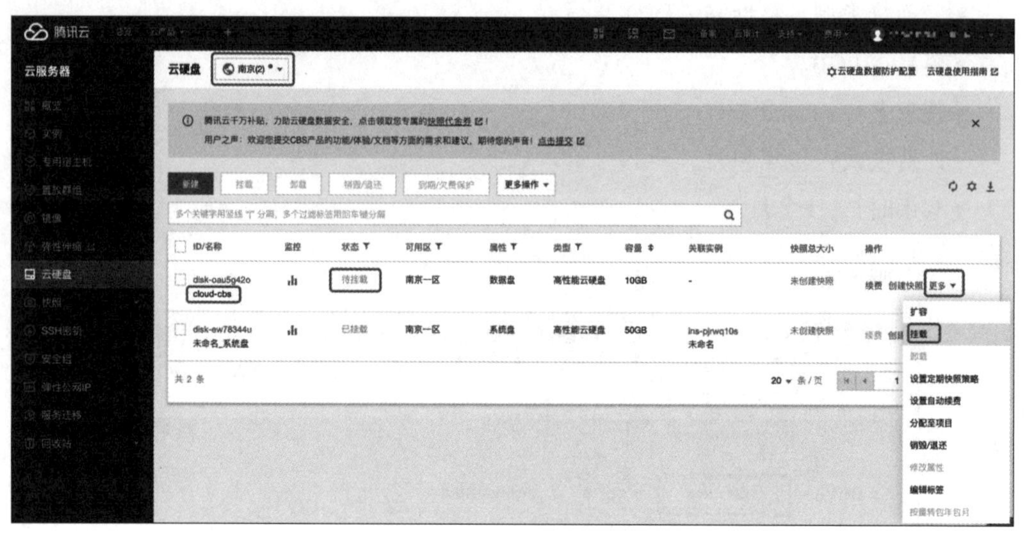

图 3-6　对云硬盘进行挂载

在弹出的“挂载到实例”对话框中，选择云硬盘待挂载的实例ins-pjrwq10s，如图3-7所示，然后单击“下一步”→“开始挂载”按钮。返回“云硬盘”页面，此时云硬盘的状态为“挂载中”，表示云硬盘处于正在挂载到云服务器上的过程中。当云硬盘的状态为“已挂载”时，表示云硬盘已经成功挂载到云服务器上。

图 3-7　“挂载到实例”对话框

3．初始化云硬盘

接着要登录云服务器来确认云硬盘是否已经挂载上去，并对云硬盘进行初始化。单击控制台界面右上方的信件图标，进入腾讯云“消息中心”管理界面，在“站内信”页面中选择信件标题为“产品消息-【腾讯云】云服务器创建成功”的信件，查看云服务器的相关信息，如图3-8所示，最重要的就是登录账户、密码与公网IP地址，取得登录账户和密码后，可以在“实例”页面中通过网页登录。

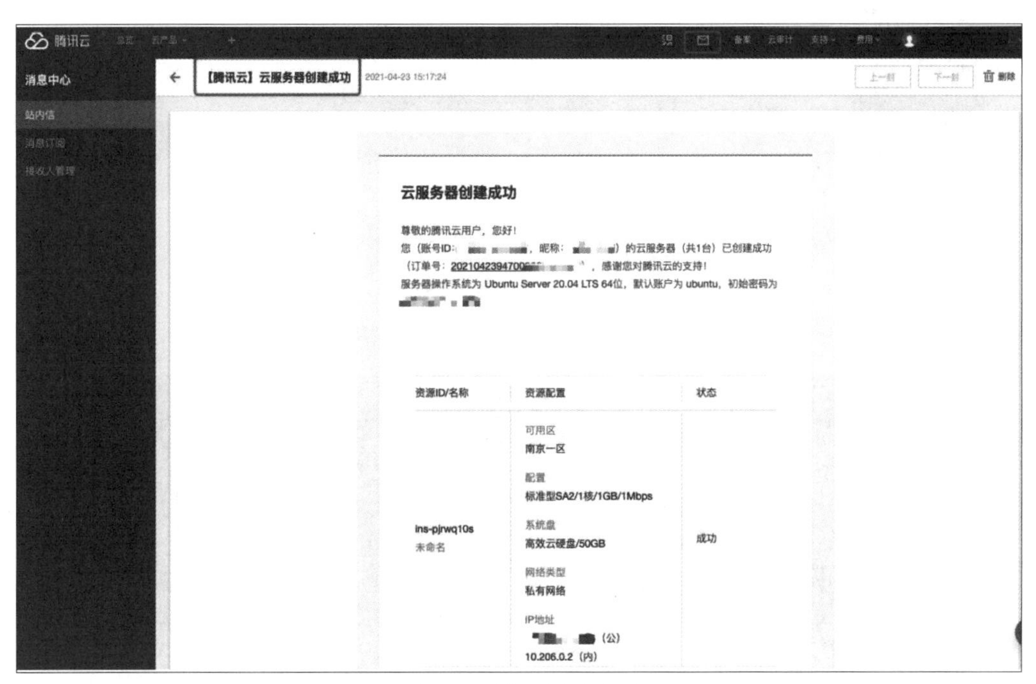

图 3-8　腾讯云站内信

接下来，返回“云硬盘”页面，在云硬盘cloud-cbs所在行右侧的“关联实例”列中单击实例名称ins-pjrwq10s，进入ins-pjrwq10s实例基本信息页面，选择“基本信息”选项卡，如图3-9所示，可以看到实例ID、所挂载的云硬盘等信息，单击右上方的“登录”按钮进行登录。

在出现的“清理终端”界面中，输入站内信所提供的账户ubuntu和密码即可登录云服务器，如图3-10所示。

执行以下命令，查看已挂载到实例上的云硬盘的信息：

```
sudo fdisk -l
```

回显信息如图3-11所示，表示当前的云服务器有两块磁盘：/dev/vda是系统盘，有50GiB；/dev/vdb是新增数据盘，有10GiB。

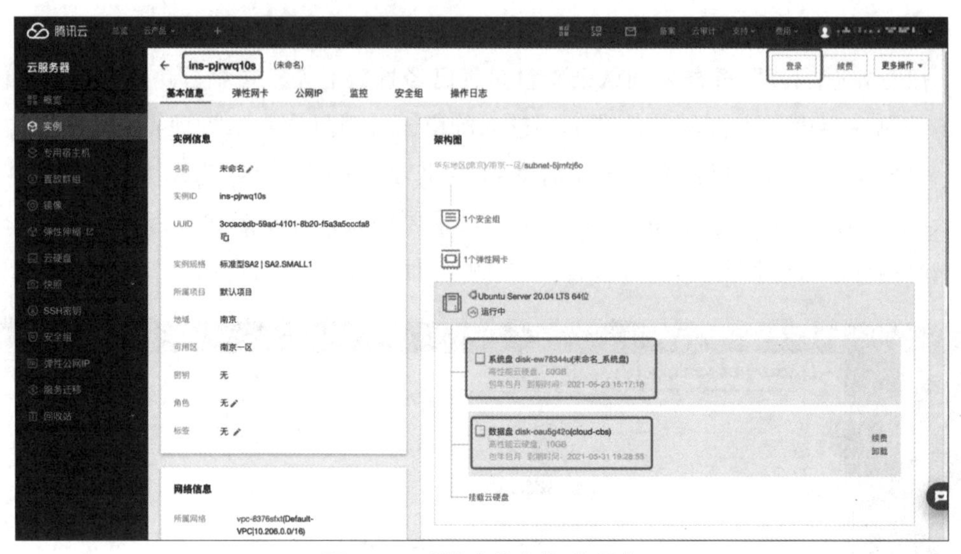

图 3–9 “基本信息”选项卡

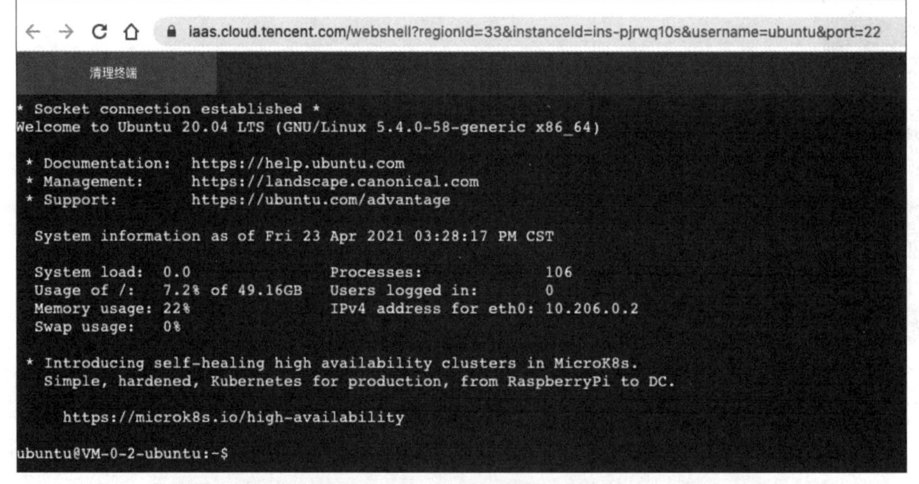

图 3–10 “清理终端”界面

```
清理终端
ubuntu@VM-0-2-ubuntu:~$ sudo fdisk -l
Disk /dev/vda: 50 GiB, 53687091200 bytes, 104857600 sectors
Units: sectors of 1 * 512 = 512 bytes
Sector size (logical/physical): 512 bytes / 512 bytes
I/O size (minimum/optimal): 512 bytes / 512 bytes
Disklabel type: gpt
Disk identifier: 884D39AE-2030-4231-B486-520515A9ADD7

Device      Start       End   Sectors Size Type
/dev/vda1    2048      4095      2048   1M BIOS boot
/dev/vda2    4096 104857566 104853471  50G Linux filesystem


Disk /dev/vdb: 10 GiB, 10737418240 bytes, 20971520 sectors
Units: sectors of 1 * 512 = 512 bytes
Sector size (logical/physical): 512 bytes / 512 bytes
I/O size (minimum/optimal): 512 bytes / 512 bytes
ubuntu@VM-0-2-ubuntu:~$
```

图 3–11 查看已挂载到实例上的云硬盘的信息

执行以下命令，格式化云硬盘/dev/vdb：

```
sudo mkfs.ext4 /dev/vdb
```

执行以下命令，将云硬盘/dev/vdb挂载到/mnt/data挂载点，并通过df命令查看是否完成挂载动作：

```
sudo mkdir  /mnt/data
sudo mount /dev/vdb /mnt/data/
df -h
```

依次执行以下命令，进入云硬盘/dev/vdb，并新建文件qcloud.txt，执行ls命令，可以查看到qcloud.txt文件已写入云硬盘/dev/vdb中：

```
cd /mnt/data
sudo touch qcloud.txt
ls -l
```

为了设置云服务器下次开机可以自动挂载云硬盘，依次执行以下命令来修改/etc/fstab文件：

```
#回到自己的目录，避免无法卸载云硬盘
cd
#卸载云硬盘，将挂载点/mnt/data与云硬盘/dev/vdb卸载
sudo umount /mnt/data
#检查是否卸载，如果卸载成功，则将看不到qcloud.txt文件
ls -l /mnt/data
#设置开机自动挂载云硬盘，会添加一行指令到/etc/fstab文件，不可重复执行
sudo sh -c "echo '/dev/vdb /mnt/data ext4 defaults 0 0' >> /etc/fstab"
#如果运行通过，则说明文件写入成功，新建的文件系统会在操作系统启动时自动挂载
sudo mount -a
#检查是否挂载，如果挂载成功，则将看到qcloud.txt文件
ls -l /mnt/data
df -h
```

命令的运行结果如图3-12所示，可以看到在挂载与卸载云硬盘时，同一个目录/mnt/data的内容是不同的。也可以看到云硬盘挂载成功后，在系统中显示出两个云硬盘的容量。

```
清理终端
ubuntu@VM-0-2-ubuntu:~$ # 回到自己的目录，避免无法卸载云硬盘
ubuntu@VM-0-2-ubuntu:~$ cd
ubuntu@VM-0-2-ubuntu:~$ # 卸载云硬盘，将 /mnt/data/ 挂载点与 /dev/vdb 云硬盘卸载
ubuntu@VM-0-2-ubuntu:~$ sudo umount /mnt/data
ubuntu@VM-0-2-ubuntu:~$ # 检查是否卸载，如果卸载成功将看不到 qcloud.txt
ubuntu@VM-0-2-ubuntu:~$ ls -l /mnt/data
total 0
ubuntu@VM-0-2-ubuntu:~$ # 设定开机自动挂载云硬盘
ubuntu@VM-0-2-ubuntu:~$ sudo sh -c "echo '/dev/vdb /mnt/data ext4 defaults 0 0' >> /etc/fstab"
ubuntu@VM-0-2-ubuntu:~$ # 如果运行通过则说明文件写入成功，新建的文件系统会在操作系统启动时自动挂载
ubuntu@VM-0-2-ubuntu:~$ sudo mount -a
ubuntu@VM-0-2-ubuntu:~$ # 检查是否挂载，如果挂载成功将看到 qcloud.txt
ubuntu@VM-0-2-ubuntu:~$ ls -l /mnt/data
total 16
drwx------ 2 root root 16384 Apr 30 20:04 lost+found
-rw-r--r-- 1 root root     0 Apr 30 20:10 qcloud.txt
ubuntu@VM-0-2-ubuntu:~$ df -h
Filesystem      Size  Used Avail Use% Mounted on
udev            445M     0  445M   0% /dev
tmpfs            99M  692K   98M   1% /run
/dev/vda2        50G  4.2G   43G   9% /
tmpfs           491M   24K  491M   1% /dev/shm
tmpfs           5.0M     0  5.0M   0% /run/lock
tmpfs           491M     0  491M   0% /sys/fs/cgroup
tmpfs            99M     0   99M   0% /run/user/1000
/dev/vdb        9.8G   37M  9.3G   1% /mnt/data
ubuntu@VM-0-2-ubuntu:~$
```

图 3-12　设置云服务器下次开机自动挂载云硬盘

（五）知识拓展

快照是对云硬盘的完全可用拷贝，当已创建快照的云硬盘出现问题时，可以通过快照快速恢复到未出现问题时的状态。快照的应用场景如下所述。

（1）数据日常备份：可以利用快照定期备份重要的业务数据，以降低误操作、攻击或病毒等导致的数据丢失风险。

（2）数据快速恢复：可以在更换操作系统、升级应用软件或迁移业务数据等重大操作前，创建一份或多份快照。如果在变更操作过程中出现任何问题，则可以通过已创建的快照及时恢复业务数据。

（3）生产数据的多副本应用：可以通过创建生产数据快照，为数据挖掘、报表查询、开发测试等应用提供近实时的真实生产数据。

（4）快速部署环境：可以对云服务器创建快照，并使用该系统快照创建自定义镜像。可以通过已创建的镜像创建一个或多个实例，以便快速批量地部署相同环境的云服务器，节省重复配置的时间。

任务 3-2　公有云对象存储和文件存储的管理与调用

（一）任务描述

本任务通过对以下知识点的介绍，让读者了解并掌握公有云对象存储和文件存储的管理与调用：

（1）了解云对象存储的配置方法。

（2）掌握云对象存储的调用方式。

（3）了解云文件存储的配置方法。

（4）掌握云文件存储的调用方式。

（二）问题引导

对于公有云对象存储和文件存储，常见的问题如下：

（1）什么是对象存储?

（2）什么是文件存储?

（3）对象存储和文件存储的区别是什么?

（4）对象存储和云硬盘的区别是什么?

（5）对象存储可用性如何计算?

（6）文件存储怎么收费?

（7）文件存储支持哪些平台?

（三）知识准备

1．云对象存储

云对象存储（Cloud Object Storage，COS）是腾讯云提供的一种存储海量文件的分布式存储服务，用户可以通过网络随时存储和查看数据。腾讯COS使所有用户都能使用具备高扩展性、低成本、可靠和安全的数据存储服务。用户可以通过控制台、API、SDK和工具等多样化方式简单、快速地接入COS，实现海量数据的存储和管理。用户通过COS可以进行任意格式文件的上传、下载和管理。腾讯云提供了直观的Web管理界面，同时遍布全国范围的CDN（Content Delivery Network，内容分发网络）节点可以对文件下载进行加速。

2．COS相关概念

下面介绍常见的COS相关概念，帮助用户进一步了解腾讯COS。

（1）存储桶（Bucket）：存储桶是对象的载体，可以理解为存放对象的容器。用户可以通过腾讯云控制台、API、SDK等多种方式管理存储桶及配置属性，如配置存储桶用于静态网站托管、配置存储桶的访问权限等。

（2）对象（Object）：对象是对象存储的基本单元，对象被存放到存储桶中（如一张照片存放到一个相册中）。用户可以通过腾讯云控制台、API、SDK等多种方式管理对象。

（3）AppID：AppID是用户在成功申请腾讯云账号后所得到的账号，由系统自动分配，具有固定性和唯一性，可以在账号信息中查看。腾讯云账号的AppID是与账号ID有唯一对应关系的应用ID。AppID经常用在存储桶名称上，完整的存储桶名称由用户自定义字符串和AppID组成，使用中画线“-”相连，如examplebucket-1250000000中的1250000000即为AppID。

（4）内容分发网络：内容分发网络是在现有互联网中增加的一层新的网络架构，由遍布全球的高性能加速节点构成。这些高性能的服务节点都会按照一定的缓存策略存储用户的业务内容，当用户的客户向用户的某一业务内容发起请求时，请求会被调度至最接近客户的服务节点，直接由服务节点快速响应，从而有效降低客户访问延迟，提升可用性。

（5）多可用区（Available Zone，AZ）：多可用区是指由腾讯COS推出的多AZ存储架构。用户数据分散存储在城市中多个不同的数据中心，当某个数据中心因为自然灾害、断电等极端情况导致整体故障时，多AZ存储架构依然可以为用户提供稳定可靠的存储服务。

（6）地域：地域是腾讯云托管机房的分布地区，对象存储的数据存放在这些地域的存储桶中。

（7）访问域名（Endpoint）：对象被存放到存储桶中，用户可以通过访问域名来访问和下载对象。

3．存储类型与适用场景

存储类型可以体现对象在COS中的存储级别和活跃程度。COS提供多种对象的存储类型，每种存储类型拥有不同的特性，如对象访问频度、数据持久性、数据可用性和访问时延等。用户可以根据自身场景选择以哪种存储类型将数据上传至COS。

COS提供的存储类型如下所述。

（1）标准存储（多AZ）：在腾讯云中以MAZ_STANDARD表示。

（2）标准存储：在腾讯云中以STANDARD表示。

（3）低频存储（多AZ）：在腾讯云中以MAZ_STANDARD_IA表示。

（4）低频存储：在腾讯云中以STANDARD_IA表示。

（5）智能分层存储（多AZ）：在腾讯云中以MAZ_INTELLIGENT_TIERING表示。

（6）智能分层存储：在腾讯云中以INTELLIGENT_TIERING表示。

（7）归档存储：在腾讯云中以ARCHIVE表示。

（8）深度归档存储：在腾讯云中以DEEP_ARCHIVE表示。

标准存储（多AZ）和标准存储均属于热数据类型，两者都拥有低访问时延、高吞吐量的性能，可以为用户提供高可靠性、高可用性、高性能的对象存储服务。与标准存储相比，标准存储（多AZ）拥有更高的数据持久性和服务可用性，标准存储（多AZ）采用不同的存储机制，将数据存储于同一城市的不同机房，可以进一步保障用户业务的稳定性不受同一地域单机房故障的影响。

标准存储（多AZ）和标准存储均适用于实时访问大量热点文件、频繁的数据交互等业务场景，如热点视频、社交图片、移动应用、游戏程序、静态网站等。标准存储涵盖大多数使用场景，存储成本比标准存储（多AZ）低，属于一种通用型存储类型。而标准存储（多AZ）则拥有更高的数据持久性和服务可用性，适用于要求更高的业务场景，如重要文件、商业数据、敏感信息等。

低频存储（多AZ）和低频存储均可以为用户提供高可靠性、较低存储成本和较低访问时延的对象存储服务。两者在降低存储成本的基础上，保持首次访问时间在毫秒级，保证用户在取回数据的场景下无须等待，高速读取。与标准存储有明显区别的是，用户访问数据时会收取数据取回费用。低频存储（多AZ）与低频存储相比，低频存储（多AZ）采用不同的存储机制，将数据存储于同一城市的不同机房，可以进一步保障用户业务的稳定性不受单机房故障的影响。

低频存储（多AZ）和低频存储均适用于较低访问频率（如平均每月访问1～2次）的业务场景，如网盘数据、大数据分析、政企业务数据、低频档案、监控数据等。

智能分层存储（多AZ）类型的对象可以存放在标准存储（多AZ）层和低频存储（多AZ）层两个存储层，智能分层存储类型的对象可以存放在标准存储层和低频存储层两个存储层。COS可以根据智能分层存储（多AZ）/智能分层存储类型对象的访问频次自动在两个存储层之间变换，无数据取回费用，可以降低用户的存储成本。智能分层存储适用于访问模式不固定的对象，如果用户的业务对成本要求较为严格，并且对文件读取性能较不敏感，则用户可以使用该存储类型来降低使用成本。

归档存储属于冷数据类型，数据取回时需要提前恢复（解冻），可以为用户提供高可靠性、极低存储成本和长期保存的对象存储服务。归档存储有最低90天的存储时间要求，并且在读取数据前需要先进行数据恢复（解冻）。归档存储适用于需要长期保存数据的业务场景，如档案数据、医疗影像、科学资料等合规性文件归档，以及生命周期文件归档、操作日志归档和异地容灾等。

深度归档存储可以为用户提供高可靠性、比其他存储类型都低的存储成本和长期保存的对象存储服务。深度归档存储有最低180天的存储时间要求，并且在读取数据前需要先进行数据恢复。深度归档存储适用于需要长期保存数据的业务场景，如医疗影像数据、安防监控数据、日志数据等。

4. 云文件存储

云文件存储（Cloud File Storage，CFS）提供了可扩展的共享文件存储服务，可与腾讯云的CVM、容器、批量计算等服务搭配使用。CFS提供了标准的NFS及CIFS/SMB文件系统访问协议，为多个CVM实例或其他计算服务提供共享的数据源，支持弹性容量和性能的扩展，现有应用无须修改即可挂载使用，是一种高可用、高可靠的分布式文件系统，适用于大数据分析、媒体处理和内容管理等场景。

文件存储接入简单，用户无须调节自身业务结构或进行复杂的配置，只需简单的3个步骤即可完成文件系统的接入和使用：①创建文件系统及挂载点；②启动服务器上文件系统客户端；③挂载创建的文件系统。

CFS具有以下使用优势。

（1）集成管理：CFS可以支持的文件系统访问协议包含NFS v3.0/v4.0和CIFS/SMB，腾讯云计算资源可以通过这些文件系统访问协议来挂载CFS文件系统。此外，通过CFS提供的控制台界面，用户可以轻松快捷地创建和配置文件系统，从而节省部署时间和减少维护文件系统的工作量。

（2）自动扩展：CFS可以根据文件容量的大小自动对文件系统的存储容量进行扩展，在扩容过程中不中断请求和应用，确保独享所需的存储资源，同时降低管理工作的时间成本，减少工作量。

（3）安全可靠：CFS采用三副本的分布式存储机制，具有极高的可靠性。系统确认数据在三个副本中都完成写入后才会返回写入成功的响应。后台数据复制机制能在任何一个副本出现故障时，迅速通过数据迁移等方式复制一个新副本，时刻确保有三个副本可用，为用户提供安全放心的数据存储服务。CFS数据跨机架存储，可靠性达99.9999999%。CFS可以严密控制文件系统的访问权限，通过基础网络或VPC的安全组并搭配权限组来实现访问权限控制。

（4）成本低廉：CFS可以动态调整需求容量，而无须提前调配存储。只需按实际使用量付费，并且没有最低消费或前期部署及后期运维费用。多个计算节点可以通过NFS或CIFS/SMB协议共享同一个存储空间，而无须重复购买其他的存储服务，也无须考虑缓存。

表3-4所示为单个CFS文件系统与单块云硬盘的区别，可以看出在性能表现上，无论是在吞吐量方面还是IOPS方面，单个CFS文件系统都是优于单块云硬盘的，主要是因为它们的使用场景不同，CFS文件系统本质上是供多个实例存取，而云硬盘则是供单一实例存取。

表3-4　单个CFS文件系统与单块云硬盘的区别

类别	单个CFS文件系统	单块云硬盘
吞吐量级别	性能型CFS吞吐量上限为40GB/s； 标准型CFS吞吐量上限为300MB/s	SSD云硬盘吞吐量上限为260MB/s； 高性能云硬盘吞吐量上限为150MB/s
IOPS级别	性能型CFS IOPS上限为60K； 标准型CFS IOPS上限为4K	SSD云硬盘IOPS上限为26K； 高性能云硬盘IOPS上限为6K
冗余	3份	3份
使用方式	挂载后直接使用	需自行安装文件系统

表3-5所示为不同类型的CFS的特点、优势及适用场景。

表3-5　不同类型的CFS的特点、优势及适用场景

CFS类型	特点	优势	适用场景
标准型	存储空间随写入量弹性扩容，最大容量为160TB；吞吐量随文件系统容量线性扩容，最大为300MB/s；最大IOPS为4K（4KB大小文件随机读/写）	低成本/大容量	高性价比，适用于大多数文件共享场景，如数据备份、办公OA、日志存储及以小文件为主的文件共享等
性能型	存储空间随写入量弹性扩容，最大容量为2PB；吞吐量随文件系统容量线性扩容，最大为40GB/s；最大IOPS为60K（4KB大小文件随机读/写）	高吞吐量/高IOPS	以大文件为主的高吞吐量计算密集型工作负载，如高性能计算、影像渲染、机器学习等

下面介绍常见的CFS相关概念。

（1）NFS（Network File System，网络文件系统）：NFS是一种分布式文件系统，使用由Sun公司所发展出来的NFS协议，力求客户端主机可以访问服务器端文件，并且其过程与访问本地存储时一样，通常用于UNIX、类UNIX、macOS、Windows等操作系统。

（2）SMB（Server Message Block，服务器消息块）协议：SMB协议是一种应用层网络传输协议，该协议由微软推出，用于访问网络中的文件、打印机和其他共享网络资源。

（3）CIFS（Common Internet File System，网络文件共享系统）协议：CIFS协议是公共的或开放的SMB协议版本。采用CIFS/SMB协议的文件系统可以更好地支持Windows系统客户端的访问。

（4）挂载点：每个文件系统都将提供一个挂载点，挂载点可以是在私有网络或基础网络内的一个访问目标地址（即IP地址）。用户在使用文件系统时，通过指定挂载点的IP地址来将该文件系统挂载到本地。

（5）权限组：权限组是文件存储提供的访问控制白名单。用户可以自行创建权限组，并为权限组添加规则来允许各台云服务器以不同的权限访问文件系统。

（四）任务实施

本任务主要是完成COS与CFS的调用练习，任务分配如下：

（1）掌握COS的调用方式。

（2）掌握CFS的调用方式。

1．掌握COS的调用方式

1）开通COS服务

登录腾讯云网站后，在网站首页的菜单栏中选择“产品”→“存储”→“基础存

储服务”→“对象存储”选项，如图3-13所示。

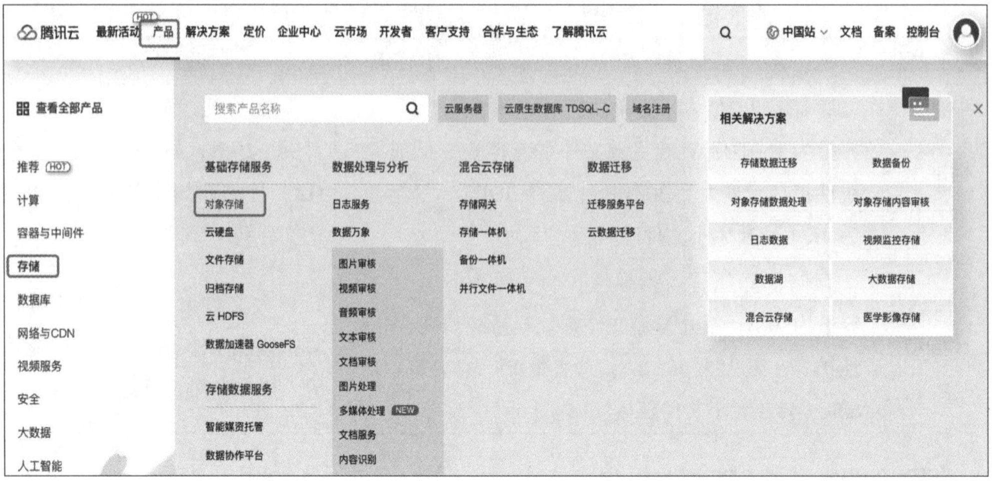

图3-13　在产品中选择“对象存储”选项

进入对象存储控制台界面后，按照界面提示开通COS服务，如图3-14所示。

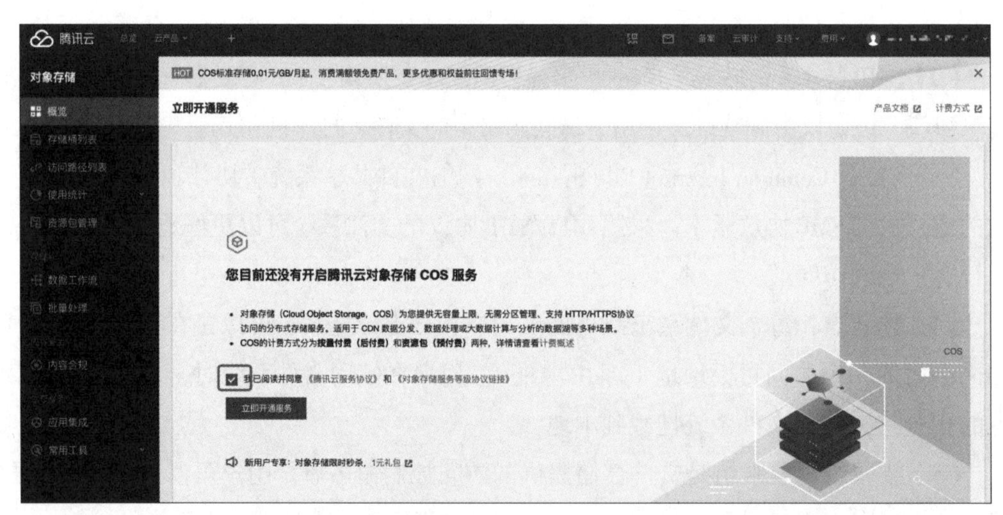

图3-14　开通COS服务

2）创建存储桶

我们需要创建一个用于存放对象的存储桶cloudbucket。在对象存储控制台界面左侧导航栏中选择“概览”标签，右侧会显示“概览”页面，如图3-15所示。

单击“创建存储桶”按钮，在弹出的“创建存储桶”对话框中设置以下信息，其他设置保持默认即可，如图3-16所示。设置完成后，单击“确定”按钮，便可完成存储桶的创建。

- 名称：cloudbucket。

- 所属地域：南京。
- 访问权限：公有读私有写。

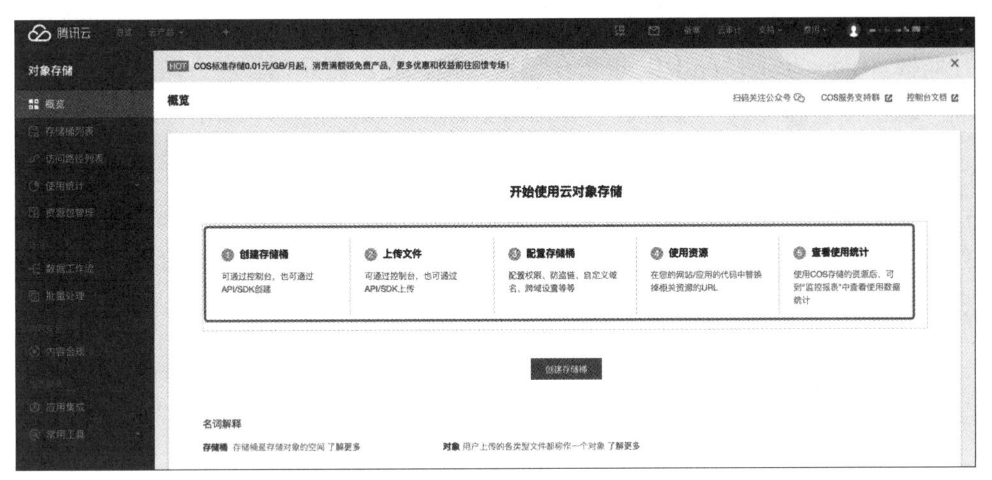

图 3–15　“概览”页面

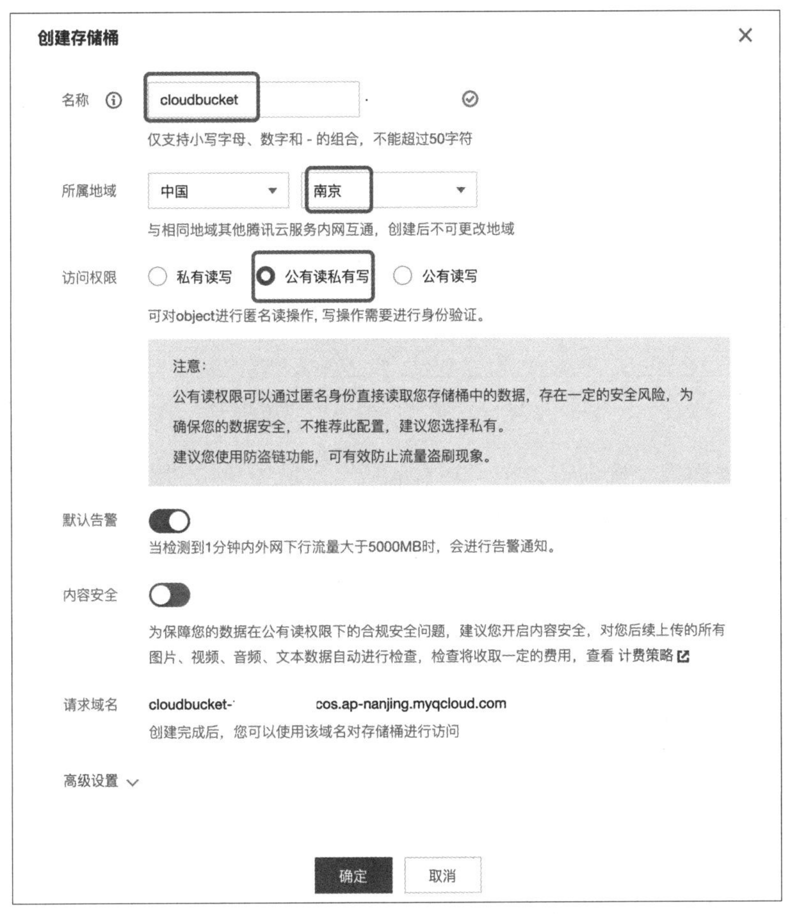

图 3–16　“创建存储桶”对话框

3）上传对象并通过网页存取

完成存储桶的创建后，准备从本地选择文件上传到存储桶。在对象存储控制台界面左侧导航栏中选择“存储桶列表”标签，进入“存储桶列表”页面，找到刚刚创建的存储桶cloudbucket-[AppID]，单击存储桶名称，进入存储桶管理页面中的文件列表页面。单击“上传文件”按钮后会弹出对话框，在该对话框中单击“选择文件”按钮，选择需要上传至存储桶的文件，如文件名为fig-301.png的文件。单击“上传”按钮，即可将fig-301.png文件上传至存储桶。上传完毕后可以在存储桶内看到上传的文件列表，可以在文件所在行右侧的“操作”列中单击“详情”按钮来查看对象的相关信息，如图3-17所示。

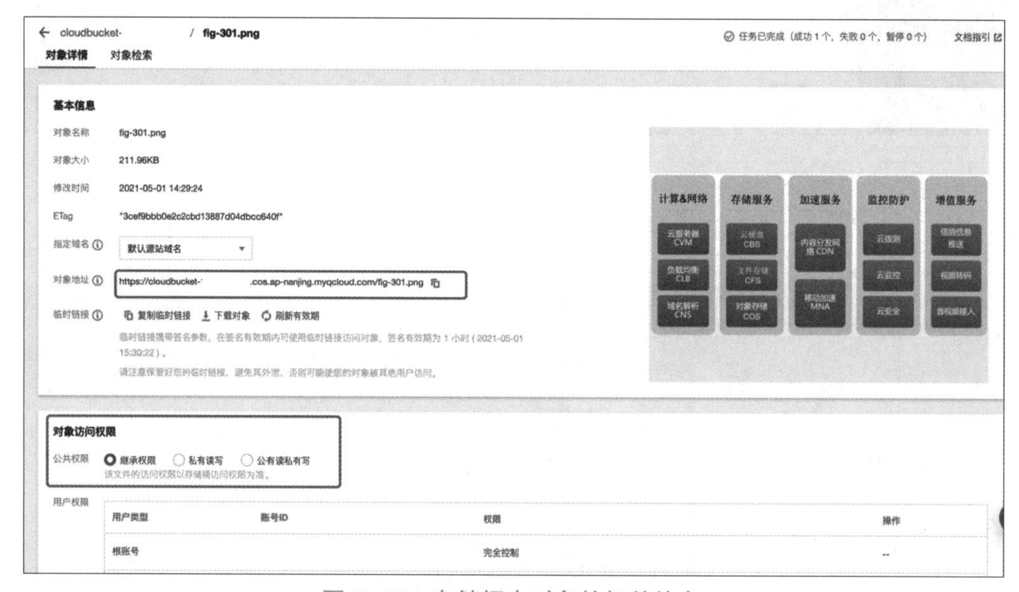

图3-17　存储桶内对象的相关信息

选择“对象详情”选项卡，在“基本信息”区域中单击“下载对象”按钮即可下载，或者单击对象地址后方的复制图标，将链接粘贴到浏览器地址栏中并按下Enter键，即可访问该对象。这是因为在先前步骤中存储桶的选择访问权限被设定为了“公有读私有写”，而原则上存储桶内的对象会继承访问权限，所以可以通过浏览器的方式读取。

2．掌握CFS的调用方式

1）开通CFS服务

登录腾讯云网站后，在网站首页的菜单栏中选择“产品”→“存储”→“基础存储服务”→“文件存储”选项，如图3-18所示。

进入文件存储控制台界面后，按照界面提示开通CFS服务，如图3-19所示。

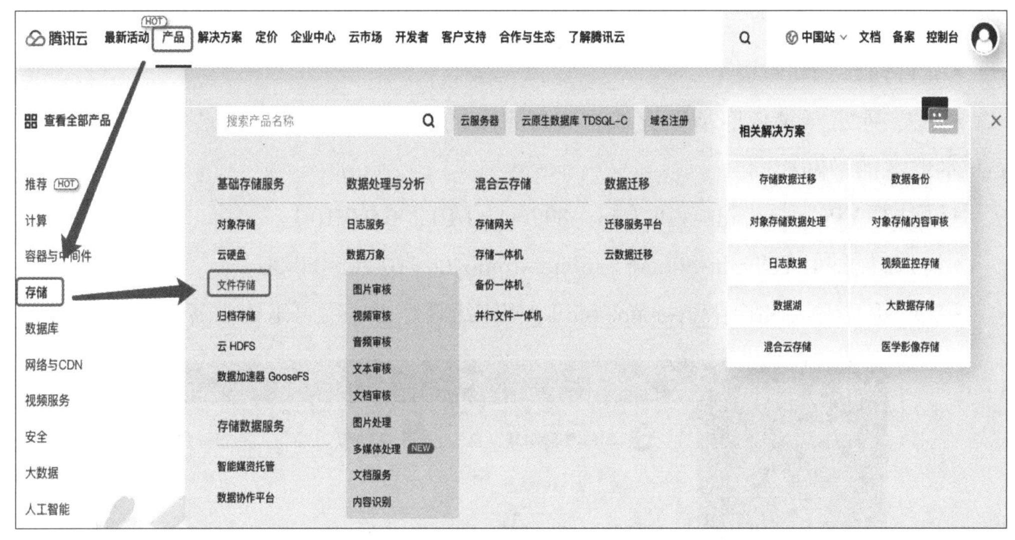

图 3-18　在产品中选择“文件存储”选项

图 3-19　开通 CFS 服务

2）创建文件系统及挂载点

我们需要创建一个文件系统及挂载点cloudcfs，在文件存储控制台界面左侧导航栏中选择“文件系统”标签，进入“文件系统”页面。单击“创建”按钮，在弹出的“创建文件系统”对话框中配置如下信息，如图3-20所示。

• 存储类型：通用标准型。
• 计费方式：按量计费。
• 文件系统名称：cloudcfs #请输入64位以内的中文、字母、数字、_或-。
• 地域：南京。
• 可用区：南京一区 #为了降低访问时延，建议文件系统与用户的CVM在同一个区域。

• 文件协议：NFS。

• 选择网络：#请依照需要存取本文件系统的网络设备来配置，原则上云服务器需要与本地区的子网相同。

• 请选择 VPC ：Default-VPC（vpc-8376sfxt | 10.206.0.0/16）。

• 请选择子网：Default-Subnet（subnet-5jmfzj6o | 10.206.0.0/20）。

• 权限组：默认权限组（pgroupbasic）#权限组规定了一组可来访白名单及操作权限。

图 3-20　配置信息

操作无误后，单击“下一步：资源包”按钮，这里保持默认设置即可，然后单击“确定”按钮即可创建文件系统及挂载点。

3）获取挂载点信息

在文件系统及挂载点创建完毕后，回到“文件系统”页面。单击已创建的文件系统的名称cloudcfs，进入文件系统基本信息页面。选择“挂载点信息”选项卡，即可查看和获取Linux系统下的挂载命令及Windows系统下的挂载命令，建议复制控制台提供的挂载命令执行挂载操作，如图3-21所示。可以发现，在挂载时是以挂载点ID为主，而非以先前设置的文件系统名称为主。

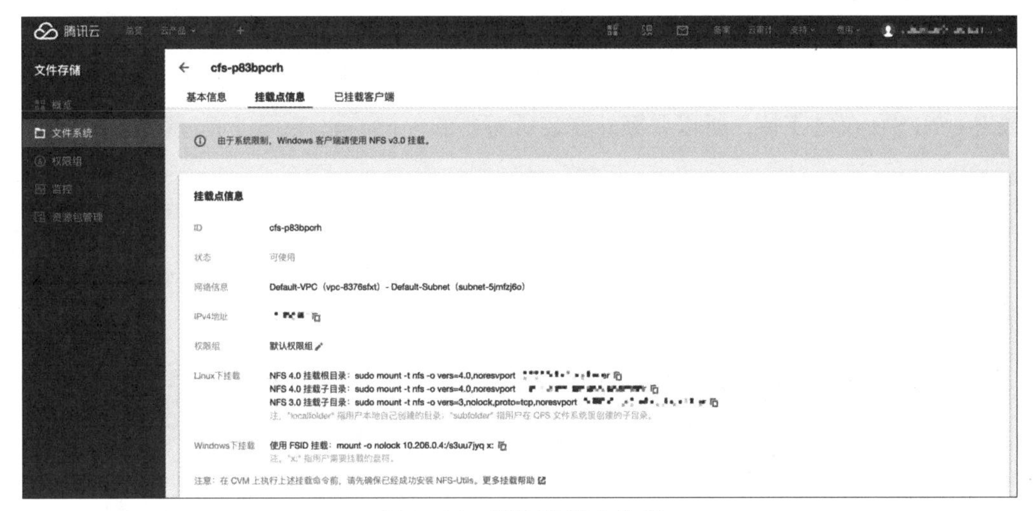

图 3–21　获取挂载点信息

4）进行挂载

使用两台云服务器来对文件系统进行挂载。一台为项目 2 中已经创建的云服务器，使用 Ubuntu 操作系统；另一台则是根据项目 2 中的步骤创建的云服务器，为了检验文件系统的相容性，该云服务器选择了 CentOS 操作系统。图 3–22 所示为第一台云服务器的“清理终端”界面，/mnt/data 挂载点已经挂载了云硬盘，所以需要创建一个新的挂载点 /mnt/cfs，然后通过上一步骤所获得的挂载点信息对文件系统进行挂载，并在文件系统中创建一个新文档 cfsexample.txt。

```
清理终端

* Socket connection established *
Welcome to Ubuntu 20.04.2 LTS (GNU/Linux 5.4.0-58-generic x86_64)

 * Documentation:  https://help.ubuntu.com
 * Management:     https://landscape.canonical.com
 * Support:        https://ubuntu.com/advantage

 * Pure upstream Kubernetes 1.21, smallest, simplest cluster ops!

     https://microk8s.io/

Last login: Fri Apr 30 19:58:26 2021 from 119.28.22.215
ubuntu@VM-0-2-ubuntu:~$ ls -la /mnt/data/
total 24
drwxr-xr-x 3 root root  4096 May   1 14:59 .
drwxr-xr-x 3 root root  4096 Apr 30 20:05 ..
drwx------ 2 root root 16384 Apr 30 20:04 lost+found
-rw-r--r-- 1 root root     0 Apr 30 20:10 qcloud.txt
ubuntu@VM-0-2-ubuntu:~$ sudo mkdir /mnt/cfs
ubuntu@VM-0-2-ubuntu:~$ sudo mount -t nfs -o vers=4.0,noresvport [illegible]/ /mnt/cfs
ubuntu@VM-0-2-ubuntu:~$ ls -la /mnt/cfs
total 4
drwxr-xr-x 2 root root    6 May  1 15:00 .
drwxr-xr-x 4 root root 4096 May  1 14:59 ..
ubuntu@VM-0-2-ubuntu:~$ sudo touch /mnt/cfs/cfsexample.txt
ubuntu@VM-0-2-ubuntu:~$ ls -la /mnt/cfs
total 4
drwxr-xr-x 2 root root   27 May  1 15:00 .
drwxr-xr-x 4 root root 4096 May  1 14:59 ..
-rw-r--r-- 1 root root    0 May  1 15:00 cfsexample.txt
ubuntu@VM-0-2-ubuntu:~$
```

图 3–22　VM–0–2 云服务器挂载文件系统

图3-23所示为第二台云服务器的“清理终端”界面，为了与第一台云服务器做区别，创建一个新的挂载点/mnt/CFS2。此外，腾讯云所提供的镜像CentOS操作系统缺乏对NFS协议的支持，所以要额外安装所需要的包nfs-utils，可以通过以下命令来完成安装：

```
yum install nfs-utils -y
```

安装完毕后，通过上一步骤所获得的挂载点信息对文件系统进行挂载，就可以看到第一台云服务器所创建的文档cfsexample.txt。

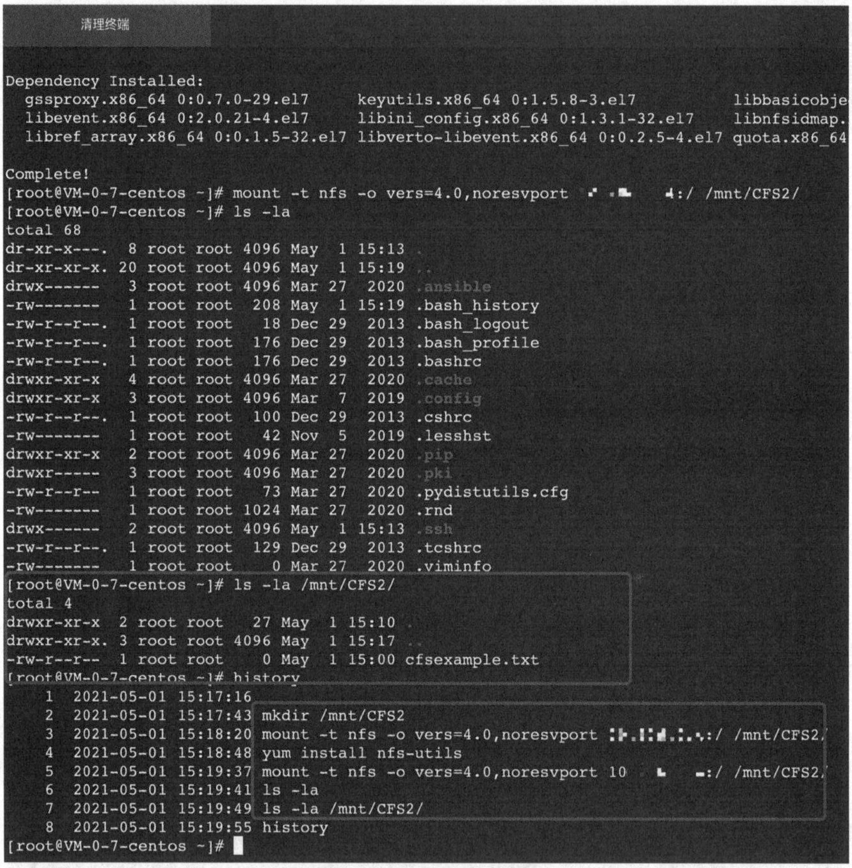

```
清理终端

Dependency Installed:
  gssproxy.x86_64 0:0.7.0-29.el7     keyutils.x86_64 0:1.5.8-3.el7          libbasicobje
  libevent.x86_64 0:2.0.21-4.el7     libini_config.x86_64 0:1.3.1-32.el7    libnfsidmap.
  libref_array.x86_64 0:0.1.5-32.el7 libverto-libevent.x86_64 0:0.2.5-4.el7 quota.x86_64

Complete!
[root@VM-0-7-centos ~]# mount -t nfs -o vers=4.0,noresvport        :/ /mnt/CFS2/
[root@VM-0-7-centos ~]# ls -la
total 68
dr-xr-x---.  8 root root 4096 May   1 15:13 .
dr-xr-xr-x. 20 root root 4096 May   1 15:19 ..
drwx------   3 root root 4096 Mar 27  2020 .ansible
-rw-------   1 root root  208 May   1 15:19 .bash_history
-rw-r--r--.  1 root root   18 Dec 29  2013 .bash_logout
-rw-r--r--.  1 root root  176 Dec 29  2013 .bash_profile
-rw-r--r--.  1 root root  176 Dec 29  2013 .bashrc
drwxr-xr-x   4 root root 4096 Mar 27  2020 .cache
drwxr-xr-x   3 root root 4096 Mar  7  2019 .config
-rw-r--r--.  1 root root  100 Dec 29  2013 .cshrc
-rw-------   1 root root   42 Nov  5  2019 .lesshst
drwxr-xr-x   2 root root 4096 Mar 27  2020 .pip
drwxr-----   3 root root 4096 Mar 27  2020 .pki
-rw-r--r--   1 root root   73 Mar 27  2020 .pydistutils.cfg
-rw-------   1 root root 1024 Mar 27  2020 .rnd
drwx------   2 root root 4096 May   1 15:13 .ssh
-rw-r--r--.  1 root root  129 Dec 29  2013 .tcshrc
-rw-------   1 root root    0 Mar 27  2020 .viminfo
[root@VM-0-7-centos ~]# ls -la /mnt/CFS2/
total 4
drwxr-xr-x  2 root root   27 May  1 15:10 .
drwxr-xr-x. 3 root root 4096 May  1 15:17 ..
-rw-r--r--  1 root root    0 May  1 15:00 cfsexample.txt
[root@VM-0-7-centos ~]# history
    1  2021-05-01 15:17:16
    2  2021-05-01 15:17:43 mkdir /mnt/CFS2
    3  2021-05-01 15:18:20 mount -t nfs -o vers=4.0,noresvport        :/ /mnt/CFS2/
    4  2021-05-01 15:18:48 yum install nfs-utils
    5  2021-05-01 15:19:37 mount -t nfs -o vers=4.0,noresvport 10       :/ /mnt/CFS2/
    6  2021-05-01 15:19:41 ls -la
    7  2021-05-01 15:19:49 ls -la /mnt/CFS2/
    8  2021-05-01 15:19:55 history
[root@VM-0-7-centos ~]#
```

图3-23　VM-0-7云服务器挂载文件系统

（五）知识拓展

对象存储、文件存储和云硬盘的比较

（1）对象存储：对象存储无目录层次结构，无数据格式限制，可以存储任意数量的数据，存储桶空间无容量上限，无须分区管理。数据支持高可用架构部署，设计保障数据最终一致性，不支持文件锁等特性。API使用HTTP/HTTPS协议访问，并提供SDK和工具等方式与业务集成，上传到COS的对象可以通过URL地址直接访问或下载。

（2）文件存储：文件存储使用常用的网络文件传输协议，可以创建文件系统并实现大规模扩展，需要挂载到云服务器上使用。文件存储可以为网站、在线发行、存档各种应用提供数据源文件存储服务。计算吞吐量高，具有极高的可用性和持久性，也适用于并发较高或需要共享存储的场景。

（3）云硬盘：云硬盘需要搭配云服务器，在使用文件系统分区或格式化后才可以被挂载使用。根据云硬盘不同的类型，针对不同的性能指标提供了区别IOPS和吞吐量的产品，可以满足单机使用的不同场景。

项目实训

WordPress共享图片

（一）实训目的

（1）掌握CVM的配置方法。

（2）掌握COS的配置方法。

（3）掌握CFS的配置方法。

（4）了解WordPress系统。

（5）掌握Linux命令的使用。

（二）实训内容

在腾讯云CVM上安装WordPress镜像来启动并运行两个内容管理系统网站，并对其欢迎页面进行修改，通过云文件管理提供一个共享的文件夹，通过云对象管理提供一张互联网可存取的图片。

（三）问题引导

（1）如何建立一个CVM？

（2）要如何连接到WordPress的管理界面进行操作？

（3）如何让不同的CVM共享文件夹？

（4）如何提供一张互联网可存取的图片？

（5）启动CVM后要如何登录CVM进行管理？

（6）CVM的操作系统为Linux，要如何操作？

（四）实训步骤

1．建立一个运行WordPress博客平台的CVM

详细操作请参阅项目2中的项目实训的内容，大致步骤如下所述。

（1）登录腾讯云网站后，单击“控制台”按钮进入主控制台界面，在“最近访问”区域中选择“云服务器”选项以进入云服务器控制台界面。

（2）在云服务器控制台界面的“实例”页面中单击“新建”按钮，根据页面提示选择机型，并在“镜像”选区中选择“镜像市场”选项，然后单击“从镜像市场选择”文字链接。在弹出的“镜像市场”对话框的左侧导航栏中选择“建站系统”标签，并在上方的搜索栏中输入“WordPress博客平台”，单击搜索图标，就可以过滤出所需平台，确认后单击“免费使用”按钮。

付款前系统会再次确认订单内容，在商品清单中会显示所要购买的CVM的详细内容。

- 地域：南京。
- 可用区：南京一区。
- 机型：S5.SMALL1（1核CPU、1GB内存）。
- 镜像：WordPress博客平台（CentOS 6.8 64位）V2.0。
- 存储：系统盘（50GB高性能云硬盘）。
- 带宽：按带宽计费（带宽1Mbps）。
- 名称：WordPress 2.0。
- 所属网络：vpc-8376sfxt | Default-VPC | 10.206.0.0/16。
- 所在子网：subnet-5jmfzj6o | Default-Subnet | 10.206.0.0/20。
- 单价：75.30元/月。
- 数量：1。
- 付费方式：预付费。
- 购买时长：1个月。

（3）在云服务器控制台界面的“实例”页面中，找到运行中的CVM实例WordPress 2.0，并复制该CVM实例的公网IP地址。例如，需启动实例的公网IP地址为175.27.154.156，则只需复制该实例的公网IP地址即可。

（4）在本地浏览器中访问公网IP地址，打开“获取权限”引导页面。在该引导页面中，单击“获取权限”按钮，下载该镜像的相关信息文档到本地。打开文档，获取WordPress网站的管理员登录账号和密码。

（5）刷新引导页面，出现WordPress网站的欢迎页面，即表示WordPress网站启动成功。

2．购买相同配置的CVM

在云服务器控制台界面的“实例”页面中，找到运行中的CVM实例WordPress 2.0，在其右侧的“操作”列中选择“更多”→“购买相同配置”命令，如图3-24所示，会弹出相同配置的CVM购买界面，确认购买后，就可以在云服务器控制台界面的“实例”页面中看到。

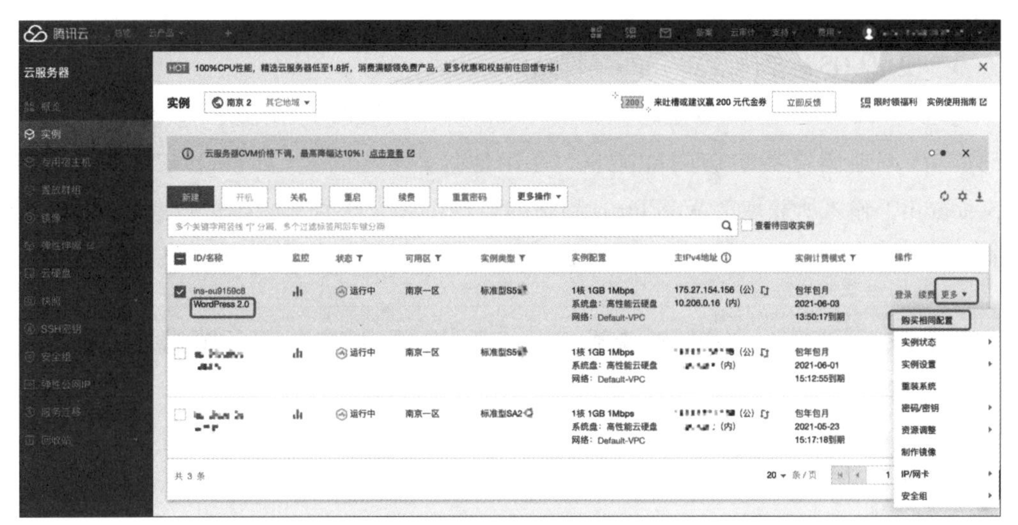

图 3–24　购买相同配置的 CVM

购买后可以在云服务器控制台界面的“实例”页面中，找到两台运行中的CVM实例WordPress 2.0，如图3–25所示。

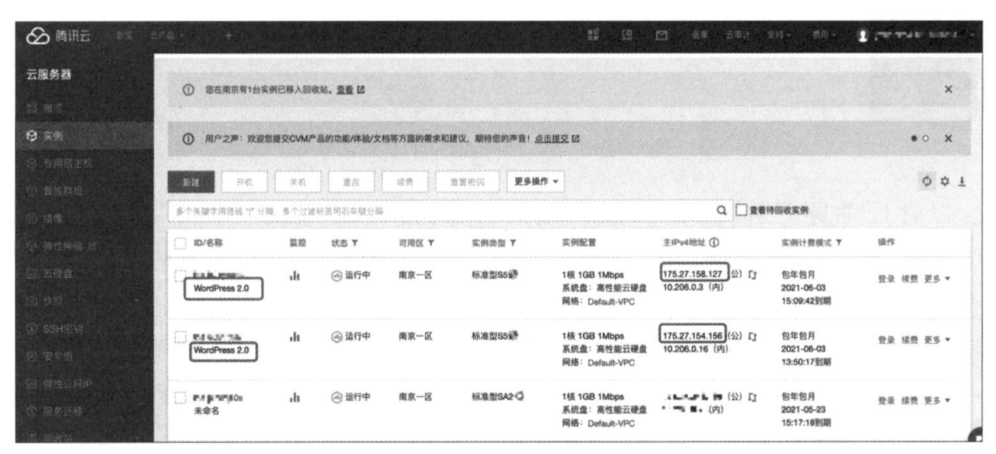

图 3–25　两台相同配置的 CVM 实例

接着只要按照相同的步骤去启动WordPress网站即可，参考步骤如下所述。

（1）在云服务器控制台界面的“实例”页面中，找到运行中的CVM实例WordPress 2.0，并复制该CVM实例的公网IP地址。例如，需启动实例的公网IP地址为175.27.158.127，则只需复制该实例的公网IP地址即可。

（2）在本地浏览器中访问公网IP地址，打开“获取权限”引导页面。在该引导页面中，单击“获取权限”按钮，下载该镜像的相关信息文档到本地。打开文档，获取WordPress网站的管理员登录账号和密码。

（3）刷新引导页面，出现WordPress网站的欢迎页面，即表示WordPress网站启动成功。

3．使用COS对象修改WordPress网站的首页

将本项目任务2中所建立的存储桶cloudbucket内的对象指定为WordPress网站的首页。在本地浏览器中访问http://[公网IP地址]/wp-admin，如http://175.27.158.127/wp-admin/，输入所获取的WordPress网站的管理员登录账号和密码进行登录。登录成功后如图3-26所示，单击界面左上角的家图标，返回WordPress网站的首页。

图3-26　WordPress管理界面

以管理者身份返回WordPress网站的首页时，可以看到“编辑”的提示，如图3-27所示。单击“编辑”按钮后可以对WordPress网站的首页进行编辑。

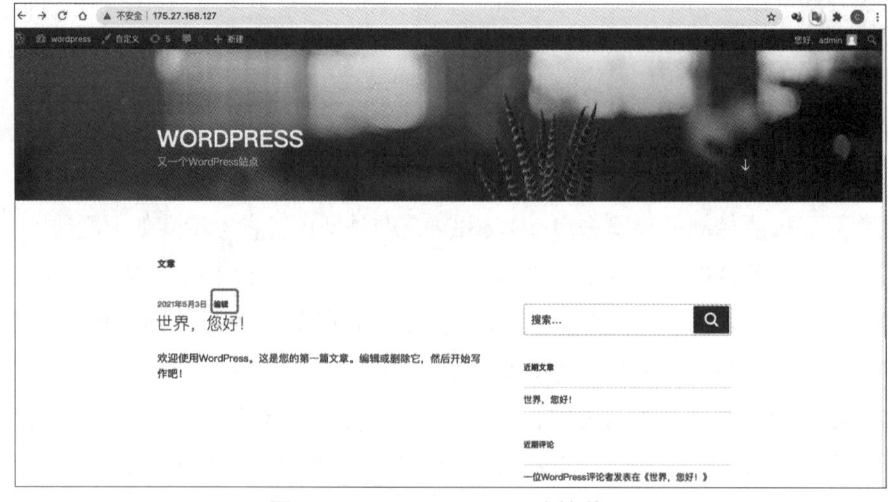

图3-27　WordPress网站的首页

在WordPress网站编辑文章界面中，输入先前在任务3-2中所建立的COS对象的公开网址。需要先切换成文本的格式来编辑，新增下面的一行HTML语法即可，注意要把[AppID]替换成适当的内容，如图3-28所示。

```
<img src="https://cloudbucket-[AppID].cos.ap-nanjing.myqcloud.com/fig-301.png" />
```

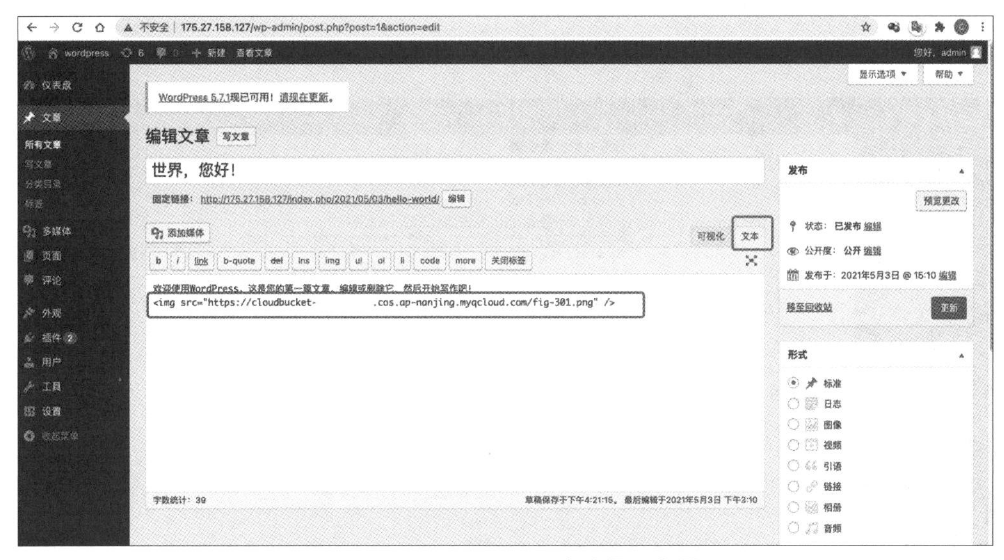

图 3-28　WordPress 网站编辑文章界面

单击“更新”按钮后返回WordPress网站的首页，即可看到更新后的页面，如图3-29所示。

图 3-29　更新后的 WordPress 网站的首页

此时，如果去查看另一台CVM的WordPress网站的首页，就会发现其并没有因此而变更，因为这是两台不同的CVM，并不会因为一台的变动而影响到另一台。接下来，试着将这两台CVM的WordPress网站首页对应到同一个CFS，这样，WordPress网站首页的内容就会随着CFS内容的变动而变动。

4. 使用CFS设定WordPress网站首页的图片

分别登录两台CVM，并设定WordPress网站首页的图片文件夹对应到CFS。首先取得登录账户和密码，可以在站内信中取得，如图3-30所示。

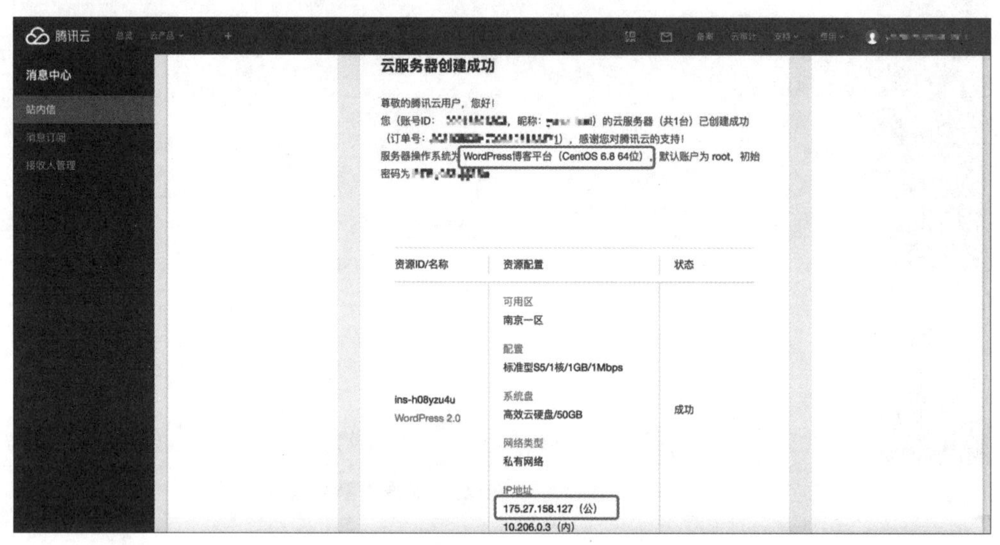

图 3-30　取得 CVM 登录账户和密码

接着登录其中一台CVM，并执行下列命令：

```
#安装支持NFS协议所需要的包
yum install nfs-utils -y
#切换到WordPress网站首页会存取到的文件夹，[WordPress账户]的信息请参阅获取权限中所获取的文档
cd /virtualhost/[WordPress账户]/wp-content/themes/twentyseventeen/assets
#将WordPress网站首页的图片备份到使用者的目录中
mkdir /root/images
cp ./images/* /root/images
#挂载云文件存储，请记得参阅云文件存储中的挂载点信息，需要把后面的参数/localfolder改成本地文件夹（./images/）
mount -t nfs -o vers=3,nolock,proto=tcp,noresvport 10.206.0.4:/s3uu7jyq ./images/
#将原有的图片复制到云文件存储中
cp /root/images/* images/
cd images/
```

```
#将原来的WordPress网站首页的图片header.jpg改成coffee.jpg
mv header.jpg header2.jpg
cp coffee.jpg header.jpg
```

执行完上述命令后，打开本地浏览器，进入无痕模式，这是为了避免图片信息被计算机存储在本地端，输入公网IP地址，即可发现WordPress网站首页的图片已经改成coffee.jpg，如图3–31所示。

图 3–31　通过 CFS 读取 WordPress 网站首页的图片

5．使用CFS设定另一台CVM

登录另一台CVM，并执行下列命令：

```
#安装支持NFS协议所需要的包
yum install nfs-utils -y
#切换到WordPress网站首页会存取到的文件夹，[WordPress账户]的信息请参阅获取权限中所获取的文档
cd /virtualhost/[WordPress账户]/wp-content/themes/twentyseventeen/assets
#挂载云文件存储，请记得参阅云文件存储中的挂载点信息，需要把后面的参数/localfolder改成本地文件夹（./images/）
mount -t nfs -o vers=3,nolock,proto=tcp,noresvport 10.206.0.4:/s3uu7jyq ./images/
```

命令执行结果如图3–32所示。

```
清理终端
  Installing : libtirpc-0.2.1-15.el6.x86_64
  Installing : rpcbind-0.2.0-16.el6.x86_64
  Installing : keyutils-1.4-5.el6.x86_64
  Installing : nfs-utils-lib-1.1.5-13.el6.x86_64
  Installing : 1:nfs-utils-1.2.3-78.el6_10.2.x86_64
  Verifying  : rpcbind-0.2.0-16.el6.x86_64
  Verifying  : keyutils-1.4-5.el6.x86_64
  Verifying  : libtirpc-0.2.1-15.el6.x86_64
  Verifying  : nfs-utils-lib-1.1.5-13.el6.x86_64
  Verifying  : libgssglue-0.1-11.el6.x86_64
  Verifying  : 1:nfs-utils-1.2.3-78.el6_10.2.x86_64

Installed:
  nfs-utils.x86_64 1:1.2.3-78.el6_10.2

Dependency Installed:
  keyutils.x86_64 0:1.4-5.el6        libgssglue.x86_64 0:0.1-11.el6       libtirpc.x86_64 0:0.2.1-15.el6       nfs
  rpcbind.x86_64 0:0.2.0-16.el6

Complete!
[root@VM-0-16-centos ~]# cd /virtualhost/[illegible]/wp-content/themes/twentyseventeen/assets
[root@VM-0-16-centos assets]# mount -t nfs -o vers=3,nolock,proto=tcp,noresvport 10.206.0.4:/[illegible] ./images/
[root@VM-0-16-centos assets]# ifconfig
eth0      Link encap:Ethernet  HWaddr 52:54:00:0D:EC:3C
          inet addr:10.206.0.16  Bcast:10.206.15.255  Mask:255.255.240.0
          UP BROADCAST RUNNING MULTICAST  MTU:1500  Metric:1
          RX packets:296454 errors:0 dropped:0 overruns:0 frame:0
          TX packets:120694 errors:0 dropped:0 overruns:0 carrier:0
          collisions:0 txqueuelen:1000
          RX bytes:331053277 (315.7 MiB)  TX bytes:26119265 (24.9 MiB)

lo        Link encap:Local Loopback
          inet addr:127.0.0.1  Mask:255.0.0.0
          UP LOOPBACK RUNNING  MTU:65536  Metric:1
          RX packets:3208 errors:0 dropped:0 overruns:0 frame:0
          TX packets:3208 errors:0 dropped:0 overruns:0 carrier:0
          collisions:0 txqueuelen:0
          RX bytes:8931670 (8.5 MiB)  TX bytes:8931670 (8.5 MiB)
```

图 3-32　命令执行结果

执行完上述命令后，打开本地浏览器，进入无痕模式，这是为了避免图片信息被计算机存储在本地端，输入公网IP地址，即可发现WordPress网站首页的图片已经改成coffee.jpg。很明显，在本次操作中并没有进行图片的变动，但是WordPress网站首页的图片仍然发生了改变，这是因为这两台CVM的WordPress网站首页对应到的是同一个CFS。

（五）实训报告要求

记录应用CVM完成本项目实训的心得体会，并结合操作界面截图进行总结说明，形成文字报告。

项目总结

本项目主要介绍了如何通过COS和CFS来管理Web网站，可以让使用者快速地进行开发或运维，对于Web网站前端开发、后端开发和安全运维的专业学习都有极大的帮助。

课后练习

一、单选题

1.将数据存放在通常由第三方托管的存储服务器上，而非存放在自身拥有的专属服务器上，这种服务称为（　　）。

A.云存储　　B.云主机　　C.云计算　　D.云开发

2.当考虑将数据存储在云存储中时，哪个要求是不考虑的？（　　）

A.持久性　　B.可用性　　C.安全性　　D.数据库

3.下列哪一项不是云存储类型？（　　）

A.对象存储　　B.文件存储　　C.云硬盘　　D.数据库存储

4.下列哪种云存储类型是用于云服务器的开机服务的？（　　）

A.对象存储　　B.文件存储　　C.云硬盘　　D.数据库存储

5.下列哪种云存储类型是用于云服务器的共用云硬盘的？（　　）

A.对象存储　　B.文件存储　　C.云硬盘　　D.数据库存储

6.腾讯云在同一地域内电力供应系统和网络系统互相独立的不同物理数据中心，以上叙述是在描述下列哪一项？（　　）

A.地域　　B.可用区　　C.安全区　　D.非军事区

7.下列哪一项不是腾讯云提供的云硬盘？（　　）

A.高性能云硬盘　　B.SSD云硬盘

C.增强型SSD云硬盘　　D.安全型SSD云硬盘

8.下列哪一项不是腾讯云云硬盘的状态？（　　）

A.待挂载　　B.已销毁　　C.待回收　　D.待销毁

9.mkfs.ext4命令会执行什么操作？

A.格式化磁盘　　B.挂载磁盘

C.切割磁盘　　D.移除磁盘

10.在现有互联网中增加的一层新的网络架构，由遍布全球的高性能加速节点构成，以上叙述是在描述由下列哪一项所提供的服务？（　　）

A.内容分发网络　　B.存储桶

C.云对象存储　　D.云硬盘

二、实操题

1.使用自定义的图片来设定WordPress个人站点。

2.使用3台以上的云服务器挂载同一个云文件存储。

3.使用云硬盘的快照部署WordPress个人站点。

4.使用云对象存储部署静态网页。

项目 4

公有云网络资源的管理与调用

学习目标

微课－项目 4

（一）知识目标

（1）理解公有云网络的原理。

（2）了解公有云公有网络与私有网络的相关知识。

（3）了解公有云负载均衡的应用场景。

（4）理解公有云NAT网关的原理。

（二）技能目标

（1）掌握公有云网络产品的操作技能。

（2）掌握公有云私有网络的API操作技能。

（3）掌握公有云负载均衡的API操作技能。

（4）掌握公有云弹性公网IP的API操作技能。

（5）掌握公有云NAT网关的API操作技能。

（三）素质目标

（1）培养良好的IT职业道德、职业素养和职业规范。

（2）培养热爱科学、实事求是、严肃认真、一丝不苟、诚实守信的工作作风。

（3）提升自我更新知识和技能的能力。

（4）培养阅读技术文档、编写技术文档的能力。

（5）提升团队协作能力。

项目描述

（一）项目背景及需求

如果用户想要在云中构建整个服务系统，不仅需要各自独立的服务，还需要通过网络把所有服务集成起来进行有效的应用。本项目主要介绍的内容就是公有云提供哪些相关的云网络服务来协助用户集成云中的相关服务。

图4-1所示为传统数据中心与腾讯云的基础网络拓扑示例，左图为传统数据中心的基础网络拓扑示例，右图为腾讯云的基础网络拓扑示例。一个完整的应用服务需要有服务器（如云服务器）来提供应用，有数据库（如云数据库）来提供数据，并在考虑高可靠性的情况下进行冗余配置，所以需要有可用区1和可用区2；而每个可用区都需要有相对应的子网来进行管理配置；而有时出于安全考虑，会区分为公有子网与私有子网，以隔离用户的存取。

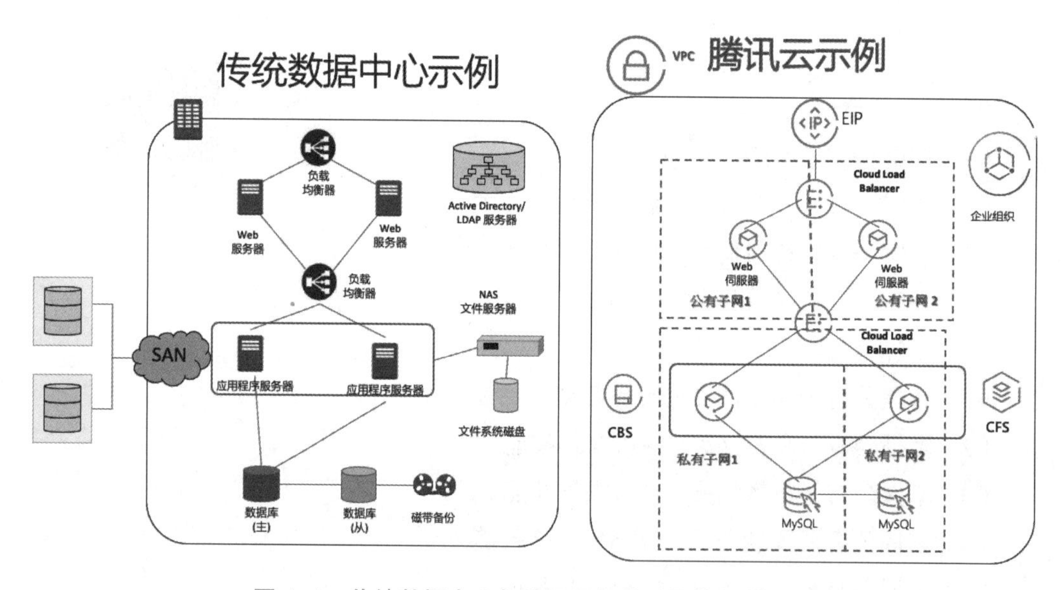

图 4-1　传统数据中心与腾讯云的基础网络拓扑示例

（二）项目构成

图4-2所示为腾讯云所提供的云产品与服务，本项目主要介绍腾讯云网络服务，包含私有网络（VPC）、负载均衡（CLB）、NAT网关（NAT Gateway）和弹性公网IP（EIP）。

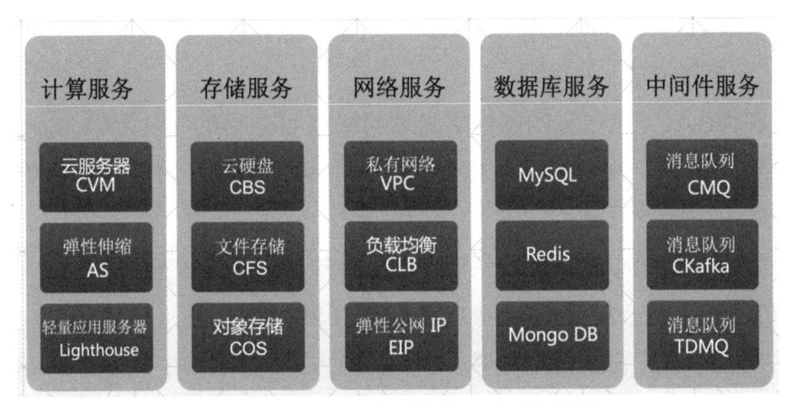

图 4–2　腾讯云所提供的云产品与服务

（三）项目任务

本项目将分成以下任务：

（1）私有网络和负载均衡的管理与调用。

（2）NAT 网关和弹性公网 IP 的管理与调用。

任务 4–1　私有网络和负载均衡的管理与调用

（一）任务描述

本任务通过对以下知识点的介绍，让读者了解并掌握 VPC 和 CLB 的管理与调用：

（1）了解 VPC 的配置方法。

（2）了解 CLB 的配置方法。

（3）掌握 VPC 的调用方式。

（4）掌握 CLB 的调用方式。

（二）问题引导

对于 VPC 和 CLB，常见的问题如下：

（1）什么是 CIDR？

（2）每个 VPC 最多可以为云产品实例提供多少个内网 IP 地址？

（3）基础网络和 VPC 的区别是什么？

（4）可以为哪些 TCP 端口执行 CLB？

（5）CLB 是否可以直接获取客户端的 IP 地址？

（三）知识准备

1. VPC的配置方法

VPC是在腾讯云上自定义的逻辑隔离的网络空间。用户可以为CVM、云数据库等资源构建逻辑隔离的、用户自定义配置的网络空间，以提升用户云上资源的安全性，并满足不同的应用场景需求。

下面介绍VPC的核心组成部分、VPC的多种连接方案及安全性。

（1）VPC有3个核心组成部分：VPC网段、子网、路由表。

①VPC网段，用户在创建VPC时，需要用无类别域间路由（Classless Inter-Domain Routing，CIDR）作为VPC指定IP地址组。腾讯云VPC CIDR支持使用以下私有网段中的任意一个：

- 10.0.0.0 ~ 10.255.255.255（掩码范围需为16 ~ 28）。
- 172.16.0.0 ~ 172.31.255.255（掩码范围需为16 ~ 28）。
- 192.168.0.0 ~ 192.168.255.255（掩码范围需为16 ~ 28）。

②一个VPC由至少一个子网组成，VPC中的所有云资源（如CVM、云数据库等）都必须部署在子网内，子网的CIDR必须在VPC的CIDR内。VPC具有地域属性（如南京），而子网具有可用区属性（如南京一区），用户可以为VPC划分一个或多个子网，同一VPC下不同子网默认内网互通，不同VPC之间（无论是否在同一地域内）默认内网隔离。

③用户在创建VPC时，系统会自动为其生成一个默认路由表，以保证同一个VPC下的所有子网互通，当默认路由表中的路由策略无法满足应用时，用户可以创建自定义路由表。图4-3所示为腾讯云VPC的架构，能够清楚地看出可以将CVM集中在一个子网中，而在一个VPC中可以拥有多个子网及多个路由表。

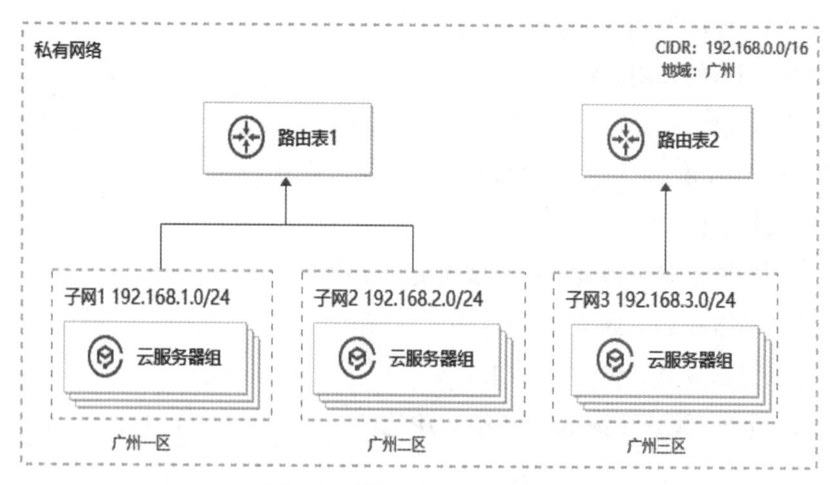

图4-3 腾讯云VPC的架构

（2）腾讯云提供丰富的VPC连接方案，以满足不同用户的场景需求：

- 通过EIP和NAT网关等来实现VPC内的CVM、云数据库等资源连接公网。
- 通过对等连接和云联网来实现不同VPC之间的通信。
- 通过VPN连接、专线接入和云联网来实现VPC与本地数据中心的互联。

（3）VPC是云上逻辑隔离的网络空间，不同VPC之间相互隔离，以保障用户的业务安全。

①安全组：安全组是一种有状态的包过滤虚拟防火墙，用于控制实例级别的出入流量，是重要的网络安全隔离手段。

②网络ACL：网络ACL是一个子网级别的、无状态的包过滤虚拟防火墙，用于控制进出子网的数据流，可以精确到协议和端口粒度。

③访问管理（Cloud Access Management，CAM）：访问管理用于帮助用户安全地管理腾讯云账号下所有资源的访问权限。通过访问管理，用户可以对VPC的访问进行权限管理，如可以通过身份管理和策略管理来控制用户访问VPC的权限。

2. CLB的配置方法

CLB是可以对多台CVM进行流量分发的服务。CLB可以通过流量分发来扩展应用系统对外的服务能力，通过消除单点故障来提升应用系统的可用性。CLB服务通过设置虚拟服务地址（Virtual IP，VIP），将位于同一地域的多台CVM资源虚拟成一个高性能、高可用的应用服务池，并根据应用指定的方式，将来自客户端的网络请求分发到CVM池中。CLB服务会检查CVM池中CVM实例的健康状态，自动隔离异常状态的CVM实例，从而解决了单台CVM实例的单点故障问题，同时提高了应用的整体服务能力。腾讯云提供的CLB服务具备自助管理、自助故障修复、防网络攻击等高级功能，适用于企业、社区、电子商务、游戏等多种应用场景。

一个提供服务的CLB组通常由以下部分组成。

（1）Cloud Load Balancer：CLB实例，用于流量分发。

（2）VIP：CLB向客户端提供服务的IP地址。

（3）Backend/Real Server：后端一组CVM实例，用于实际处理请求。

（4）VPC/基础网络：整体网络环境。

下面介绍常见的CLB相关概念。

（1）负载均衡（Cloud Load Balancer）：腾讯云提供的一种网络负载均衡服务，可以结合CVM为用户提供基于TCP/UDP及HTTP协议的负载均衡服务。

（2）负载均衡监听器（Load Balance Listener）：负载均衡服务监听器，包括监听端口、负载均衡策略和健康检查配置等，每个监听项对应后端的一个应用服务。

（3）后端服务器（Real Server）：用于接收CLB分发请求的一组CVM实例，负载均衡服务将访问请求按照用户设定的规则转发到这一组后端CVM实例上进行处理。

（4）虚拟服务地址（Virtual IP）：系统分配的服务地址，当前为IP地址。用户可以通过选择该服务地址是否对外公开，来分别创建公网和私网类型的负载均衡服务。

①公网VIP。

- 常规IP：普通BGP IP地址，用于平衡网络质量与成本。
- 静态单线IP：通过单个网络运营商访问公网，成本低且便于自主调度。

②内网VIP。

- VPC网络：VPC内的IP地址。
- 基础网络：基础网络内网IP地址。

下面介绍CLB的工作原理。

CLB的工作原理是：由负载均衡器接收来自客户端的传入流量，并将请求路由到一个或多个可用区的后端CVM实例上进行处理。负载均衡服务主要由负载均衡监听器提供。负载均衡监听器负责监听负载均衡实例上的请求、执行策略分发至后端服务器等服务，通过配置“客户端—CLB”和“CLB—后端服务器”两个维度的转发协议及协议端口，CLB可以将请求直接转发到后端CVM实例上。

建议用户跨多个可用区配置负载均衡器的后端CVM实例。如果一个可用区变得不可用，则负载均衡器会将流量路由到其他可用区中正常运行的实例上，从而屏蔽可用区故障引起的服务中断问题。

客户端请求通过域名访问服务，在请求被发送到负载均衡器之前，DNS服务器将会解析CLB域名，并将收到请求的CLB的IP地址返回客户端。当负载均衡监听器收到请求时，将会使用不同的CLB算法把请求分发到后端CVM实例上。负载均衡器还可以监控后端CVM实例的运行状况，从而确保只将流量路由到正常运行的后端CVM实例上。当负载均衡监听器检测到运行不正常的后端CVM实例时，它会停止向该后端CVM实例路由流量，然后会在它再次检测到该后端CVM实例正常运行之后重新向其路由流量。

CLB与以下服务一起使用，可以提高应用程序的可用性和可扩展性。

（1）CVM实例：应用程序在云上运行的虚拟服务器。

（2）弹性伸缩：弹性地控制实例数量。如果在弹性伸缩中启用CLB实例，则伸缩的实例将自动加入CLB组，同时终止的实例将自动被移出CLB组。

（3）云监控：帮助用户监控CLB及所有后端CVM实例的运行状况并执行所需操作。

（4）域名注册和DNS解析DNSPod：通过将用户自定义的域名转换为网络通信所用的IP地址（如192.0.2.1），快速便捷地将请求路由至CLB实例上。

（四）任务实施

本任务主要介绍如何通过控制台在南京地域可用区下创建一个名称为cloud-vpc的VPC，并在该VPC中创建两个子网和路由表来实现流量的精细化管理，将这两个子网分散到不同的可用区内，以实现不同可用区之间的相互容灾。此外，创建一个CLB，在其中放置两台CVM。

1. 掌握VPC的调用方式

登录腾讯云网站后，在网站首页的菜单栏中选择“产品”→“网络与CDN”→“网络”→“私有网络”选项，如图4-4所示。

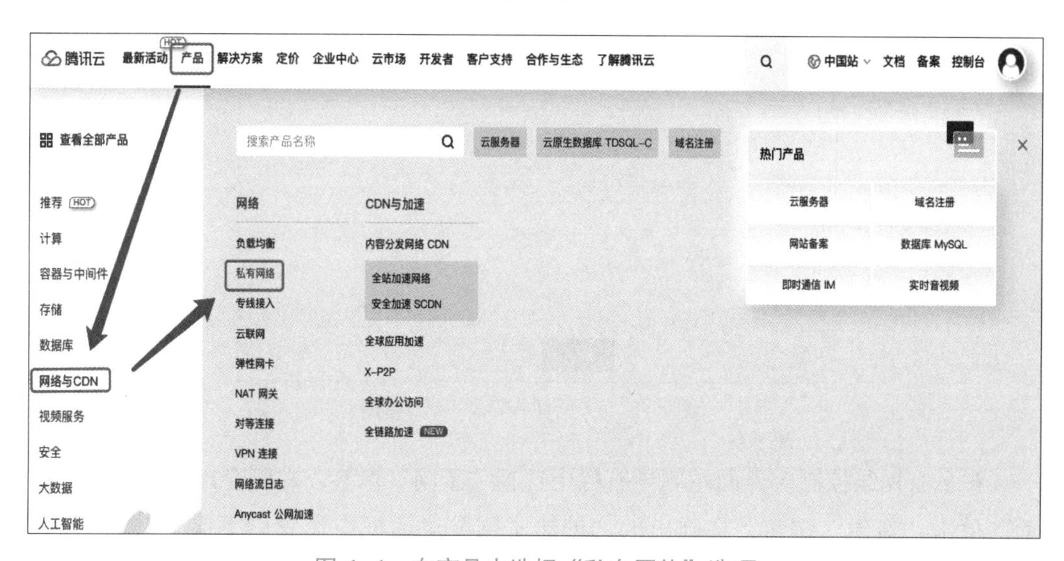

图 4-4　在产品中选择“私有网络”选项

单击“立即使用”按钮后，进入私有网络控制台界面，在该界面左侧导航栏中选择“私有网络”标签，右侧会出现“私有网络”页面。单击“+新建”按钮，在弹出的“新建VPC”对话框中配置以下信息，如图4-5所示，预设创建VPC时只能同时创建一个子网络。

- 名称：cloud-vpc。
- IPv4 CIDR：10.10.10.0/24 #创建后不可修改，为了用户可以更好地使用私有网络服务，建议用户提前做好网络规划。
- 子网名称：subnet1。
- IPv4 CIDR：10.10.10.0/25 #因为规划只切割两个子网，所以子网掩码为25。
- 可用区：南京一区。

新建VPC

私有网络信息

所属地域 华东地区(南京)

名称 cloud-vpc

IPv4 CIDR 10 . 10 . 10 . 0 / 24 创建后不可修改

为了您可以更好地使用私有网络服务，建议您提前做好 网络规划

高级选项

初始子网信息

子网名称 subnet1

IPv4 CIDR 10 . 10 . 10 . 0 / 25

IP地址剩余125个

可用区 南京一区

关联路由表 默认

高级选项

确定 关闭

图 4–5　“新建 VPC”对话框

在私有网络控制台界面左侧导航栏中选择“子网”标签，右侧会出现“子网”页面。单击“新建”按钮，在弹出的“创建子网”对话框中设置以下参数，如图4–6所示。

- 所属网络：vpc–ieu1nu71（cloud–vpc | 10.10.10.0/24）。
- 子网名称：subnet–2。
- VPC网络：10.10.10.0/24。
- CIDR ：10.10.10.128/25。
- 可用区：南京二区。

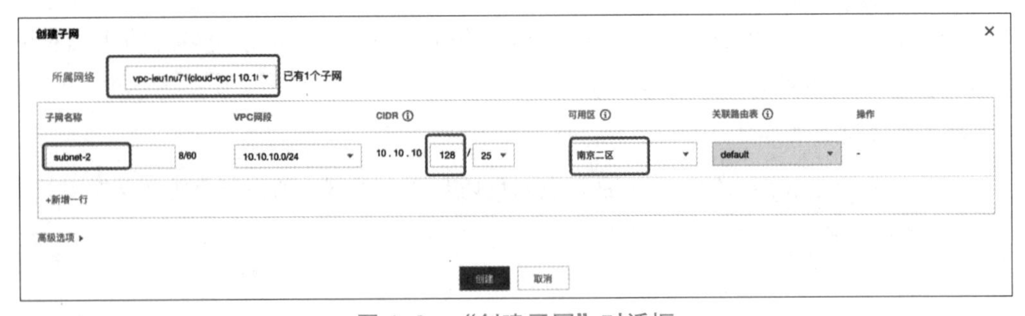

图 4–6　“创建子网”对话框

完成以上操作后就完成了VPC的调用。

2．掌握CLB的调用方式

登录腾讯云网站后，在网站首页的菜单栏中选择“产品”→“网络与CDN”→“网络”→“负载均衡”选项，如图4-7所示。

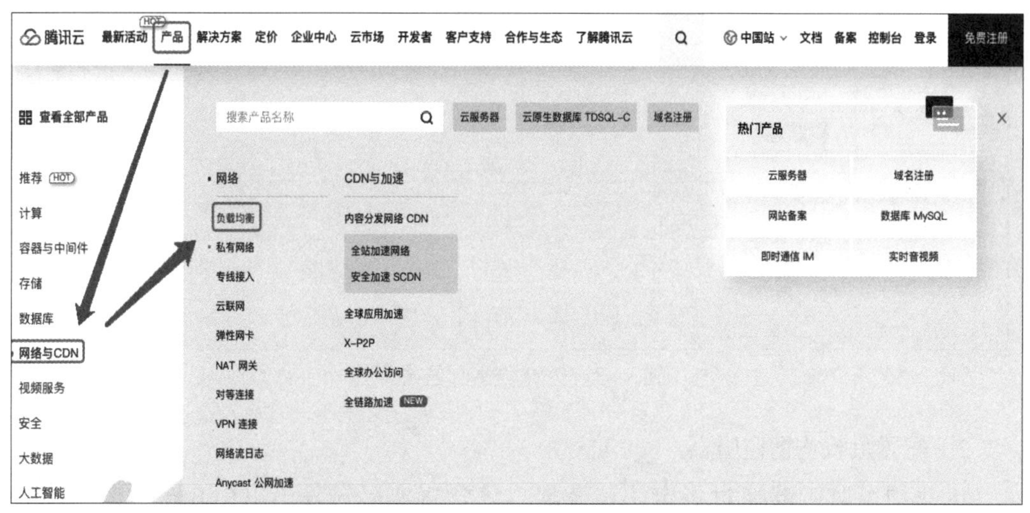

图4-7　在产品中选择“负载均衡”选项

1）购买CLB实例

接着进入负载均衡CLB说明页面，单击“立即选购”按钮后，进入负载均衡配置界面，配置以下信息，如图4-8所示。

• 计费模式：按量计费 #可以依照本身需求来决定计费模式是选择包年包月还是选择按量计费。

• 地域：南京。

• 网络类型：公网。

• 所属网络：vpc-9mg5u48h | Default-VPC（默认）#要选择有服务器的VPC。

• 网络计费模式：按使用流量。

• 带宽上限：1Mbps。

• 所属项目：默认项目。

• 实例名：cloud-clb。

确定后单击“立即购买”按钮，系统会根据流量来进行费用扣除，确认付款后会进入负载均衡控制台界面的“实例管理”页面，主要是设定实例与CLB之间的对应关系。

图 4-8　负载均衡配置界面

2）配置负载均衡监听器

负载均衡监听器通过指定协议及端口来负责实际转发，以CLB转发客户端的HTTP请求配置为例。在“实例管理”页面中，找到目标CLB实例cloud-clb，在该实例所在行右侧的“操作”列中单击“配置监听器”按钮。在“监听器管理”选项卡中的“HTTP/HTTPS监听器”区域下，单击“新建”按钮。在弹出的“创建监听器”对话框中，配置监听器名称为“port80”，配置协议端口为“HTTP:80”，配置完成后，单击“提交”按钮。

当负载均衡监听器收到客户端请求时，CLB会根据配置的负载均衡监听器转发规则进行请求转发。在“监听器管理”选项卡中，选中刚才新建的负载均衡监听器，单击“+”按钮来添加规则，如图4-9所示。

图 4-9　为负载均衡监听器添加规则

在弹出的“创建转发规则”对话框的“基本配置”页面中，根据以下配置信息配置域名、URL路径和均衡方式，如图4-10所示。

- 域名：www.clb-domain.com。
- URL路径：/。
- 均衡方式：加权轮询。

图4-10 “创建转发规则”对话框

配置完成后，单击“下一步”按钮，进入“健康检查”页面，开启健康检查，“检查域名”和“检查路径”分别使用默认的转发域名和转发路径，完成后单击“下一步”按钮，进入“会话保持”页面，关闭会话保持，单击“提交”按钮。

3）为负载均衡监听器绑定后端CVM

当收到客户端请求时，CLB将请求转发到负载均衡监听器绑定的CVM上进行处理，所以需要进行负载均衡监听器与CVM的绑定操作。在“监听器管理”选项卡中，选中并展开刚才创建的负载均衡监听器，选中域名→URL路径，在右侧的“转发规则详情”区域中单击“绑定”按钮。

在弹出的“绑定后端服务”对话框中，选择绑定实例类型为“云服务器”，再选择与CLB实例同地域下的CVM实例WordPress 1和WordPress 2（在项目3中所建立的CVM），设置CVM的端口均为“80”，CVM的权重均为默认值“10”，然后单击“确认”按钮，如图4–11所示。

图 4–11 “绑定后端服务”对话框

返回“转发规则详情”区域，可以查看绑定的CVM和端口的健康状态。当端口的健康状态为“健康”时，表示CVM可以正常处理CLB转发的请求。

4）验证负载均衡服务

配置完成CLB后，可以验证CLB是否生效，即验证通过一个CLB实例下不同的域名+URL路径访问不同的后端CVM。要操作实际的域名有两种方法：一种方法是设定本地的域名映射文件，让本机可以通过该域名进行存取（如在Windows系统中是C:\Windows\System32\drivers\etc\hosts文档）；另一种方法是直接使用腾讯云域名（DNSPod）进行域名查询和注册，这样可以让所有人都能够通过该域名进行存取。

本项目使用比较简洁的方式，通过VIP+URL路径来进行验证。图4–12所示为两台不同服务器的网页，我们以管理者身份登录并进入管理界面，改变网站首页的外观主题样式，右侧网页选择Twenty Fifteen主题样式，而左侧网页则选择Twenty Seventeen主题样式。

接着在浏览器的地址栏中输入访问路径“http://1.13.12.12/”，测试负载均衡服务。VIP地址可以在“基本信息”选项卡中找到，如图4–13所示。网页请求被CLB轮流转发到WordPress 1和WordPress 2这两台CVM上，CVM正常处理请求并返回页面。

图 4–12　两台不同服务器的网页

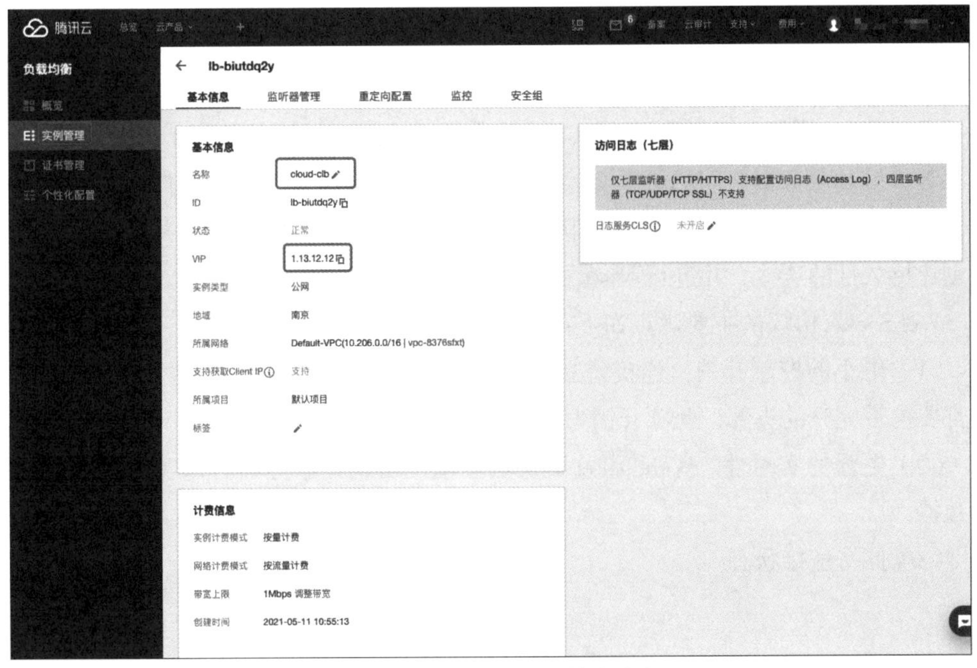

图 4–13　CLB 实例的基本信息

（五）知识拓展

1．CIDR

CIDR即无类别域间路由，由指定的独立网络空间地址块通过IP地址和掩码结合，实现对网络的整体划分。它消除了传统的A类、B类和C类地址及划分子网的概念，因而可以更加有效地分配IPv4的地址空间。在创建VPC和子网时，需要以CIDR的形式创建对应的网段。例如，需创建范围为10.0.16.0 ~ 10.0.17.255的网段，则10.0.16.0 ~ 10.0.17.255转换为二进制为00001010.00000000.00010000.00000000 ~ 00001010.0000000

0.00010001.11111111，前23位相同，转换成CIDR的形式为10.0.16.0/23。

2．CLB Cookies管理

在Cookie插入模式下，CLB将负责插入Cookie，后端服务器无须进行任何修改。当客户端进行第一次请求时，客户端HTTP请求（不带Cookie）进入CLB，CLB根据CLB算法策略选择后端一台服务器，并将请求发送至该服务器，后端服务器进行HTTP回复（不带Cookie）并发回CLB，然后CLB插入Cookie，将HTTP回复（带Cookie）返回客户端。

当客户端请求再次发生时，客户端HTTP请求（带有上次CLB插入的Cookie）进入CLB，然后CLB读出Cookie中的会话保持数值，将HTTP请求（带有与上面同样的Cookie）发送到指定的服务器，然后后端服务器进行请求回复。由于服务器并不写入Cookie，HTTP回复将不带有Cookie，回复流量再次经过CLB时，CLB再次写入更新后的会话保持Cookie。

3．WebSocket协议

WebSocket协议是一种在单个TCP连接上进行全双工通讯的协议。WebSocket协议使得客户端和服务器之间的数据交换变得更加简单，允许服务器主动向客户端推送数据。在WebSocket API中，客户端和服务器只需要完成一次握手，两者之间就直接可以创建持久性的连接，并进行双向数据传输。

WebSocket协议的主要优点如下：

（1）更小的控制开销。连接建立后，用于控制的包头较小。相对于HTTP请求每次都要携带完整的头部，此项开销大大降低。

（2）更强的实时性。WebSocket协议是全双工协议，服务器可以实时向客户端推送数据。

（3）保持连接状态。

任务4–2　NAT网关和弹性公网IP的管理与调用

（一）任务描述

本任务通过对以下知识点的介绍，让读者了解并掌握NAT网关和弹性公网IP的管理与调用：

（1）了解NAT网关的配置方法。

（2）了解弹性公网IP的配置方法。

（3）掌握NAT网关的调用方式。

（4）掌握弹性公网IP的调用方式。

（二）问题引导

对于NAT网关和弹性公网IP，常见的问题如下：

（1）什么是NAT网关?

（2）NAT网关和公网网关有什么区别?

（3）NAT网关的主要功能是什么?

（4）什么是弹性公网IP？

（5）弹性公网IP与普通公网IP有什么区别?

（6）弹性公网IP支持绑定哪些云资源?

（三）知识准备

1. NAT网关的配置方法

NAT网关（Network Address Transform Gateway）是一种支持IP地址转换的服务，可以为VPC内的资源提供安全、高性能的Internet访问服务。NAT网关支持高达99.99%的高可用性、5Gbps的带宽及1000万以上的并发连接数，其典型应用场景如下：

（1）大带宽、高可用的公网出口服务。例如，网络爬虫、访问Internet公共服务等。

（2）安全的公网出口服务。例如，CVM需要与公网通信，但是出于安全性考虑，不希望CVM绑定公网IP地址。

VPC内的CVM可以通过NAT网关或公网网关访问Internet。NAT网关与公网网关的区别如表4-1所示。

表4-1　NAT网关与公网网关的区别

属性	NAT网关	公网网关
可用性	双机热备，自动热切换	手动切换故障网关
公网带宽	最大5Gbps	取决于CVM的网络带宽
公网IP	最多绑定10个弹性公网IP	1个弹性公网IP或普通公网IP
公网限速	5Gbps（最大可以支持50Gbps，需要提交工单申请）	取决于CVM限速
最大连接数	1000万	50万
内网IP	不占用VPC用户的内网IP地址	占用子网内IP地址
安全组	不支持安全组绑定，可以对后端CVM进行安全组绑定	支持安全组绑定
网络ACL	不支持网络ACL绑定，可以对后端CVM所在子网进行网络ACL绑定	不支持网络ACL绑定，可以对所在子网进行网络ACL绑定

续表

属性	NAT 网关	公网网关
费用	大陆地区： 小型（最大 100 万连接数）：0.5 元 / 小时； 中型（最大 300 万连接数）：1.5 元 / 小时； 大型（最大 1000 万连接数）：5 元 / 小时	仅需支付对应 CVM 的配置费用，不收取额外费用

由表4-1可知，NAT网关具有如下优势。

（1）大容量：最大支持1000万并发连接数、5Gbps带宽和10个弹性公网IP，满足大规模用户诉求。

（2）双机热备高可用：单机故障自动切换，相对于公网网关的手动切换，NAT网关实现了自动容灾，保障99.99%的服务可用性。

（3）省成本：提供高、中、低三种配置，用户可以按需购买，弹性计费，更省成本。

（4）网关流控：可以为NAT网关开启网关流控，网关流控可以对某内网IP地址与NAT网关之间的带宽进行限制，提供IP网关粒度的“监”与“控”能力。

（5）安全高防：腾讯云可以在NAT网关中提供DDoS高防包，可以为用户提供超大带宽的DDoS和CC防护，能够防御高达310Gbps的攻击流量。

（6）支持SNAT和DNAT。

在安全防护中，分布式拒绝服务（Distributed Denial of Service，DDoS）攻击是指攻击者通过网络远程控制大量僵尸主机，向一个或多个目标发送大量攻击请求，堵塞目标服务器的网络带宽或耗尽目标服务器的系统资源，导致其无法响应正常的服务请求的攻击方式。CC（Challenge Collapsar）攻击主要是通过恶意占用目标服务器的应用层资源，消耗处理性能，导致其无法正常提供服务的攻击方式。常见的攻击类型包括基于HTTP/HTTPS协议的GET/POST Flood、Connection Flood等攻击。

NAT网关的主要工作就是进行网络地址转换，而网络地址转换可以分成源网络地址转换（Source Network Address Translation，SNAT）和目的网络地址转换（Destination Network Address Translation，DNAT）。SNAT支持VPC内多个CVM通过同一公网IP地址主动访问互联网。用户可以为NAT网关绑定多个EIP，绑定成功后，CVM实例会随机通过NAT网关绑定的EIP访问公网。当用户希望CVM仅通过特定EIP访问公网时，可以将特定EIP加入SNAT地址池，这时CVM仅会通过SNAT地址池中的EIP访问公网。DNAT用于将VPC内的CVM内网IP地址、协议、端口分别映射成外网IP地址、协议、端口，使得CVM上的服务可以被外网访问。

2. EIP的配置方法

EIP是可以被独立购买和持有的、在某个地域下固定不变的公网IP地址。EIP可以与CVM、NAT网关、弹性网卡和高可用虚拟IP绑定，提供访问公网和被公网访问的能力。

腾讯云支持常规BGP IP、精品BGP IP、加速IP和静态单线IP等多种类型的EIP。

（1）常规BGP IP：普通BGP IP，用于平衡网络质量与成本。

（2）精品BGP IP：专属线路，避免绕行国际运营商出口，网络延时更低。

（3）加速IP：采用Anycast加速，使公网访问更稳定、可靠、低延迟。

（4）静态单线IP：通过单个网络运营商访问公网，成本低且便于自主调度。

公网IP地址是Internet上的非保留地址，有公网IP地址的CVM可以和Internet上的其他计算机互相访问。普通公网IP和EIP均为公网IP地址，二者均可以为云资源提供访问公网和被公网访问的能力。以下是普通公网IP和EIP的区别。

（1）普通公网IP：普通公网IP仅能在CVM被购买时分配且无法与CVM解绑，如果CVM被购买时未分配普通公网IP，则无法获得。

（2）EIP：EIP是可以被独立购买和持有的公网IP地址资源，其可以随时与CVM、NAT网关、弹性网卡和高可用虚拟IP等云资源绑定或解绑。

与普通公网IP相比，EIP提供更灵活的管理方式，并且可以与云资源的生命周期解耦合，单独进行操作。例如，如果用户需要保留某个与业务强相关的公网IP地址，可以将普通公网IP转换为EIP保留在用户的账号中。普通公网IP和EIP的区别如表4–2所示。

表 4–2　普通公网 IP 和 EIP 的区别

对比项	普通公网 IP	EIP
访问公网 / 被公网访问	√	√
可以被独立购买和持有	×	√
自由绑定与解绑	×	√
实时调整带宽	√	√
IP 资源占用费	×	√

（四）任务实施

本任务主要介绍如何通过控制台在南京地域可用区下创建一个NAT网关，并将弹性公网IP与之进行关联。

1．掌握NAT网关的调用方式

登录腾讯云网站后，在网站首页的菜单栏中选择“产品”→“网络与CDN”→“网络”→“NAT网关”选项，如图4–14所示。

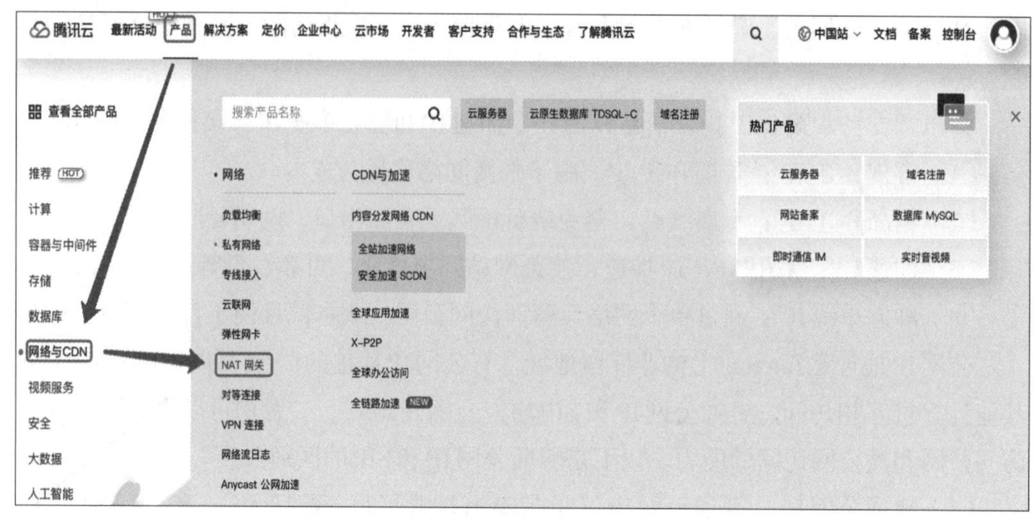

图 4-14　在产品中选择“NAT 网关”选项

单击“立即使用”按钮后，进入私有网络控制台界面，在该界面左侧导航栏中选择“NAT网关”标签，右侧会出现“NAT网关”页面。单击“+新建”按钮，在弹出的“新建NAT网关”对话框中配置以下信息，如图4-15所示。

- 网关名称：cloud-nat。
- 所属网络：vpc-9mg5u48h（Default-VPC | 10.0.0.0/16）。
- 所在地域：华东地区（南京）。
- 网关类型：小型（最大并发数100万）。
- 出带宽上限：10Mbps。
- 弹性IP：新建弹性IP。

配置完成后，单击“创建”按钮即可创建NAT网关。（需要注意的是，在创建NAT网关时会冻结1小时的租用费用。）

创建NAT网关后，需要配置路由规则，将子网流量指向NAT网关。进入私有网络控制台界面，在该界面左侧导航栏中选择“路由表”标签，右侧会出现“路由表”页面，如图4-16所示。在“路由表”页面中，单击需要访问Internet的私有网络cloud-vpc所关联的路由表的ID进入详情页面。

在“基本信息”选项卡中，单击“+新增路由策略”按钮，会弹出“新增路由”对话框。在“目的端”文本框中输入目的端（需访问的公网IP地址段），通常输入0.0.0.0/0表示所有外网，在“下一跳类型”下拉列表中选择“NAT网关”选项，在“下一跳”下拉列表中选择已创建的NAT网关cloud-nat，如图4-17所示。完成以上配置后单击“创建”按钮，则关联此路由表的子网内的CVM访问Internet的流量将指向NAT网关。

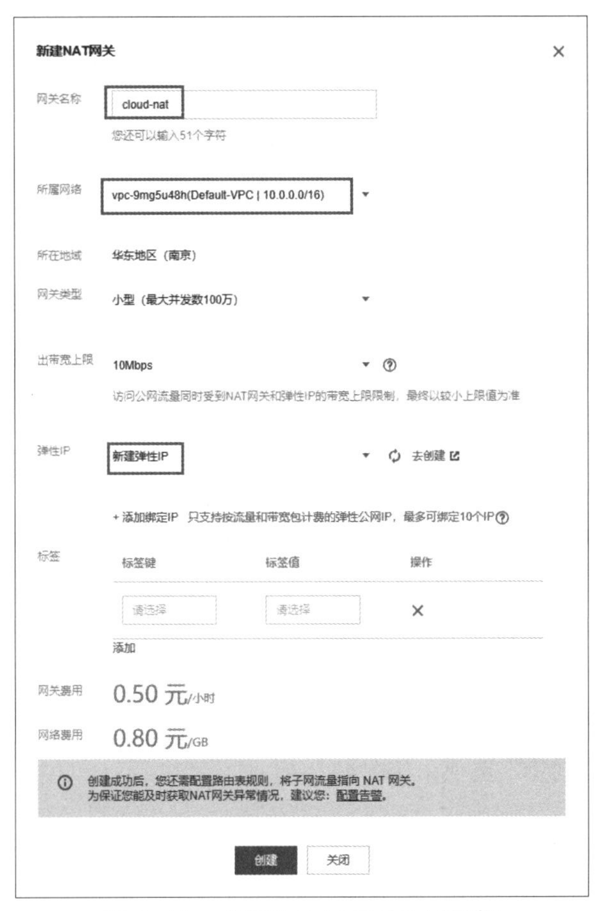

图 4–15　“新建 NAT 网关”对话框

图 4–16　“路由表”页面

图 4–17 “新增路由”对话框

2. 掌握EIP的调用方式

EIP是可以被独立购买和持有的公网IP地址资源。EIP绑定云资源后，云资源可以通过EIP与公网通信。EIP的设置相对来说是比较简单的，本文以EIP绑定先前建立的WordPress博客平台CVM为例来介绍EIP的使用生命周期。EIP的使用生命周期包括申请EIP、绑定CVM、解绑CVM和释放EIP。

1）步骤1：申请EIP

登录腾讯云网站后，在网站首页的菜单栏中选择“产品”→“网络与CDN”→“网络”→“弹性公网IP”选项，如图4–18所示。

图 4–18 在产品中选择“弹性公网 IP”选项

单击“立即使用”按钮后，进入云服务器控制台界面的“公网IP”页面，在该页面顶部的地域下拉列表中选择“南京”选项，然后单击“申请”按钮。在弹出的“申请EIP”对话框中，配置以下信息，如图4-19所示。

- IP地址类型：常规BGP IP。
- 所属地域：华东地区（南京）。
- 计费模式：按流量。
- 带宽上限：1Mbps。
- 数量：1。
- 名称：cloud-eip。

图 4-19　“申请 EIP”对话框

勾选“同意《腾讯云EIP服务协议》”复选框，然后单击“确定”按钮，完成EIP的申请，在“公网IP”页面中即可查看已申请的EIP，此时其处于未绑定状态。

需要注意的是，对于腾讯云所支持的IP地址类型，不同的IP地址类型对应不同的计费模式。常规BGP IP支持按流量、包月带宽、按小时带宽和共享带宽包计费模式；精品BGP IP、加速IP和静态单线IP只支持共享带宽包计费模式，不支持其他计费模式；加速IP和静态单线IP被创建后会自动新增并添加到共享带宽包中。

2）步骤2：EIP绑定CVM

在云服务器控制台界面的“公网IP”页面中，选择EIP所在地域“南京”，在目标EIP cloud-eip所在行右侧的“操作”列中选择“更多”→“绑定”命令。在弹出的“绑定资源”对话框中，选中“CVM实例”单选按钮，并选择待绑定的CVM实例，如图4-20所示，然后单击“确定”按钮。（说明：如果标准账户类型的CVM实例已存在普通公网IP，则需要先释放普通公网IP，然后才能绑定EIP。但如果是采用包月带宽计费模式的CVM实例，则无法释放普通公网IP，需要先在调整网络中将网络计费模式改为按流量计费，然后才能释放普通公网IP。）

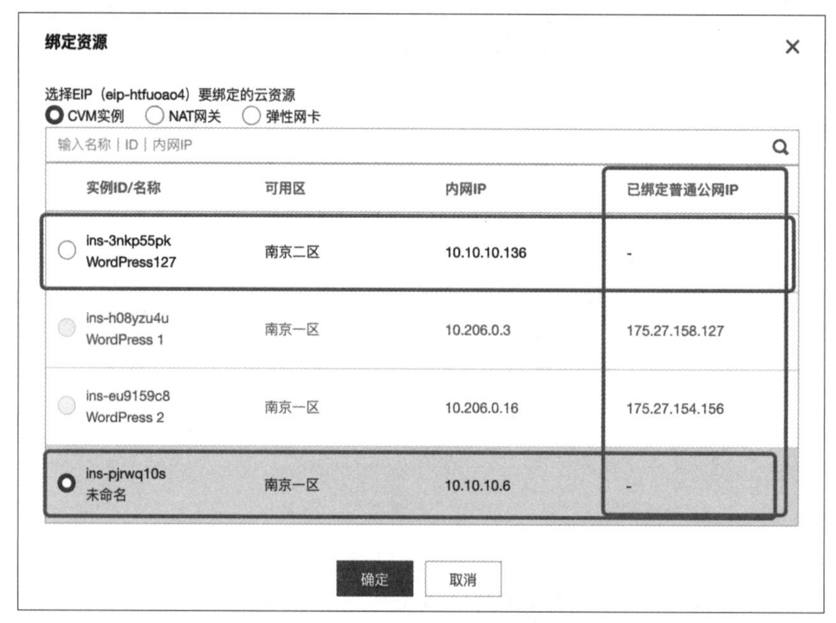

图4-20 “绑定资源”对话框

在弹出的“确认绑定”提示框中，单击“确定”按钮，即可完成EIP与云资源的绑定。

3）步骤3：EIP解绑CVM

在云服务器控制台界面的“公网IP”页面中，选择EIP所在地域“南京”，在目标EIP cloud-eip所在行右侧的“操作”列中选择“更多”→“解绑”命令，在弹出的“解绑EIP”对话框中确认解绑信息，然后单击“确定”按钮。

4）步骤4：释放EIP

在云服务器控制台界面的“公网IP”页面中，选择EIP所在地域“南京”，在目标EIP cloud-eip所在行右侧的“操作”列中选择“更多”→“释放”命令，在弹出的

“确定释放所选EIP？”对话框中，勾选“确定释放以上EIP”复选框，单击“释放”按钮。

（五）知识拓展

1. 路由表

路由表（Routing Table）包含一系列路由策略，用于定义VPC内每个子网的网络流量走向。每个子网有且只有一个关联路由表，每个路由表可以关联同一个VPC中的多个子网。

2. 路由策略

路由策略（Routing Policy）是为了改变网络流量所经过的途径而修改路由信息的技术，每条路由策略包含了以下3个参数。

（1）目的端：目的网段描述，目的端不可以是路由表所在VPC内的IP段。

（2）下一跳类型：VPC下一跳类型支持“公网网关”“VPN网关”“专线网关”等一系列的类型，需要先创建此类网关，否则无法拉取到此下一跳类型。

（3）下一跳：指定关联到该路由表的子网流量具体跳转至哪个下一跳网关。

项目实训

具有CLB的WordPress网站

（一）实训目的

（1）掌握VPC的管理。

（2）掌握CLB的管理。

（3）掌握弹性伸缩的管理。

（4）掌握NAT网关的管理。

（5）掌握EIP的管理。

（6）了解WordPress系统。

（7）掌握Linux命令的使用。

（二）实训内容

在腾讯云上建立一个WordPress博客网站，该网站不仅具有一个EIP供外面的使用者存取，还具有容灾的跨可用区配置，并且可以通过负载均衡服务来自动扩展或缩减CVM的数量。具有CLB的弹性伸缩WordPress网站的架构如图4-21所示。

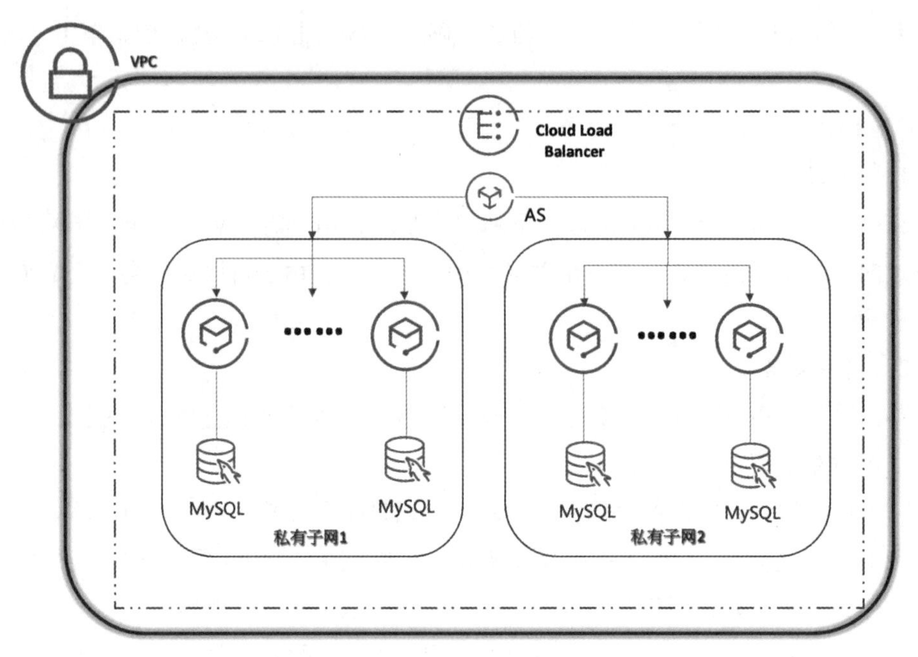

图 4–21　具有 CLB 的弹性伸缩 WordPress 网站的架构

（三）问题引导

（1）如何建立一个VPC？

（2）如何建立弹性伸缩的镜像?

（3）如何建立CLB？

（4）如何确认CLB的运行?

（5）如何设计网络部署?

（6）如何操作操作系统为Linux的云服务器?

（四）实训步骤

1．建立一个WordPress博客平台的镜像

在项目3的项目实训中，已经建立了一个运行WordPress博客平台的CVM，现在需要将这个CVM做成一个镜像，以便作为弹性伸缩的启动配置。进入云服务器控制台界面，找到项目3中所建立的WordPress博客平台的CVM，登录该CVM并在命令行终端中运行以下命令，就会在CVM首页中建立一个名称为local.php的文档，其主要功能是显示本机端的IP位置，用来区分CVM。

```
#根据镜像的相关信息文档所指出的网页根目录
cd /virtualhost/KZYJSSu9Ma1/
echo '<?php echo "Local IP: " . $_SERVER["SERVER_ADDR"]; ?>' > local.php
```

完成以上命令后，在云服务器控制台界面的“实例”页面中，找到运行中的CVM

实例WordPress 2，在该实例所在行右侧的“操作”列中选择“更多”→“制作镜像”命令，如图4-22所示，会弹出“制作自定义镜像”对话框，在该对话框中填写镜像名称wordpress127，单击“制作镜像”按钮即可。

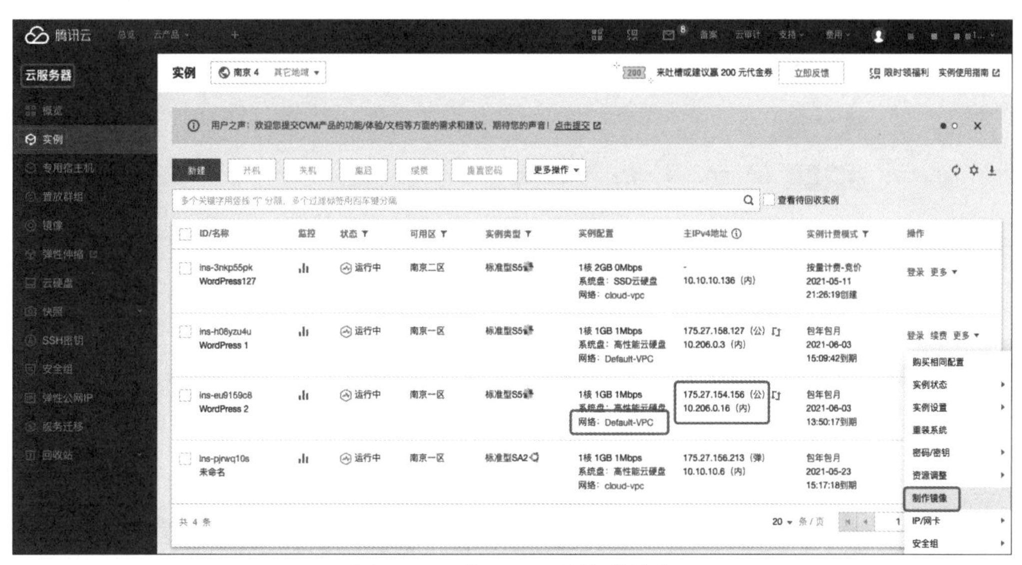

图 4-22　将 CVM 制作成镜像

制作成功后，在云服务器控制台界面的“镜像”页面中可以找到所定义的镜像。

2. 创建启动配置

扩容时弹性伸缩以启动配置为模板创建服务器，因此需要先通过创建启动配置来选择机型。在弹性伸缩控制台界面中单击“启动配置”→“新建”按钮，在出现的“选择机型”页面中根据以下信息进行配置，如图4-23所示。

• 启动配置名称：wordpress-startup-conf。

• 计费模式：按量计费。

• 地域：南京。

• 可用区：所有可用区。

• 实例：标准型S5 S5.SMALL2 #因为南京二区只支持S5.SMALL2，不支持S5.SMALL1。

• 镜像：自定义镜像 #共有四种不同类型可以选择，如果是已经事先建立好的CVM，则需要先在云服务器控制台那边建立自定义镜像，然后在这边就可以选择“自定义镜像”，并找到事先定义好的镜像wordpress127 | img-5jlmq9lu。

• 系统盘：高性能云硬盘 50GB。

• 公网带宽：不勾选“免费分配独立公网IP”复选框 #因为要配置在VPC中。

图 4-23 “选择机型”页面

在配置完成后，单击“下一步：设置主机”按钮，在出现的“设置主机”页面中根据以下信息进行配置，如图4-24所示。

• 安全组：已有安全组 #因为是Web服务器，所以建议开启80、443端口供外网存取。

sg-184jzm5q | 自定义模板-20210425102205908。

• 实例名称：wordpress。

• 登录方式：保留镜像设置。

在设置完成后，单击“下一步：确认配置信息”按钮，在出现的“确认配置信息”页面中确认配置信息，确认无误后即可创建启动配置。

3．购买CLB实例

登录腾讯云网站后，在网站首页的菜单栏中选择“产品”→“网络与CDN”→“网络”→“负载均衡”选项，进入负载均衡CLB说明页面，单击“立即选购”按钮后，进入负载均衡配置界面，配置以下信息。

• 计费模式：按量计费 #可以依照本身需求来决定计费模式是选择包年包月还是选择按量计费。

图 4-24　“设置主机”页面

- 地域：南京。
- 网络类型：公网。
- 网络：vpc-ieu1nu71 | cloud-vpc #要选择有服务器的VPC。
- 网络计费模式：按使用流量。
- 带宽上限：1Mbps。
- 所属项目：默认项目。
- 实例名：cloud-clb。

确定后单击“立即购买”按钮，系统会根据流量来进行费用扣除，确认付款后会进入负载均衡控制台界面的“实例管理”页面，主要是设定实例与CLB之间的对应关系。

4. 配置负载均衡监听器

负载均衡监听器通过指定协议及端口来负责实际转发，以CLB转发客户端的HTTP请求配置为例。在“实例管理”页面中，找到目标CLB实例cloud-clb，在该实例所在行右侧的“操作”列中单击“配置监听器”按钮。在“监听器管理”选项卡中的“HTTP/HTTPS监听器”区域下，单击“新建”按钮。在弹出的“创建监听器”对话框中，配置监听器名称为“cloud–listener”，配置协议端口为“HTTP:80”，配置完成后，单击“提交”按钮。

当负载均衡监听器收到客户端请求时，CLB会根据配置的负载均衡监听器转发规则进行请求转发。在“监听器管理”选项卡中，选中刚才新建的负载均衡监听器，单击“+”按钮来添加规则。

在弹出的“创建转发规则”对话框的“基本配置”页面中，根据以下配置信息配置域名、URL路径和均衡方式。

- 域名：www.clb–domain.com。
- URL路径：/。
- 均衡方式：加权轮询。

配置完成后，单击“下一步”按钮，进入“健康检查”页面，开启健康检查，“检查域名”和“检查路径”分别使用默认的转发域名和转发路径。完成后单击“下一步”按钮，进入“会话保持”页面，关闭会话保持，单击“提交”按钮。配置完成后，CLB实例的基本信息如图4–25所示。

图4–25　CLB实例的基本信息

5．创建伸缩组

在云服务器控制台界面左侧导航栏中选择“弹性伸缩”标签，进入弹性伸缩控制台界面，选择左侧导航栏中的“伸缩组”标签，单击“新建”按钮，在弹出的“新建伸缩组”对话框的“基本配置”页面中，根据以下信息进行配置，如图4-26所示。

- 名称：WordPressASGroup。
- 最小伸缩数：2。
- 起始实例数：2。
- 最大伸缩数：4。
- 启动配置：asc-7w1ftrzz | wordpress-startup-conf | S5.SMALL2。
- 支持网络：vpc-ieu1nu71 | cloud-vpc。
- 支持子网：subnet-j6feoxms subnet-2 南京二区；subnet-0665tkjs subnet-1 南京一区。

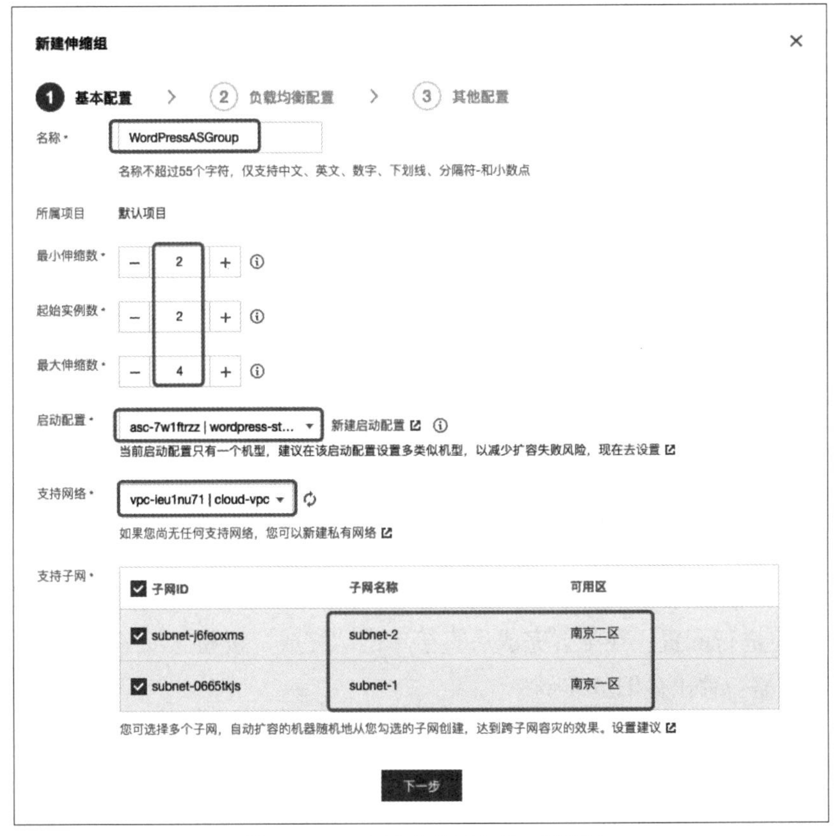

图4-26 “新建伸缩组”对话框

最小伸缩数是指当伸缩组负荷极小时，保持的实例数量最小值；起始实例数为整个伸缩组刚启动时会启动的CVM实例的数量；最大伸缩数是指整个伸缩组可以拥有的实例数量最大值；启动配置就是步骤2中所完成的设定；支持子网是指服务器所在子网，可以选择多个子网，自动扩容的机器随机地从所勾选的子网创建，达到跨子网容灾的效果，但是需要考虑每个子网所支持的机型不同，所以并非所有子网都可以选用。

在配置完成后，单击“下一步”按钮。

CLB配置可以让整个服务器集群对外有一个公有IP（VIP）地址，并可以根据整个伸缩组的效能来执行伸缩策略。在出现的“负载均衡配置”页面中，根据以下信息配置上述步骤中所建立的CLB，如图4-27所示。

• 负载均衡：cloud-clb #扩容出来的机器会自动挂载到用户关联的负载均衡下，用户可以选择已有负载均衡或新建。

• 挂载监听器：cloud-listener。

• 域名：www.cloud-domain.com。

• 路径URL：/。

• 实例端口权重：80 10。

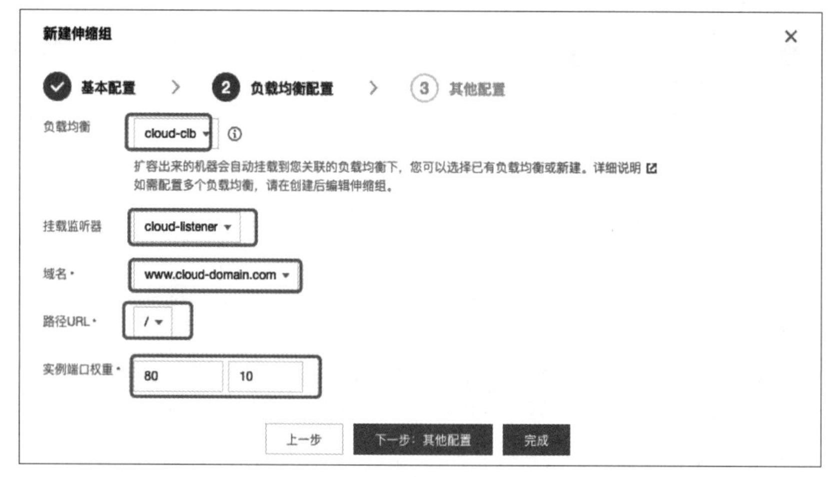

图4-27 “负载均衡配置”页面

在配置完成后，单击“下一步：其他配置”按钮，在出现的“其他配置”页面中根据以下信息进行配置。在配置完成后直接单击“完成”按钮。

• 移出策略：移出最旧的实例。

• 实例创建策略：多可用区（子网）打散。

6. 设置扩容/缩容策略

弹性伸缩支持定时扩容及基于告警动态扩容、接收扩容/缩容通知、查看历史扩容/缩容详情等功能，用户可以结合实际情况进行使用。本任务以定时扩容为例，进入弹性伸缩控制台界面，在左侧导航栏中选择“伸缩组”标签，在“伸缩组”页面中选择需要修改的伸缩组WordPressASGroup，单击伸缩组名称，进入WordPressASGroup伸缩组基本信息页面，选择“定时任务”选项卡，然后单击“新建”按钮。

在“新建定时任务”对话框中，设置一个22:00的定时扩容任务scalingup，任务内容为每天在22:00时将CVM的数量增加2台；设置一个22:20的定时缩容任务scalingdown，任务内容为每天在22:20时将CVM的数量减少2台。在WordPressASGroup伸缩组基本信息页面中选择“伸缩活动”选项卡，可以查看伸缩活动记录，如图4–28所示。

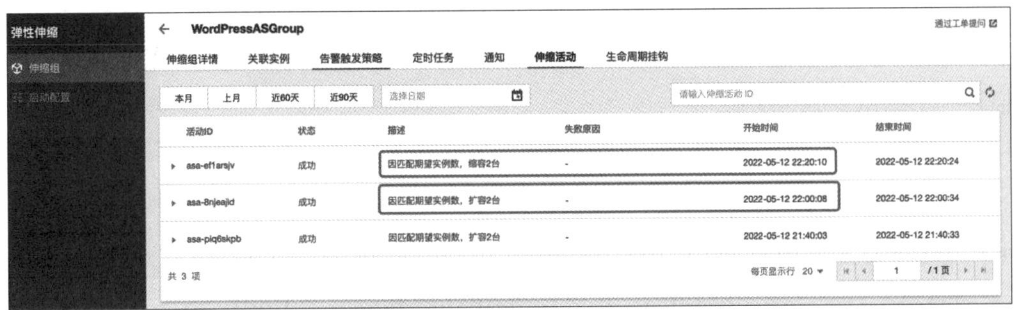

图 4–28　“伸缩活动”选项卡

7. 验证CLB运行

可以输入先前所建立的PHP程序，以检验CLB是否有达到配置的要求来运行。在本地浏览器的地址栏中输入CLB的VIP+URL路径+local.php，得到页面如图4–29所示，可以得知是两台服务器在轮流服务。

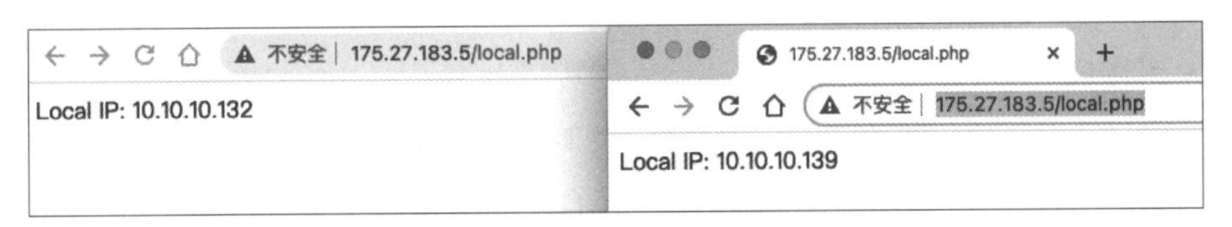

图 4–29　验证 CLB 运行

（五）实训报告要求

记录应用CVM完成本项目实训的心得体会，并结合操作界面截图进行总结说明，形成文字报告。

项目总结

本项目需要集成先前的项目，主要介绍了如何通过一个完整的云架构来完成WordPress网站的设置，可以让运维人员理解一个网站服务的基础建设。从而衍生出另一个问题，那就是如何让这些CVM可以集成为一个整体的服务应用。

课后练习

一、单选题

1.基于腾讯云构建的专属云上网络空间，为腾讯云上的资源提供网络服务，不同

VPC之间完全逻辑隔离，以上叙述是在描述哪个腾讯云服务？（　　）

A.VPC　　B.CLB　　C.NAT网关　　D.EIP

2.可以被独立购买和持有、在某个地域下固定不变的公网IP地址，以上叙述是在描述哪个腾讯云服务？（　　）

A.VPC　　B.CLB　　C.NAT网关　　D.EIP

3.提供安全快捷的流量分发服务，使访问流量可以自动被分配到云中的多台CVM上，以上叙述是在描述哪个腾讯云服务？（　　）

A.VPC　　B.CLB　　C.NAT网关　　D.EIP

4.支持IP地址转换服务，可以为VPC内的资源提供安全、高性能的Internet访问服务，以上叙述是在描述哪个腾讯云服务？（　　）

A.VPC　　B.CLB　　C.NAT网关　　D.EIP

5.以下哪一项不是VPC的核心组成部分？（　　）

A.VPC网段　　B.子网　　C.NAT网关　　D.路由表

6.子网设定的网络位于哪里？（　　）

A.可用区　　B.地域　　C.数据中心　　D.私有云

7.腾讯云提供的负载均衡服务不包含以下哪一项功能？（　　）

A.自助管理　　B.自助故障修复

C.防网络攻击　　D.自动扩容

8.以下哪一项不是NAT网关的特色？（　　）

A.双机热备，自动热切换　　B.取决于CVM的网络带宽

C.最多绑定10个弹性公网IP　　D.不占用VPC用户的内网IP地址

9.以下哪一项不是NAT网关所提供的服务？（　　）

A.支持SNAT　　B.支持NNAT

C.提供DDoS防护　　D.提供CC防护

10.以下哪一项不是普通公网IP所提供的服务？（　　）

A.被公网访问　　B.可以被独立购买和持有

C.实时调整带宽　　D.无IP地址资源占用费

二、实操题

将所有的CVM挂载同一个云文件存储，以确保文件的一致性。

项目 5

云开发内容管理系统的使用

学习目标

微课－项目 5

（一）知识目标

（1）了解公有云开发的环境。

（2）了解无服务器计算的相关知识。

（3）了解公有云负载均衡的应用场景。

（4）了解公有云开发的工具平台。

（5）了解公有云开发的安全知识。

（二）技能目标

（1）掌握公有云开发环境的操作技能。

（2）掌握公有云开发计算的操作技能。

（3）掌握公有云开发数据库的操作技能。

（4）掌握公有云开发文件存储的操作技能。

（5）掌握利用公有云开发工具进行集成开发的操作技能。

（三）素质目标

（1）培养良好的IT职业道德、职业素养和职业规范。

（2）培养热爱科学、实事求是、严肃认真、一丝不苟、诚实守信的工作作风。

（3）提升自我更新知识和技能的能力。

（4）培养阅读技术文档、编写技术文档的能力。

（5）提升团队协作能力。

项目描述

（一）项目背景及需求

当开发人员着手创建一个博客网站时，需要先架设一台服务器，并且需要考虑统筹服务器的硬件、操作系统与应用程序等。这时可用的应用系统服务器有三类，它们的比较如图5-1所示。在没有云计算的支持下，开发人员需要考虑的不只是服务器本身，还包含外部环境，如电源、HVAC（Heating,Ventilation and Air Conditioning，供热、通风与空调）、网络、机架和堆栈等，以及操作系统和应用程序。当引进云计算后，这些问题将可以由云计算企业负责，但是还需要考虑操作系统的修补，以及网页服务器软件（常见的如Apache Web、Nginx、IIS等）的安装、配置和修补。而考虑到应用系统的高可用性，还需要设定备份、异地备援；考虑到应用系统的反应时间，还需要配置自动或手动扩展机制，达到性能表现和成本的最优化；最后还需要考虑到应用程序优化的问题。

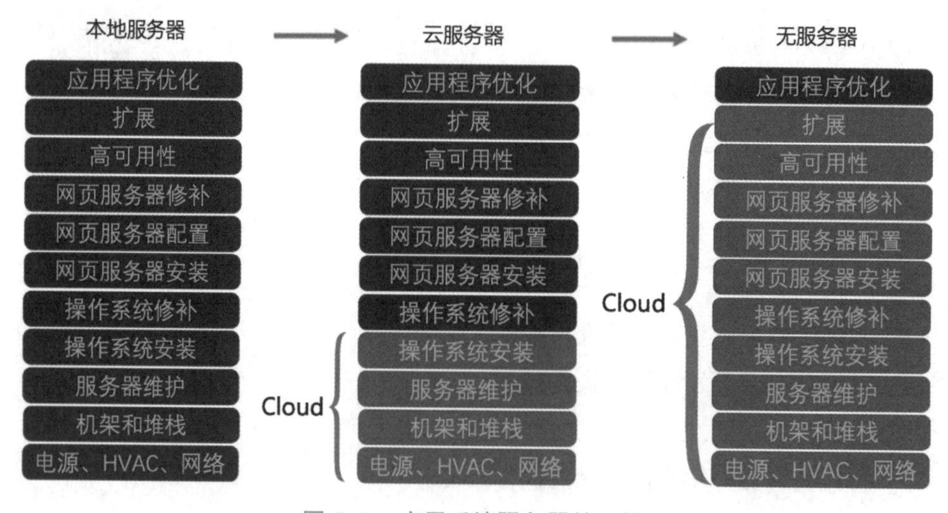

图5-1　应用系统服务器的比较

无服务器计算（Serverless Computing），又被称为功能即服务（Function-as-a-Service，FaaS）或事件驱动（Event-driven）的计算，是云计算的一种模型。无服务器计算已成为构建和运行现代应用程序与服务的普遍架构替代方案。它提供了一个微型的架构，使得终端客户不需要部署、配置或管理服务器服务，代码运行所需要的服务器服务皆由云端平台来提供。

无服务器计算是一种云服务，托管服务提供商会实时分配充足的资源，不用预先为专用的服务器或容量付费。无服务器计算不是不需要服务器，只是立足于云基础设施建立新的抽象层，仅使用完成任务所需的非常精确的计算资源来执行开发人员编写的代码，当触发代码的预定义事件发生时，无服务器平台执行任务。最终用户不需要告诉无服务器提供商事件或函数将发生多少次，只需按函数执行次数付费即可。对系统开发人员而言，他们可以专注于系统程序、代码的优化，而不用担心服务器的基础架构或管理，缩短了系统程序研发和发布的周期。

无服务器计算与新兴体系结构和技术密切相关，如微服务（Microservice）和容器（Docker），无服务器计算允许应用程序和基础架构之间进一步分离与抽象，成为开发跨不同环境运行的现代微服务程序的理想模式。

大多数企业的传统应用程序本质上是单片式（Monolithic）的，因此在应用程序组件、基础架构、开发团队、技术和工具之间具有紧密耦合和相互依赖性。这种高度耦合对应用程序的开发速度和灵活性造成了很大的困境。微服务架构是面向服务的体系结构（Service-Oriented Architecture，SOA）范例，应用程序被分解为松散耦合的业务功能，每个功能映射到一个或多个微服务。每个微服务都是为特定的细粒度业务功能而构建的，可以由独立的开发人员或团队处理。通过作为单独的代码工具，它不但从工具或通信角度松散耦合，而且从构建、部署、升级和维护角度来看，每个微服务都可以选择本地化数据存储。采用这种方法的重要优点是，每个微服务都可以使用与应用程序其他部分隔离的技术堆栈来创建。

容器是运行微服务最有效、最优化的方式，可以使用容器编排解决方案（如开源Kubernetes）来处理容器集群的运行时操作。

无服务器计算允许细粒度计费，由于其获取空闲功能以消耗更低的CPU和内存，因此集群资源与实际使用比例和部署大小成正比。当功能空闲时，服务器资源不会被实例化，因此降低了成本。

（二）项目构成

腾讯云开发（Tencent CloudBase，TCB）是腾讯云提供的云原生一体化开发环境和工具平台，为开发人员提供高可用、自动弹性扩容/缩容的后端云服务，包含计算、存储、托管等无服务器化能力，可以用于云端一体化开发多种端应用（如小程序、公众号、Web应用、Flutter客户端等），帮助开发人员统一构建和管理后端服务及云资源，避免了应用开发过程中烦琐的服务器搭建及运维等流程，使开发人员可以专注于业务逻辑的实现，从而使得开发门槛更低，效率更高。

在使用TCB之前，需要理解其相关概念。表5-1所示为常见的TCB相关概念及说明。

表 5-1　常见的 TCB 相关概念及说明

概念	说明
环境	TCB 后端服务单元（类应用的概念），每个环境内独立拥有资源、独立计费，并且有唯一的环境 ID 标识
默认环境	系统会将第一次创建的环境自动设置为默认环境
套餐	采用包年包月计费模式的环境会绑定生成一个套餐，套餐决定了环境资源的配额上限，包年包月的套餐可以参见产品定价，用户可以自定义更换环境内的套餐来更换不同的资源上限
云数据库	环境内自带云数据库——一个性能强大的文档型数据库（非关系型数据库），具有基础读 / 写、聚合搜索、数据库事务、实时推送等功能
云存储	环境内自带云存储功能，提供稳定、安全、低成本、简单易用的云端存储服务，支持任意数量和形式的非结构化数据存储，如图片、文档、音频、视频、文件等
云函数	环境内自带云函数功能，可以通过云函数的形式运行后端代码，支持 SDK 的调用或 HTTP 请求。云函数存储在云端，可以根据云函数的使用情况自动扩容 / 缩容
扩展应用	环境内自带扩展应用功能，开发人员可以通过安装扩展应用来快速调用云上的资源
HTTP 访问服务	TCB 为开发人员提供 HTTP 访问服务，开发人员可以通过 HTTP 访问 TCB 资源
静态网站托管	TCB 提供静态网站托管功能，开发人员可以通过 TCB 控制台进行静态网站的部署
云托管	环境内自带的一种无服务器容器服务，可以面向代码和镜像等多种对象使用
Web 端	TCB 提供 JS SDK，可以在 Web 类应用（公众号、H5、PC 网站应用等）中开发
微信小程序端	TCB 支持微信小程序端的开发能力
移动端 Flutter	TCB 提供 Flutter SDK 等插件，可以方便 Flutter 移动应用使用 TCB
TCB 控制台	TCB 控制台基于 Web 的用户界面，可以方便配置与管理环境和环境资源

相较于其他云服务，TCB提供了更多入口使用后端，常用入口如下。

（1）控制台：TCB提供的Web控制界面，用于配置与管理TCB的环境和环境资源。

（2）微信小程序端：微信开发者工具入口，开发人员可以在微信小程序内管理TCB的环境和资源。

（3）API：TCB还提供了API接口，方便管理TCB的环境和资源。

（4）TCB SDK：TCB提供的SDK能力，用于调用与管理TCB的环境和资源。

（5）云开发CLI：TCB提供的命令行工具CLI，用于调用与管理TCB的环境和资源。

需要特别注意的是，在TCB中创建的云资源与在对应的腾讯云产品的控制台中创建的同类资源（如TCB中的云函数与云产品控制台中的云函数、TCB中的云存储与云产品控制台中的COS、TCB中的云数据库与MongoDB等）之间存在以下差别：

（1）不能在对应的腾讯云产品的控制台中查看和操作TCB中的同类资源。例如，不能在COS的控制台中查看或操作TCB中的云存储桶。

（2）不能与在腾讯云产品控制台中创建的资源互相转换。例如，不能把云产品控制台中的云函数（Serverless Cloud Function，SCF）转换为TCB中的云函数或反向操作。

（3）免费额度、计费、资源包等规则不互通。

（4）无法使用对应产品的SDK、CLI工具、API等操作TCB中的同类资源。例如，不能使用COS的SDK操作TCB中的云存储桶。

（5）因为基于不同场景，所以功能特性不完全同步。例如，云产品控制台中的云函数支持的某些功能特性，TCB中的云函数不支持。

任务 5　云开发环境的管理与调用

（一）任务描述

本任务通过对以下知识点的介绍，让读者了解并掌握TCB环境的管理与调用：

（1）了解TCB环境的功能和定位。

（2）掌握TCB环境的基本使用方法。

（二）问题引导

对于TCB环境，常见的问题如下：

（1）如何创建TCB环境？

（2）能否创建多个TCB环境？

（3）微信开发者工具IDE创建的TCB环境能在QQ小程序中使用吗？

（4）在腾讯云TCB控制台中创建的环境，在QQ小程序中能使用吗？

（5）在QQ小程序中使用TCB与在微信小程序中使用TCB有什么差异？

（三）知识准备

TCB为开发人员提供云原生一体化的开发环境和工具平台，开发人员无须购买数据库、存储等基础设施服务，无须搭建服务器即可使用。所以，开发人员可以调用以下功能。

（1）计算能力：在腾讯云基础设施上弹性、安全地运行云端代码，无须购买云函数，无须搭建服务器即可快速运行开发人员自定义的函数。

（2）数据库能力：高性能的数据库读/写服务，可以直接在客户端对数据进行读/

写，无须关心数据库实例和环境。

（3）文件存储能力：高扩展性、低成本、可靠和安全的文件存储服务，可以快速地实现文件上传、下载与文件管理功能。

而对使用者而言，提供安全的开发方式是最基本、最重要的。TCB的底层资源由腾讯云提供，满足不同业务场景和需求，具备快速拓展能力，确保服务稳定及数据安全；使用私有数据传输协议，确保数据传输安全可靠。

（1）基础设施安全：TCB依托于腾讯云提供基础安全保护，如免费为云上用户提供基础DDoS防护服务。腾讯云符合多项信息安全领域的体系认证标准，包括云端建设与运维的安全规范、信息安全管理体系标准、业务连续性管理标准等。

（2）数据链路安全：使用微信私有数据传输协议，对数据进行加密传输，并且小程序TCB服务采用内网数据传输，共同保证传输过程的数据安全。

（3）数据安全：数据存储支持文档级别的数据回档备份，可以对已损毁数据进行实时数据回档。

（4）访问控制：数据库和云存储支持资源访问策略管理，对不同账户授予不同的访问权限，支持精细化资源权限管理。

在TCB的体系架构下，TCB的定位是用于多场景下开发。TCB的整体架构如图5-2所示。

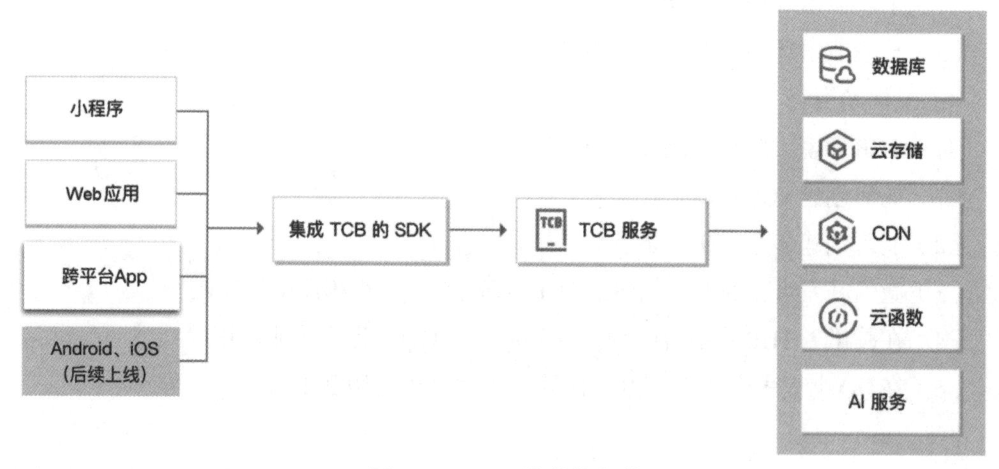

图5-2　TCB的整体架构

TCB为小程序开发人员提供完整的原生云端支持和微信服务支持，弱化后端和运维概念，无须搭建服务器，使用平台提供的API进行核心业务开发，即可实现快速上线和迭代。

TCB为HTML5（以下简称H5）类应用（网页）提供丰富的SDK能力，开发人员使用SDK可以快速构建H5应用。TCB可以作为公众号后台、普通H5应用及H5活动页，也可以作为个人计算机Web后台应用，如Web管理系统、Web网站等。

想要使用TCB提供的云函数、云存储和云数据库，需要先将TCB添加到网站应用中，即应用关联。通过获取TCB提供的Web端SDK并关联到网站应用，才能操作后台资源。复制下方的代码片段，将其粘贴到HTML代码底部、其他<script>标记之前，即可将TCB添加到网站应用中。

```
<script src="https://imgcache.qq.com/qcloud/tcbjs/1.3.8/tcb.js"></script>
<script>
var app = tcb.init({
    env: 'test1-1f2e36'
})
</script>
```

在调用TCB SDK之前，需要确认使用者的身份。TCB的Web端开发支持的登录鉴权方式有下列几种：

（1）微信登录授权。

（2）匿名登录授权。

（3）未登录授权。

（4）邮箱登录授权。

（5）自定义登录授权。

（6）用户名和密码登录授权。

（7）短信验证码登录授权。

说明：如果需要使用微信登录授权，则开发人员需要把网站应用注册到微信平台，同时在腾讯云TCB控制台中进行授权设置，即可使用微信登录方式。

此外，TCB只允许授权过的域名下的页面使用SDK发起对TCB的访问，开发人员可以自行添加安全来源的网站，将需要设置的网站域名添加到安全验证的白名单中即可完成。操作步骤如下：

（1）登录腾讯云TCB控制台，在界面中选择左侧导航栏中的“环境”标签，进入“安全配置”页面。

（2）单击“添加域名”按钮，添加授权域名。

说明：如果只添加“域名安全白名单”而不选定登录方式作为登录鉴权方式，则将无法正常使用客户端SDK调用资源，这两种安全校验方式需要搭配使用。

另外，TCB推出了Flutter SDK，在iOS、Android等移动应用平台中集成，可以方便开发人员使用云函数、云存储等功能。

地域是指物理数据中心所在的地理区域。腾讯云通过不同地域之间的完全隔离，保证不同地域之间最大程度的稳定性和容错性。建议用户根据实际业务场景所在的地理位置选择就近的地域，以降低访问时延、提高访问速度。

（四）任务实施

目前，TCB所支持的地域仅有上海和广州，以下所有的操作将以上海地域为例。

1. 开通TCB环境

在使用TCB之前，用户需要首先注册腾讯云账号并开通一个可用的TCB环境。前往腾讯云官网，注册腾讯云账号，然后登录账号。如果已有腾讯云账号，则可以直接登录。登录腾讯云网站后，在网站首页的菜单栏中选择“产品”→“容器与中间件”→“云开发”→“云开发CloudBase”选项，如图5-3所示。

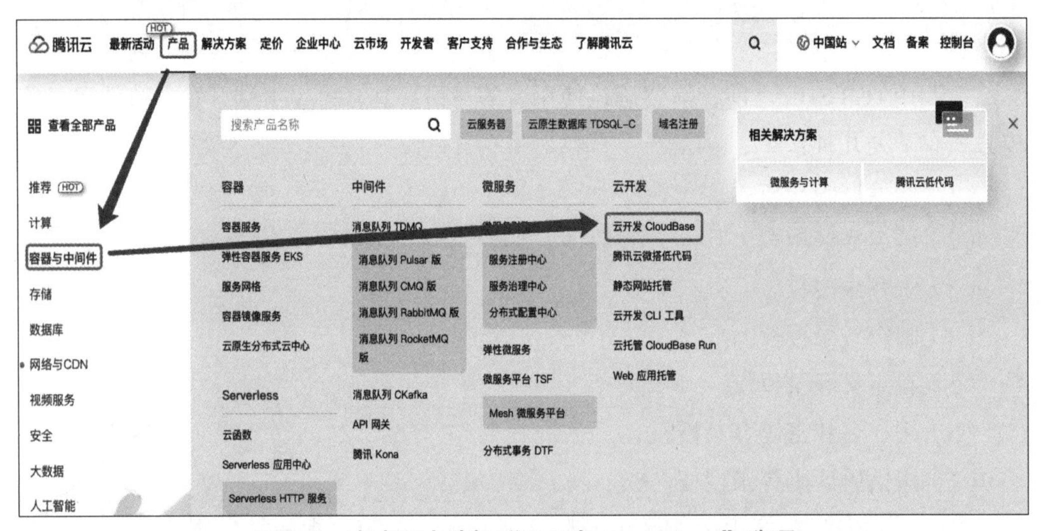

图5-3　在产品中选择“云开发 CloudBase”选项

接着进入云开发CloudBase说明页面，该页面详细说明了云开发CloudBase所包含的功能、特性及使用场景，如图5-4所示，单击“免费开通”按钮，进入云开发CloudBase控制台界面。

2. 创建TCB环境

进入云开发CloudBase控制台界面后，单击“应用”→“+更多”按钮，系统弹出“一键部署应用”对话框，在“应用模板”页面中的“应用来源”中选择“模板仓库”选项，在“资源”选区中选择“Hexo应用”选项，然后单击“下一步”按钮，如图5-5所示。

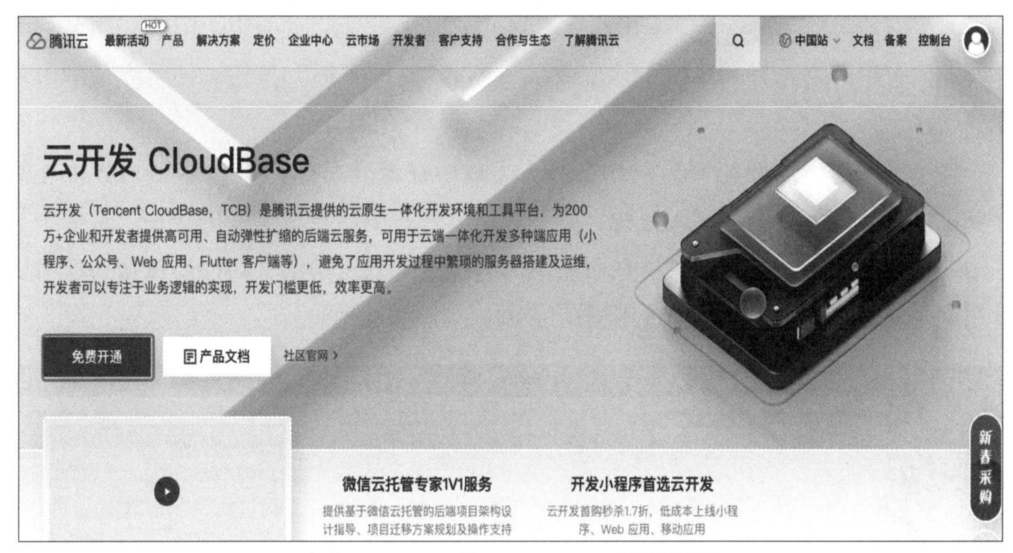

图5-4　云开发 CloudBase 说明页面

图5-5　“一键部署应用”对话框

接下来，在出现的“环境信息”页面中，地域选择“上海”，计费方式选择“按量计费”（其实没有其他的选项可以选择），环境名称可以自定（如输入“cloud-tcb-app”），然后单击“下一步”按钮。在出现的“应用配置”页面中，配置应用名称为“hexo”，应用网络选择“系统默认配置”，单击“立即开通”按钮，便可完成TCB环境的创建。

整个创建过程需要花费5 ~ 10分钟，完成后在云开发CloudBase控制台界面左侧导航栏中选择最下方的“我的应用”标签，然后在右侧出现的“我的应用”页面中找到刚才创建的应用，在该应用所在行右侧的“操作”列中单击“访问”按钮，就可以看到依照Hexo应用模板所创建的应用的界面，如图5-6所示。

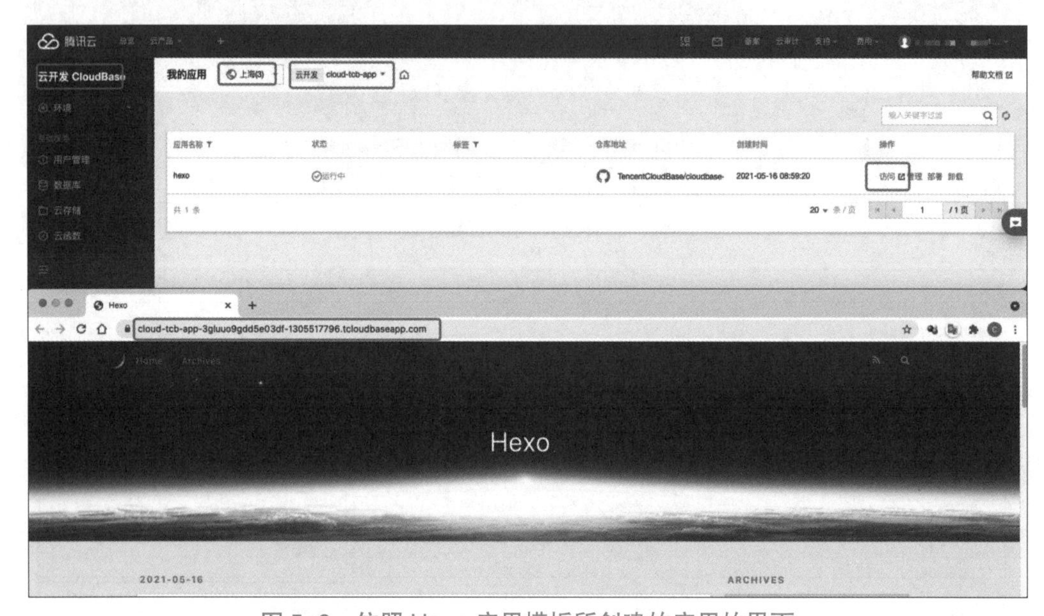

图5-6 依照Hexo应用模板所创建的应用的界面

3. 安装云开发CLI工具

上一步骤已经将Web应用托管至TCB，TCB支持静态网站、动态网站、SSR（Server Side Rendering）等多种应用形式。可以通过HTTP访问服务，可以指定任意路由至云函数、云托管或云存储，以此实现在同一域名下区分动态服务和静态资源，如图5-7所示。

接下来的操作是，在本地端建立Web应用并部署到TCB中。

（1）安装Node.js：如果本机尚未安装Node.js，则建议从Node.js官网下载二进制文件直接安装，建议选择的版本为LTS。LTS发布版是指“长期支持版”，这意味着重大的Bug将在后续的30个月内持续得到修复。

（2）安装云开发CLI（CloudBase CLI）工具：使用npm命令安装CloudBase CLI工具，打开命令行终端，输入如下命令。

```
npm i -g @cloudbase/cli
```

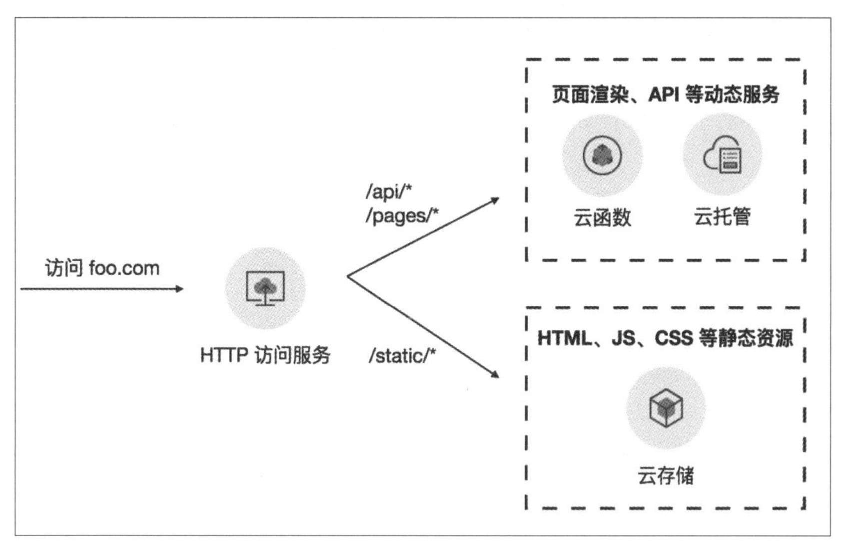

图 5–7　Web 应用托管至 TCB 的原理

（3）测试软件安装是否成功：在命令行终端中输入如下命令，分别检查Node.js、npm和CloudBase CLI工具是否安装成功。

```
% node -v
v14.17.0
% npm -v
6.14.13
% cloudbase -v
Tip: cloudbase 命令可以简写为 tcb

CloudBase CLI 1.7.0
CloudBase Framework 1.7.4

CLI: 1.7.0
Framework: 1.7.4
```

在命令行终端中第一次运行cloudbase命令时，会在本地浏览器中跳出“CLI授权”界面，如图5–8所示。单击“确认授权”按钮后，会出现要求选择环境所在地域、关联环境等设定的页面，这些设定会保存在cloudbaserc.json文件中。CloudBase CLI工作环境的设定页面如图5–9所示。

图 5–8　“CLI 授权”界面

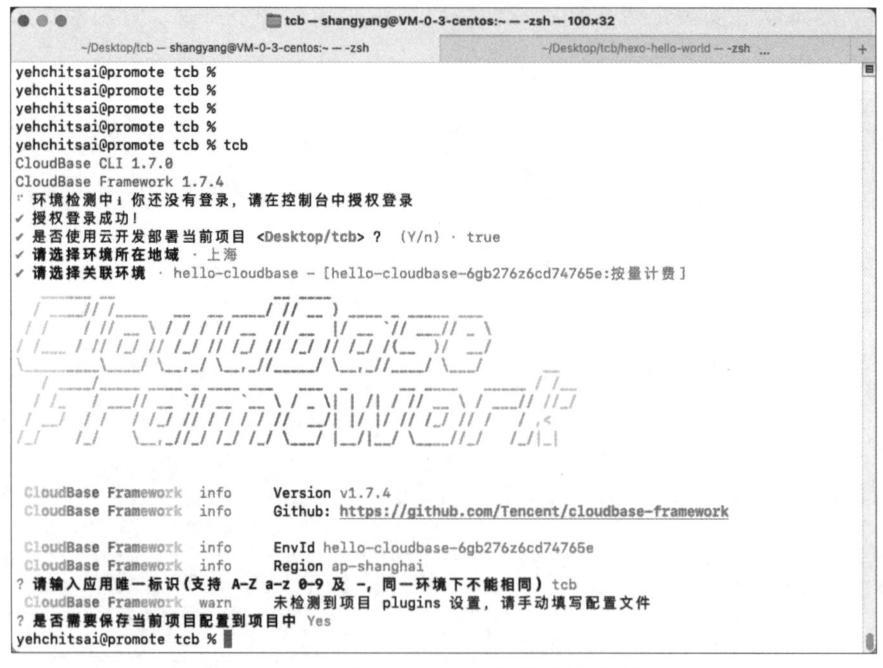

图 5–9　CloudBase CLI 工作环境的设定页面

4．使用TCB部署Hexo博客

Hexo是一款基于Node.js的静态博客生成器，详细说明可以参阅Hexo官网。

打开命令行终端，使用hexo命令行初始化一个项目，输入以下命令会在目前所在文件夹中建立一个hexo-tcb-app文件夹：

```
npx hexo init hexo-tcb-app
```

然后输入以下命令对这个项目进行编辑，如图5-10所示。

```
cd hexo-tcb-app
cd source/_posts
vi hello-world.md
```

```
% npx hexo init hexo-tcb-app
npx: 92 安装成功，用时 19.619 秒
INFO  Cloning hexo-starter https://github.com/hexojs/hexo-starter.git
INFO  Install dependencies
added 187 packages from 159 contributors and audited 193 packages in 11.568s

15 packages are looking for funding
  run `npm fund` for details

found 0 vulnerabilities

INFO  Start blogging with Hexo!
% cd hexo-tcb-app
hexo-tcb-app % ls -l
total 128
-rw-r--r--    1 yehchitsai  staff      0  5 16 10:09 _config.landscape.yml
-rw-r--r--    1 yehchitsai  staff   2441  5 16 10:09 _config.yml
drwxr-xr-x  164 yehchitsai  staff   5248  5 16 10:10 node_modules
-rw-r--r--    1 yehchitsai  staff  56436  5 16 10:10 package-lock.json
-rw-r--r--    1 yehchitsai  staff    615  5 16 10:09 package.json
drwxr-xr-x    5 yehchitsai  staff    160  5 16 10:09 scaffolds
drwxr-xr-x    3 yehchitsai  staff     96  5 16 10:09 source
drwxr-xr-x    3 yehchitsai  staff     96  5 16 10:09 themes
hexo-tcb-app % cd source/_posts
_posts % vi hello-world.md
```

图5-10　在本地端新建Hexo博客

将原来博客中的“Hello World”改成“Hello World for Hexo”，相关语法可以参阅Hexo官网，如图5-11所示。

```
---
title: Hello World for Hexo
---
Welcome to [Hexo](https://hexo.io/)! This is your very first post. Check [documentation](https://hexo.io/docs/) for more info. If you get any problems when using Hexo, you can find the answer in [troubleshooting](https://hexo.io/docs/troubleshooting.html) or you can ask me on [GitHub](https://github.com/hexojs/hexo/issues).

## Quick Start

### Create a new post

``` bash
$ hexo new "My New Post"
```

More info: [Writing](https://hexo.io/docs/writing.html)

Run server

``` bash
$ hexo server
```

More info: [Server](https://hexo.io/docs/server.html)

Generate static files

``` bash
$ hexo generate
```
-- INSERT --
```

图5-11　修改Hexo博客内容

接着在云开发CloudBase控制台界面左侧导航栏中选择“环境”→“环境总览”

标签，在“环境总览”页面中找到环境名称和环境ID，如图5-12所示。

图5-12　找到环境名称和环境ID

打开命令行终端，安装及登录CloudBase Framework，并进行部署，在项目根目录下运行以下命令：

```
cd ../.. #回到项目根目录
cloudbase framework deploy -e <your-env-id>
```

图5-13所示为在命令行终端中部署Hexo博客的过程及结果，部署成功后可以得到Hexo博客的网址。将该网址复制并粘贴到浏览器的地址栏中，就可以看到如图5-14所示的最新的Hexo博客网页，在该网页中即可看到先前修改的内容“Hello World for Hexo”。

图5-13　部署Hexo博客的过程及结果

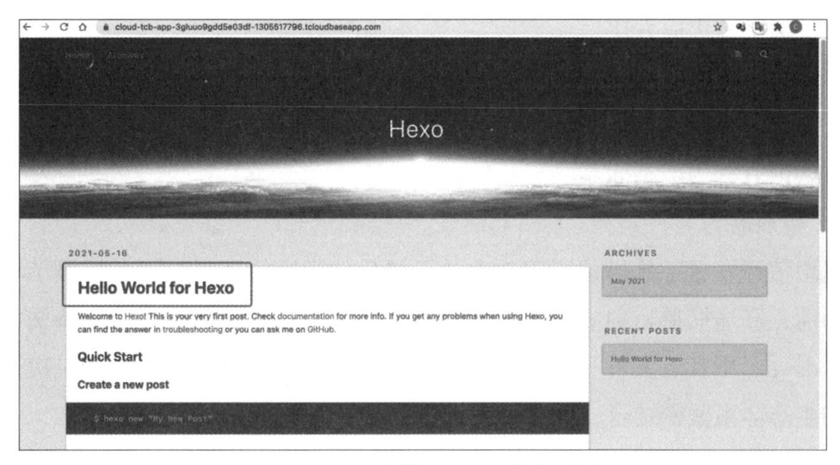

图5-14 最新的Hexo博客网页

（五）知识拓展

目前，大多数的网站都支持HTTPS协议及服务，而HTTPS协议服务就是在HTTP协议之上再加上SSL安全协议。下面介绍运行HTTPS协议所需的相关知识。

（1）安全套接层（Secure Sockets Layer，SSL）是一种安全协议，目的是为互联网通信提供安全及数据完整性保障。SSL证书遵循SSL协议，可以安装在服务器上，实现数据传输加密。

（2）数字证书认证（Certificate Authority，CA）机构是承担公钥合法性检验的第三方权威机构，负责制定政策、步骤来验证用户的身份，并对SSL证书进行签名，确保证书持有者的身份和公钥的所有权。CA机构为每个使用公开密钥的用户发放一个SSL证书，SSL证书的作用是证明证书中列出的个人/企业合法拥有证书中列出的公开密钥。CA机构的数字签名使得攻击者不能伪造和篡改证书。

（3）安全套接层数字证书（SSL Certificate，SSL证书）实际上就是CA机构对用户公钥的认证，内容包括电子签证机关的信息、公钥用户信息、公钥、权威机构的签字和有效期等。

项目实训

内容管理系统的配置

（一）实训目的

（1）掌握TCB环境的管理。

（2）掌握系统集成方法。

（3）掌握小程序应用云开发环境的操作。

（4）了解内容管理系统。

（5）认识TCB的生态体系。

（二）实训内容

通过微信开发者工具搭建基于TCB的可视化的内容管理平台，其提供了丰富的内容管理功能，开通简单，独立于云控制台，无须编写代码即可使用，支持文本、富文本、Markdown、图片、文件、关联类型等多种类型的可视化编辑，易于二次开发，并与TCB的生态体系紧密结合，助力开发人员提升开发效率。

（三）问题引导

（1）如何建立Web应用?

（2）如何存取数据库?

（3）如何调用函数来存取数据?

（4）如何存取图片?

（5）如何对数据库中的数据进行增、删、改、查操作?

（四）实训步骤

1．安装微信开发者工具

在微信开发者官方网站下载最新版本的微信开发者工具，根据本身的计算机软硬件环境来选择适当的版本，如图5-15所示。除了微信开发者工具，还需要安装Node.js。

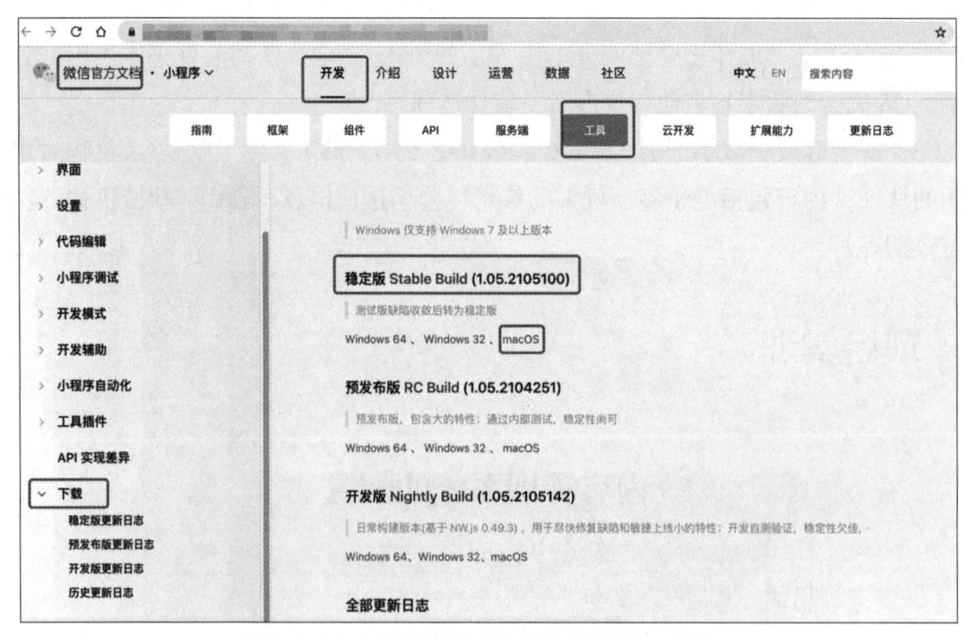

图 5-15　下载最新版本的微信开发者工具

因为可以通过微信开发者工具部署内容管理系统（Content Management System，CMS）到TCB环境中，而运行的环境在微信小程序及网页中可以适用，所以需要在TCB环境中先关联微信小程序，这样便可以在微信开发者工具中通过AppID来调用TCB环境。

登录云开发CloudBase控制台，在菜单栏右上角的用户名下拉菜单中选择“账号信息”命令，进入“账号信息”页面后，单击登录方式中“微信公众平台”右侧的“关联”按钮，如图5-16所示。按照提示进行授权操作，即可完成账号关联。需要注意的是，要先在微信公众平台注册一个小程序的账号。

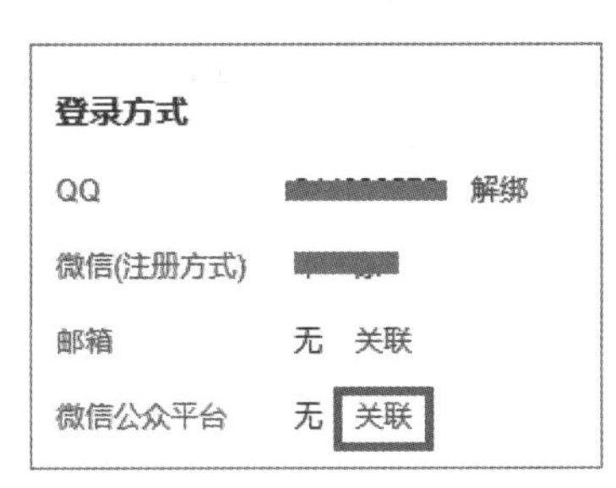

图5-16　在TCB环境中关联微信小程序

2. 创建小程序

打开微信开发者工具进行小程序的创建，选择小程序项目为“小程序”，AppID为上个步骤中所关联的微信小程序AppID，在“开发模式”下拉列表中选择“小程序”选项，在“初始模版”选区中选中“小程序·云开发”单选按钮，如图5-17所示。

图5-17　打开微信开发者工具创建小程序

在微信开发者工具首页中，单击上方的“云开发”按钮，如图5-18所示，会弹出“云开发控制台”页面。

图 5-18　由微信开发者工具进入“云开发控制台”页面

在微信开发者工具的“云开发控制台”页面中，选择“更多”→“内容管理”命令，如图5-19所示，系统会弹出相关提示信息，依照指示勾选后，系统会自动安装内容管理系统，需要花些时间，完成后即可看到内容管理的入口和相关信息。单击访问地址，即可在弹出的窗口中进行内容管理的相关配置。

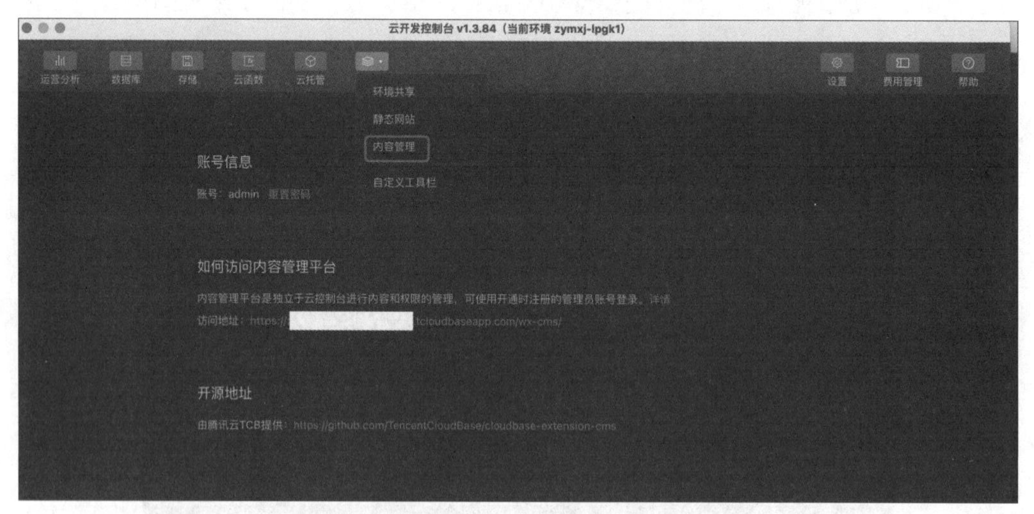

图 5-19　由微信开发者工具导入内容管理系统

可以通过微信小程序或网页方式来操作CloudBase CMS。打开CloudBase CMS后，需要先登录（账号和密码为安装时设置的管理员账号和密码），进入“系统设置”页面，如图5-20所示。

图 5-20　“系统设置”页面

3. 使用内容管理系统创建项目

在开始管理内容数据前，需要先创建一个项目。CloudBase CMS使用项目划分不同类的内容，便于区分内容数据的用途，进行权限管理。

首先，单击新建项目下方的“创建新项目”按钮，在弹出的“创建项目”对话框的“项目名”文本框中输入“腾讯云商店”，在“项目ID”文本框中输入“cloudstore”，如图5-21所示，然后单击“创建”按钮。

创建项目
* 项目名
腾讯云商店
* 项目 ID
cloudstore
项目介绍
项目介绍，如官网内容管理
取消　创建

图 5-21　“创建项目”对话框

在创建完项目后，单击项目卡片，进入项目的管理界面，在左侧导航栏中选择“内容模型”标签，在出现的“内容模型”页面中单击“创建模型”按钮，如图5-22所示。

图 5-22　“内容模型”页面

在弹出的“创建模型”对话框的“展示名称”文本框中输入“商品”，在“数据库名”文本框中输入“products”，即将商品数据存储到“products”数据集合中（如果新建内容时指定的集合不存在，则CloudBase CMS会自动新建集合），如图5-23所示，然后单击“创建”按钮。

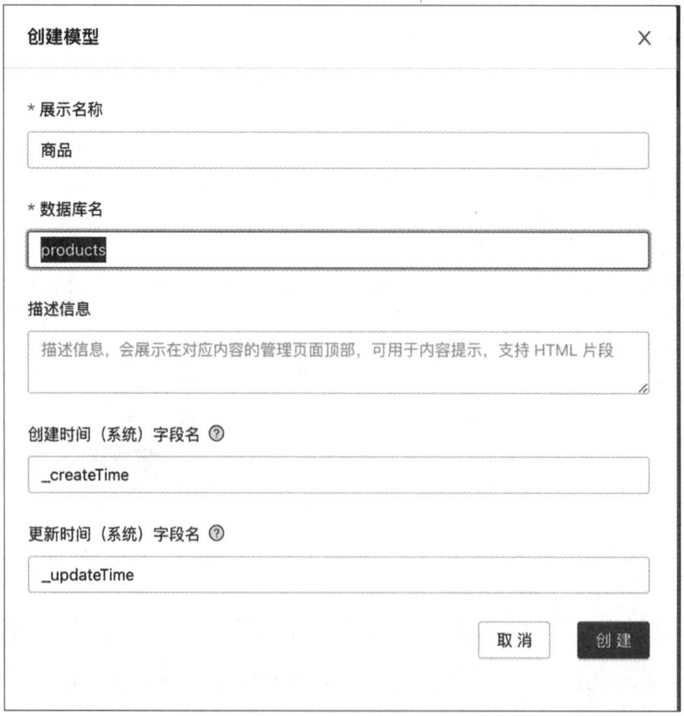

创建模型　×

* 展示名称

商品

* 数据库名

products

描述信息

描述信息，会展示在对应内容的管理页面顶部，可用于内容提示，支持 HTML 片段

创建时间（系统）字段名 ⓘ

_createTime

更新时间（系统）字段名 ⓘ

_updateTime

取消　创建

图 5-23　“创建模型”对话框

在创建完内容模型后，其内容基本为空。接下来，我们需要为商品添加“商品名称”、“商品图片”和“价格”等字段。以为商品添加“商品名称”字段为例，因为商品名称通常是比较短的文字，所以我们可以选择将“商品名称”字段设置为单行字符串字段，单击右侧的“单行字符串”卡片，在弹出的对话框中填写商品名称的字段信息，如图5-24所示。除了“展示名称”和“数据库字段名”，我们还可以为此字段添加其他的限制。例如，可以通过设置“最大长度”来限制填写商品名称时字段的最大长度，可以通过“是否必需”按钮来设置在创建商品内容时是否必须填写“商品名称”字段等。

添加【单行字符串】字段　×

* 展示名称

商品名称

* 数据库字段名

name

描述

字段描述，如博客文章标题

默认值

此值的默认认值

最小长度　　最大长度

最小长度，如 1　　最大长度，如 1000

是否必需

在创建内容时，此段是必须填写的

图5-24　为商品添加“商品名称”字段

接下来，需要规范商品应包含哪些字段，如图5-25所示。在“内容模型”页面中新建一个“商品”内容模型，规范商品应包含“商品名称”、“商品图片”和“价格”等字段，并针对每个字段规范内容类型，如“商品名称”字段应为单行字符串、“价格”字段应为数字等。

随后，添加一个商品，在左侧导航栏中选择“内容集合”→“商品”标签，进入

“商品”页面，如图5-26所示，单击“+ 新建”按钮即可新建一个商品，如图5-27所示。

图 5-25　CloudBase CMS 商品内容的设定

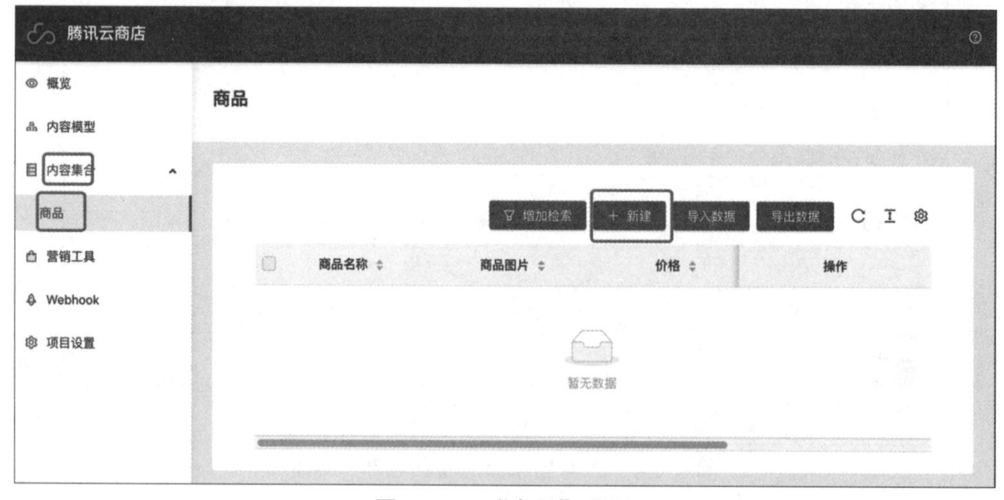

图 5-26　“商品”页面

当要把图片拖曳到“商品图片”区域中时，会发现图片是无法上传的，主要的原因是会用到云存储，所以必须开启云存储的写入权限。回到微信开发者工具的“云开发控制台”页面，将云存储权限修改为“所有用户可读，仅创建者可读写”，如图5-28所示，这样便可以把图片写入云存储中了。

图 5-27　CloudBase CMS 新建第一个商品

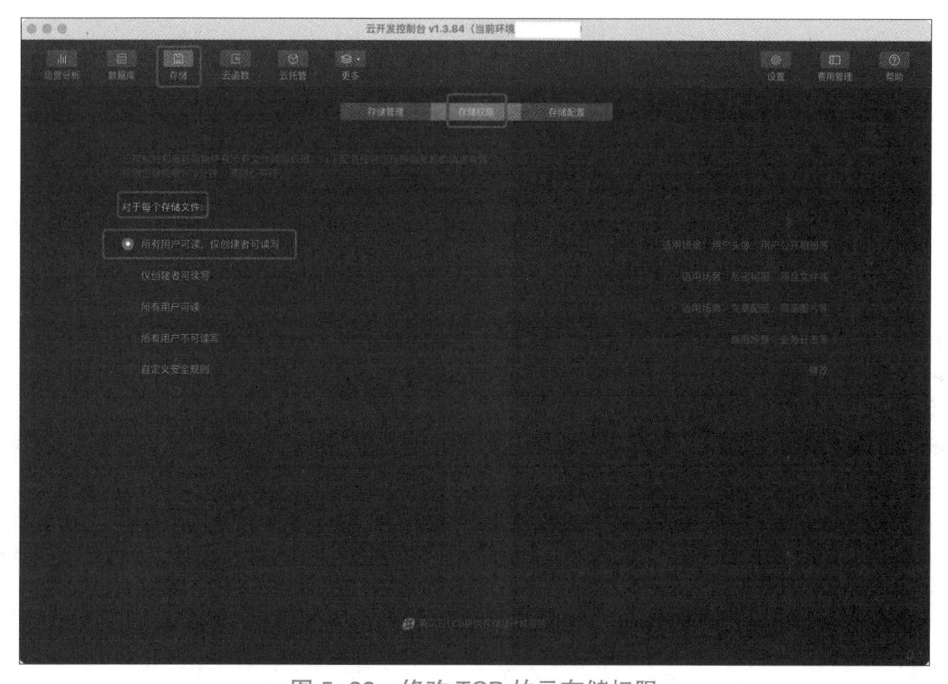

图 5-28　修改 TCB 的云存储权限

在确定第一个商品新建完成后，可以在微信开发者工具的“云开发控制台”页面中看到相关的一些信息。例如，增、删、改、查功能是通过调用函数来实现的，所以选择“云函数”→“云函数列表”选项卡，可以看到CloudBase CMS已经部署了6个相关的云函数在TCB中，如图5-29所示。

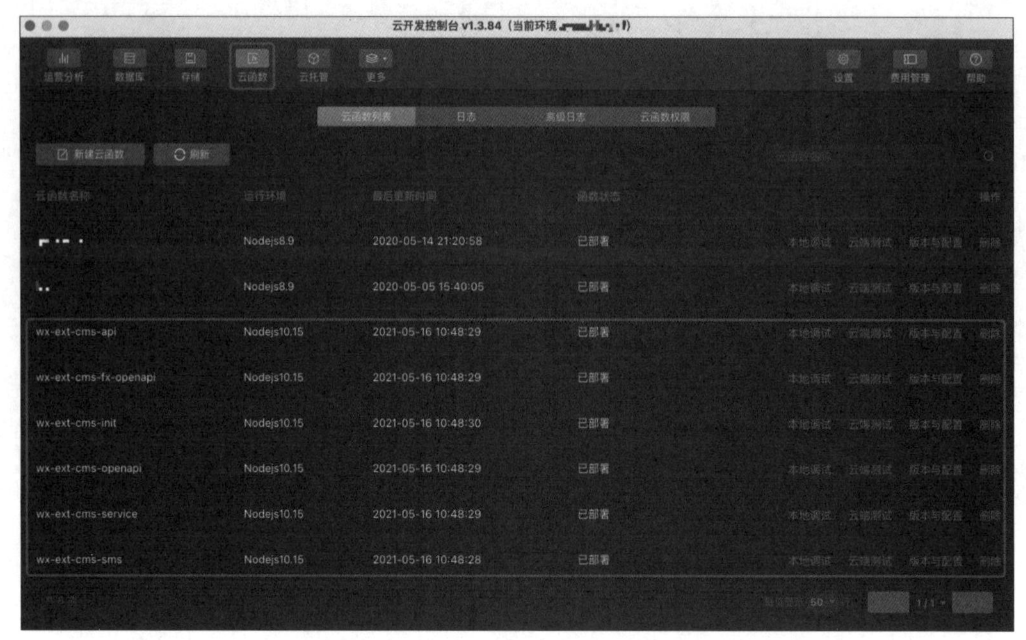

图 5-29　CloudBase CMS TCB 中的云函数列表

通过观察日志可以得知增、删、改、查功能是通过调用哪个函数来实现的。图 5-30 所示为在日志中查看通过 wx-ext-cms-service 云函数的调用完成的商品的相关操作。

图 5-30　CloudBase CMS TCB 中的云函数日志列表

最后，这些数据被写入数据库中。选择“数据库”→“products”（前面步骤中所建立的数据库）→“记录列表”选项卡，就可以看到如图5-31所示的第一个商品的数据内容。

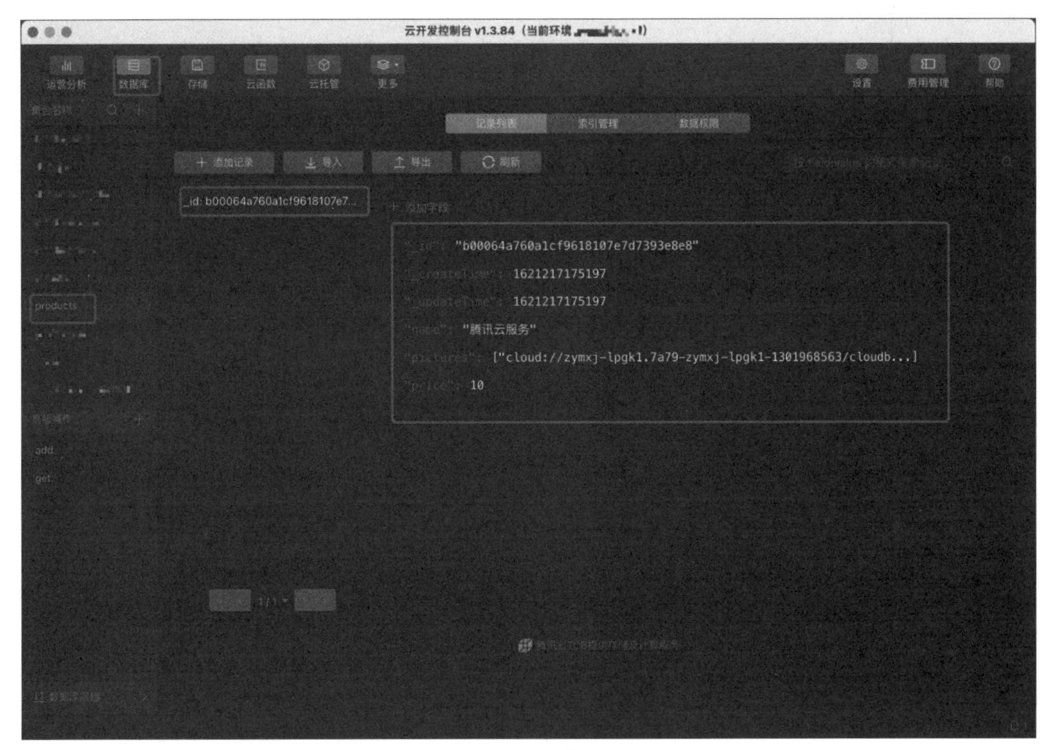

图 5-31　第一个商品的数据内容

（五）实训报告要求

记录应用TCB完成本项目实训的心得体会，并结合操作界面截图进行总结说明，形成文字报告。

项目总结

本项目主要介绍了如何将一个完整的内容管理系统部署到TCB环境中，通过微信开发者工具安装内容管理系统，将内容部署到云开发环境中，可以让使用者更加了解一个完整系统从开发到运维的过程。在操作时应注重观察系统的变化，最好的观察工具就是日志，通过日志我们可以观察到云存储、云函数及数据库的调用。

课后练习

一、单选题

1.在有云计算的支持下，以下哪一项是开发人员依然需要考虑的因素？（ ）

A.暖通空调

B.操作系统的安装

C.网络线路

D.安全

2.以下哪一项不是网页服务器软件？（ ）

A.Apache httpd　　B.Nginx

C.IIS　　D.Java

3.提供一个微型的架构，终端客户不需要部署、配置或管理服务器服务，代码运行所需要的服务器服务皆由云端平台来提供，以上叙述是在描述下列哪一种云服务？（ ）

A.IaaS　　B.PaaS

C.FaaS　　D.SaaS

4.下列哪一项不是TCB所提供的服务？（ ）

A.云函数　　B.扩展应用

C.云存储　　D.弹性公网IP

5.下列哪一项不是TCB所提供的服务？（ ）

A.静态网站托管　　B.云托管

C.云数据库　　D.路由表

6.相较于其他云服务，云开发提供了更多入口使用后端，开发人员无法通过下列哪一个入口使用云开发？（ ）

A.云开发CLI　　B.云开发SDK

C.微信开发者工具　　D.云数据库

7.云开发中的云数据库使用哪一种数据库？（ ）

A.MongoDB　　B.MariaDB

C.MySQL　　D.不知道

8.下列哪一项无法使用云开发来开发其应用？（ ）

A.微信小程序　　B.移动应用

C.Web应用　　D.影像辨识

9. 下列哪一项不是调用云开发SDK的登录鉴权方式？（　　）

A. 微信登录授权　　B. 邮箱登录授权

C. 短信验证码登录授权　　D.QQ登录授权

10. 可以使用下列哪一项命令来安装CloudBase CLI工具？（　　）

A.pip　　B.rpm

C.node　　D.brew

二、实操题

完成CloudBase CMS中简易商场的内容设置，并以使用者的身份进行选购。

项目 6

云计算应用开发——使用云开发CLI工具

学习目标

微课 – 项目 6

（一）知识目标

（1）了解云开发CLI工具。

（2）了解云开发CLI工具配置的相关知识。

（3）了解云函数的应用场景。

（4）了解云开发的工具平台。

（5）了解云开发的安全知识。

（二）技能目标

（1）掌握云开发CLI工具的操作技能。

（2）掌握云开发计算的操作技能。

（3）掌握云开发函数的操作技能。

（4）掌握云开发函数的部署技能。

（5）掌握利用云开发工具进行集成开发的操作技能。

（三）素质目标

（1）培养良好的IT职业道德、职业素养和职业规范。

（2）培养热爱科学、实事求是、严肃认真、一丝不苟、诚实守信的工作作风。

（3）提升自我更新知识和技能的能力。

（4）培养阅读技术文档、编写技术文档的能力。

（5）提升团队协作能力。

项目描述

（一）项目背景及需求

TCB是腾讯云提供的云原生一体化开发环境和工具平台，为开发人员提供高可用、自动弹性扩容/缩容的后端云服务，包含计算、存储、托管等无服务器化能力，可以用于云端一体化开发多种端应用（如小程序、公众号、Web应用、Flutter客户端等），帮助开发人员统一构建和管理后端服务及云资源，避免了应用开发过程中烦琐的服务器搭建及运维，使开发人员可以专注于业务逻辑的实现，从而使得开发门槛更低，效率更高。

相较于其他云服务，TCB提供了更多入口使用后端，包括控制台、微信小程序端、API、TCB SDK、云开发CLI等。而使用云开发CLI（CloudBase CLI）工具的主要原因如下所述。

（1）自动化：可以用脚本语言（Script）来完成很多自动化工作，如进程自动重启、定时任务等。例如，每次修改代码后，需要重新进行单元测试，此时就可以用文件监控工具监控文件变动之后自动执行测试命令。

（2）重复的操作：可以根据需求编写自己的命令行操作，从而解决一些重复性工作。

（3）操作明确且客制：图形用户界面（Graphics User Interface，GUI）开发工具很强大，也很方便，但是有时候会隐藏太多底层细节，以及难以进行细节设定。

因此，CLI与GUI协同进行云开发是目前的趋势，可以结合GUI简单、易学、易用的特点，也可以让重复性的操作通过CLI的方式来进行。

（二）项目构成

CloudBase CLI是一个开源的命令行界面交互工具，用于帮助用户快速、方便地部署项目及管理TCB资源。以下介绍CloudBase CLI工具的安装步骤。

（1）安装Node.js：如果本机尚未安装Node.js，请从Node.js官网下载二进制文件直接安装，建议选择的版本为LTS，并且版本号必须为8.6.0+。

（2）安装CloudBase CLI：通过Node.js来安装CloudBase CLI工具包。

（3）取得授权：因为CloudBase CLI可以通过指令来对腾讯云中的资源进行管理操作，所以需要有授权的安全检验。腾讯云共提供了3种不同的方式来取得授权，即

TCB控制台授权、云API密钥授权、CI（持续集成）中的登录授权。

CloudBase CLI工具是TCB官方指定的CLI工具，可以帮助开发人员快速构建无服务器化应用。CloudBase CLI工具提供的功能包括文件存储管理、云函数部署、模板项目创建、HTTP Service、静态网站托管等。

CloudBase CLI工具的具体优势如下：

（1）支持Windows和macOS系统。

（2）轻量易安装。

（3）可以管理TCB所有资源，支持从环境创建到部署。

（4）使开发人员可以专注于编码，无须在平台中切换各类配置。

任务6 云开发CLI工具的管理与调用

（一）任务描述

本任务通过对以下知识点的介绍，让读者了解并掌握CloudBase CLI工具的管理与调用：

（1）掌握CloudBase CLI工具的功能和定位。

（2）掌握CloudBase CLI工具的个性化配置方法。

（3）掌握CloudBase CLI工具的使用方法。

（二）问题引导

对于CloudBase CLI工具，常见的问题如下：

（1）为什么要用CloudBase CLI工具，控制台不是也可以调用TCB环境吗？

（2）CloudBase CLI工具可以在哪些平台中使用？

（3）CloudBase CLI工具是否收费？

（4）CloudBase CLI工具可以不安装Node.js吗？

（三）知识准备

在使用TCB时，可以安装CloudBase CLI工具来协助TCB的操作，CloudBase CLI工具的功能和定位如图6-1所示，可以通过CloudBase CLI工具直接使用静态网站托管、云存储、云函数和TCB环境管理。

（1）支持环境创建：使用CloudBase CLI工具可以从环境创建到环境切换，省去在开发场景和管理场景之间的切换。

（2）支持云函数和云存储：使用CloudBase CLI工具既可以在编写代码时进行函数的创建和部署，也可以查看已有的函数列表和函数的状态详情等。

（3）支持静态网站部署：支持静态网站的资源管理，只需要输入一个命令即可快速部署资源。

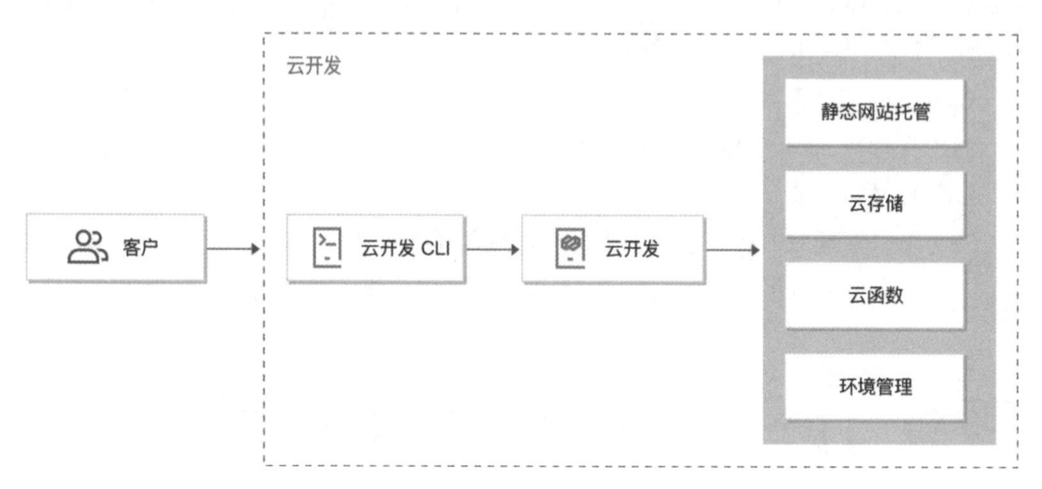

图 6–1　CloudBase CLI 工具的功能和定位

（四）任务实施

1．安装CloudBase CLI工具

CloudBase CLI是一个开源的命令行界面交互工具，用于帮助用户快速、方便地部署项目及管理TCB资源。以下介绍CloudBase CLI工具的安装步骤。

（1）安装Node.js。图6–2所示为Node.js的下载界面，目前的版本号为14.17.0，因为编者的计算机为Mac，所以显示的下载平台为macOS(x64)。

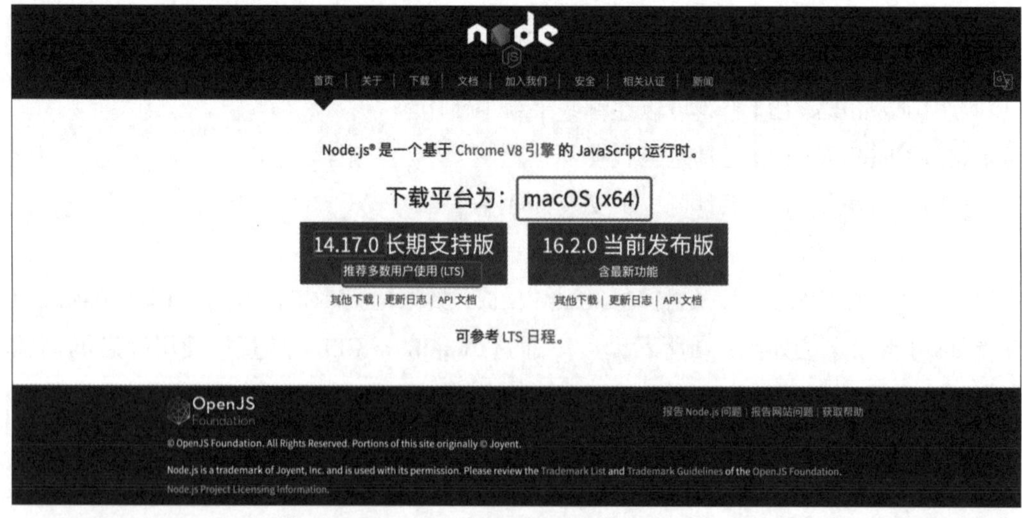

图 6–2　Node.js 的下载界面

（2）安装CloudBase CLI包。使用Node.js的包管理工具npm进行安装，命令如下：

```
npm install -g @cloudbase/cli
```

如果npm install –g @cloudbase/cli命令运行失败，则用户可能需要修改npm权限，或者以系统管理员身份运行以下命令：

```
sudo npm install -g @cloudbase/cli
```

（3）测试安装是否成功。如果安装过程中没有错误提示，一般就表示安装成功了。可以继续输入以下命令，如果看到输出版本号，则说明已经安装成功：

```
cloudbase -v
```

（4）简化命令tcb。为了简化输入，cloudbase命令可以简写成tcb，“tcb”是云开发产品英文（Tencent Cloud Base）的简称。在命令行终端中输入以下命令，就可以看到目前CloudBase CLI工具支持的所有功能和命令了。建议可以经常使用–h来查看命令。

```
tcb -h
```

2．掌握CloudBase CLI工具的个性化配置方法

1）开通TCB服务

在开始使用TCB服务之前，需要登录腾讯云TCB控制台，确保已经开通了TCB服务，并且已经创建了可以使用的环境。

2）登录TCB服务

首先用户登录自己的腾讯云账号，在获取用户的授权之后，CloudBase CLI才能操作用户的资源。CloudBase CLI提供了两种获取授权的方式：腾讯云–TCB控制台授权和腾讯云–云API密钥授权。前文介绍的CI（持续集成）中的登录授权方式其实也是通过云API密钥授权，只是设定为非交互模式，这样便可以在持续集成时避免一再输入密钥。

（1）腾讯云–TCB控制台授权：在命令行终端中输入下面的命令，CloudBase CLI会自动打开TCB控制台获取授权，如图6–3所示，用户需要单击“确认授权”按钮允许CloudBase CLI获取授权。如果用户没有登录，则需要登录后才能进行此操作。

```
tcb login
```

（2）腾讯云–云API密钥授权：登录腾讯云网站后，在网站首页的菜单栏中选择“控制台”→“云产品”→“访问管理”标签，进入访问管理控制台界面，在左侧导航栏中选择最下方的“API密钥管理”标签，在“API密钥管理”页面中单击“新建密钥”按钮，系统会自动生成一组密钥（SecretId/SecretKey），如图6–4所示。需要注

意的是，如果上一步骤已经登录，就无须再实施此步骤。如果希望可以练习此步骤，则记得先输入注销命令tcb logout进行注销。

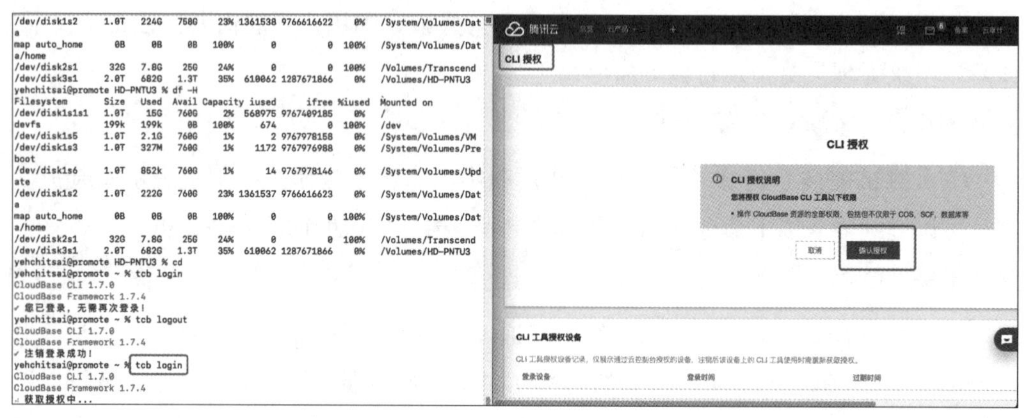

图 6–3　使用 CloudBase CLI 打开 TCB 控制台获取授权

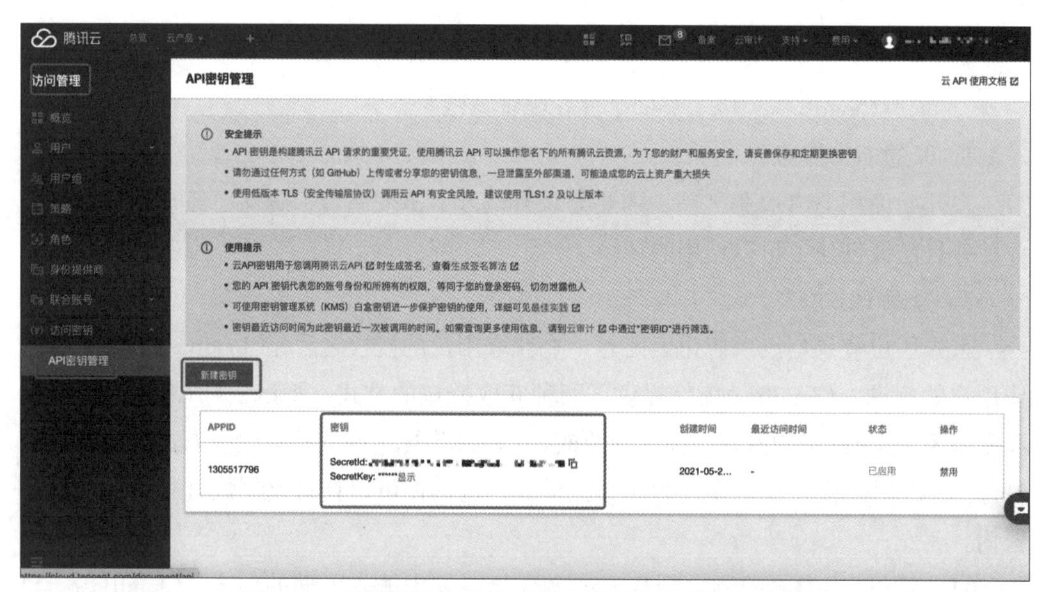

图 6–4　在腾讯云中的访问管理服务中生成 API 密钥

在命令行终端中输入下面的命令，按下Enter键后，请按照提示输入云API密钥的SecretId和SecretKey即可完成登录，如图6–5所示。

```
tcb login --key
```

SecretKey预设是无法看到的，如果要查看，则需要进行手机验证，如图6–6所示。

在CI（持续集成）构建中，因为要全部自动化运行，所以需要避免交互式输入，可以在命令行终端中直接输入云API密钥的SecretId和SecretKey，命令如下：

```
tcb login --apiKeyId xxx --apiKey xxx
```

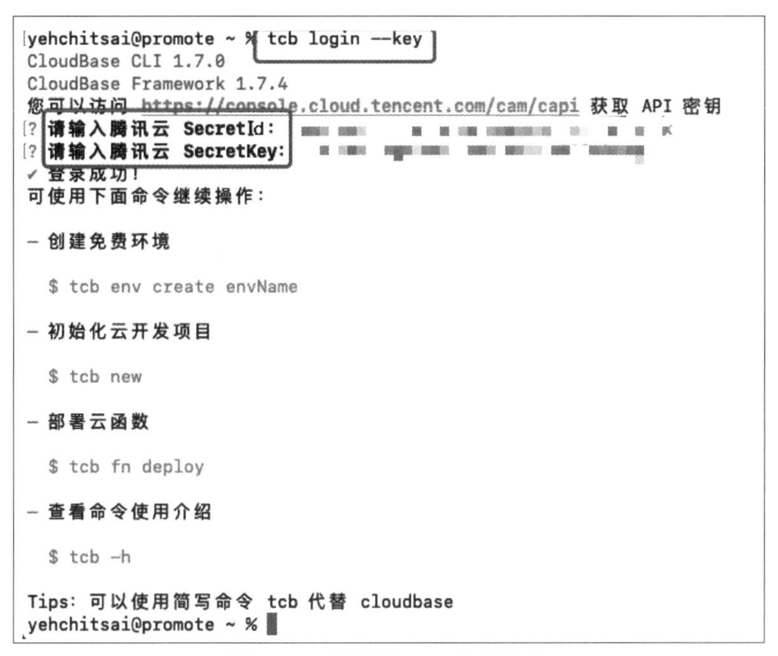

图 6-5　使用云 API 密钥登录

图 6-6　手机验证取得 SecretKey

3）创建环境

项目开发是构建在环境之下的，所以在创建新项目前必须先创建环境。当环境状态正常时，可以操作函数、数据库、存储等资源。新建的环境也可能处于不可用的状态，请耐心等待初始化完成。如果环境状态一直处于不可用状态，则可以提交工单将问题反馈给腾讯云。

可以使用下面的命令创建一个新的环境，cli-env 是环境名称，创建时系统会要求选择环境计费模式，本例选择“按量计费（免费配额）”。接着可以用list参数来显示环境创建情形，因为创建需要时间，所以一开始可能会显示环境状态为不可用，可以过段时间再执行，确认环境状态为可用后就可以创建项目了，如图6–7所示。

```
tcb env create cli-env
#显示环境创建情形
tcb env list
```

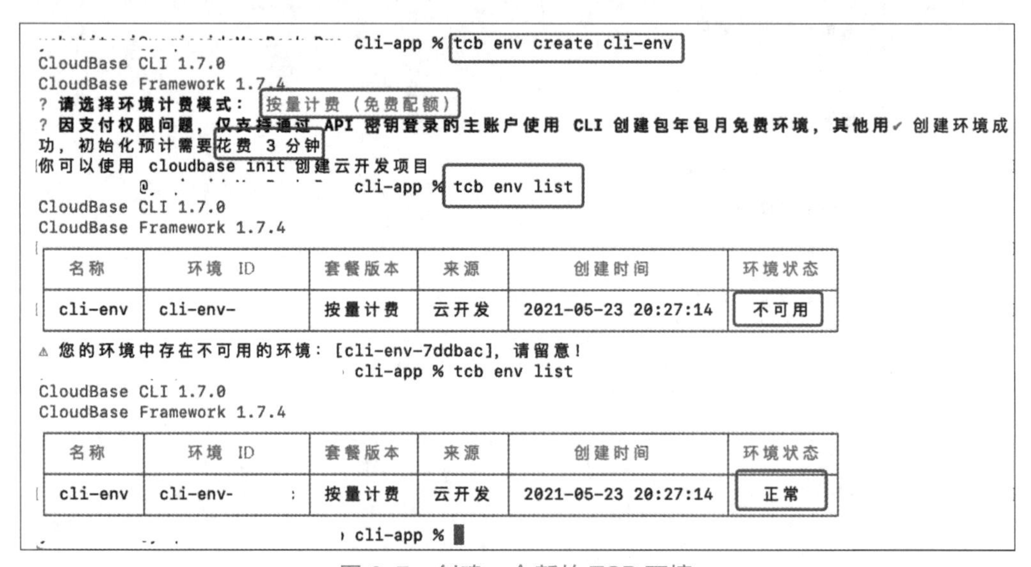

图 6–7　创建一个新的 TCB 环境

4）创建项目与部署

（1）创建项目。可以使用下面的命令创建一个项目，创建项目时CloudBase CLI工具根据输入的项目名称cli–app创建一个文件夹，并写入相关的配置和模板文件，而在创建过程中会询问所要套用的模板，本例选择使用“Node.js云函数示例”，如图6–8所示。TCB项目是和TCB环境资源关联的实体，TCB项目聚合了云函数、数据库、文件存储等服务。用户可以在TCB项目中编写函数、存储文件，并可以通过CloudBase CLI工具快速地操作自定义的云函数、文件存储、数据库等资源。

```
tcb new cli-app
```

（2）编写Node.js云函数。在默认情况下，所有Node.js函数或PHP函数都统一存放在functions目录下，并以函数名作为文件夹名称，在此以Node.js函数为例，如functions/node–app/index.js表示云函数名称为node–app。如果想将函数存放在其他目录，可以通过配置文件中的functionRoot选项来指定想存放函数的目录，functionRoot选项代表了云函数文件夹相对于项目根目录的路径。下面是functions/node–app/index.js文件中的内容：

```
//返回输入参数
exports.main = async (event) => {
    console.log('Hello World')
    return event
}
```

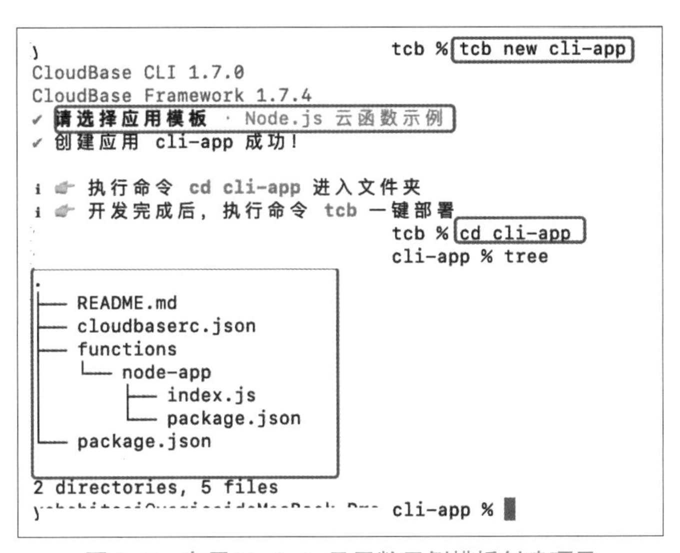

图 6-8　套用 Node.js 云函数示例模板创建项目

（3）修改配置。

在默认情况下，项目配置存储在cloudbaserc.json文件中，默认生成的函数配置为与Node.js云函数相关的配置。需要特别注意的是，envId的值必须与创建环境时所产生的环境值相同，否则会无法部署。配置文件可以简化CloudBase CLI工具的使用，方便项目开发，当使用默认命令参数时，CloudBase CLI工具会从配置文件中解析相关参数并使用，方便开发人员以更简单的方式使用CloudBase CLI工具。在默认情况下，初始化项目时会生成cloudbaserc.js或cloudbaserc.json文件作为配置文件，如果想指定其他文件作为配置文件，则可以在使用CloudBase CLI命令时通过添加--config-file config-path参数来指定配置文件，文件必须满足格式要求。

项目配置文件常见字段说明如表6-1所示。

表 6-1 项目配置文件常见字段说明

字段	类型	说明
envId	String	环境 ID，是环境的唯一标识
functionRoot	String	函数代码存放的文件夹相对于项目根目录的路径

续表

字段	类型	说明
functions	Array	函数配置项组成的数组，其中包含云函数名称、使用程序语言和内存上限等信息
region	String	云函数配置所在地域

cloudbaserc.json文件中的内容如下：

```
{
  "version": "2.0",
  "envId": "cli-env-xxxxxx",
  "$schema": "https://framework-1258016615.tcloudbaseapp.com/schema/latest.json",
  "functionRoot": "./functions",
  "functions": [
    {
      "name": "node-app",
      "timeout": 5,
      "envVariables": {},
      "runtime": "Nodejs10.15",
      "memorySize": 128,
      "handler": "index.main"
    }
  ],
  "framework": {
   "name": "node-starter",
   "plugins": {
      "function": {
         "use": "@cloudbase/framework-plugin-function",
         "inputs": {}
      }
    }
  },
  "region": "ap-shanghai"
}
```

（4）掌握CloudBase CLI工具的使用方法。

在项目根目录cli-app（cloudbaserc.json文件所在目录）下运行CloudBase CLI的部

署命令，即可部署node-app云函数。命令如下：

```
tcb fn deploy node-app
```

部署完成后，使用以下命令查看已经部署完成的函数列表：

```
tcb fn list
```

然后使用以下命令调用云函数，确认运行是否正常：

```
tcb fn invoke node-app
```

命令运行结果如图6-9所示。

图6-9　部署云函数并查看及调用已部署云函数

（五）知识拓展

1．Access Key

鉴权密钥（Access Key）与鉴权ID（Access ID）共同验证API调用的合法性。

2．AccessKey和SecretKey

ID（AccessKey）和Key（SecretKey）组成密钥对，各云厂商在通过云API密钥访问云资源时都需要提供具备相应权限的密钥对。

3．腾讯云命令行工具TCCLI和CloudBase CLI工具

腾讯云命令行工具TCCLI和CloudBase CLI工具都是通过命令行工具来对腾讯云

资源进行操作，但是两者在腾讯云中扮演的是截然不同的角色。腾讯云命令行工具TCCLI是使用Python语言编写而成的，而CloudBase CLI工具则是使用JavaScript语言编写而成的。腾讯云命令行工具TCCLI的操作对象是所有的腾讯云资源，通过调用腾讯云API来管理所有腾讯云资源；而CloudBase CLI工具的操作对象则只是TCB内的资源。

而在使用目的上，腾讯云命令行工具TCCLI集成了腾讯云所有支持云API的产品，用户可以在TCCLI中完成对腾讯云产品的配置和管理。例如，通过TCCLI创建云服务器、操作云服务器，通过TCCLI创建CBS盘、查看CBS盘的使用情况，通过TCCLI创建VPC网络、向VPC网络中添加资源等，所有在控制台页面能完成的操作，均能在TCCLI中通过执行命令来实现。通过腾讯云命令行工具，用户可以进行无图形页面操作腾讯云资源。

CloudBase CLI工具是TCB官方指定的CLI工具，可以帮助开发人员快速构建Serverless应用。CloudBase CLI工具提供的能力包括文件存储的管理、云函数的部署、模板项目的创建、HTTP Service、静态网站托管等。CloudBase CLI工具使开发人员可以专注于编码，无须在平台中切换各类配置。

所以，腾讯云命令行工具TCCLI是针对简化云计算的创建和管理，而CloudBase CLI工具则是专注于系统开发。

项目实训

使用云开发 CLI 工具管理云存储文件

（一）实训目的

（1）掌握TCB环境路径的管理。

（2）掌握对云存储文件进行增、删、改、查操作的方法。

（3）掌握云存储文件的文件访问链接。

（4）掌握获取云存储文件访问权限的方法。

（5）掌握设置云存储文件访问权限的方法。

（二）实训内容

云存储是TCB为用户提供的文件存储功能，用户可以通过TCB提供的CloudBase CLI工具、SDK对存储进行操作，如上传、下载文件等。存储在云存储中的文件默认提供CDN加速访问，用户可以快速访问云存储中的文件。

（三）问题引导

（1）如何理解本地路径和云路径？

（2）如何存取云路径？

（3）如何通过互联网存取云存储中的文件？

（4）如何对云存储文件进行增、删、改、查操作？

（四）实训步骤

在一般情况下，我们可以通过腾讯云网站中的控制台来进行静态网页的上传，通过简单的上传文件操作就可以把要呈现的网页上传到TCB的云存储中。例如，把下面这个简单的静态网页index.html上传到云存储中，结果如图6–10所示。

```
//index.html
<!DOCTYPE html>
<html>
    <head>
    <title>简易版静态网页</title>
    <meta charset="utf-8">
    </head>
    <body>
    简易版静态网页
    </body>
</html>
```

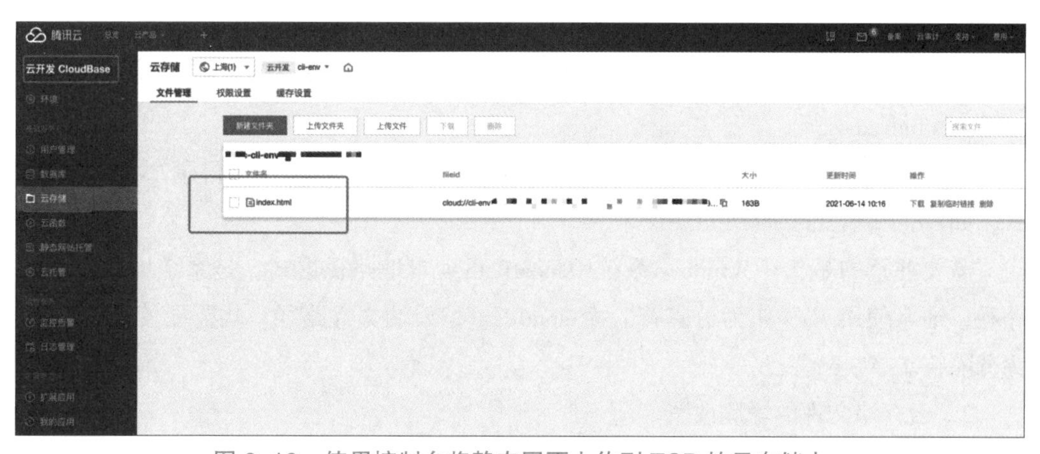

图 6–10　使用控制台将静态网页上传到 TCB 的云存储中

然而系统开发最大的问题是，文件内容会多次被修订，通过图形界面操作的确是简单，但是却比较耗时。针对频繁需要修改的系统开发而言，通过命令式的操作会让整个流程更加顺畅，因为在静态网页被修改后，只要输入几个命令就可以完成部署到云上的操作，甚至可以将这几个命令写在一个草稿文档中，这样更可以简化流程。以下展示如何使用CloudBase CLI的存储命令进行部署到云的操作。

1. CloudBase CLI的存储命令说明

CloudBase CLI的存储命令的语法格式如下：

```
tcb storage [选项] [命令]
```

其中，选项只有一个-h，表示输出帮助信息。

CloudBase CLI的存储命令说明如表6-2所示。

表6-2　CloudBase CLI的存储命令说明

命令	说明
upload [options] <localPath> [cloudPath]	上传文件/文件夹
download [options] <cloudPath> <localPath>	下载文件/文件夹，文件夹需指定 --dir 选项
delete [options] [cloudPath]	删除文件/文件夹，文件夹需指定 --dir 选项
list [options] [cloudPath]	获取文件存储的文件列表，不指定路径时获取全部文件列表
url [options] <cloudPath>	获取文件临时访问地址
detail [options] <cloudPath>	获取文件信息
get-acl [options]	获取文件存储权限信息
set-acl [options]	设置文件存储权限信息
help [command]	查看命令帮助信息

（1）localPath：本地文件或文件夹的路径，为目录/文件名的形式，如./index.js、static/css/index.css等。

（2）cloudPath：云存储文件或文件夹相对于根目录的路径，为目录/文件名的形式，如index.js、static/css/index.js等。

需要注意的是，在Windows系统中localPath为本地路径形式，是系统可以识别的路径，通常使用“\”作为分隔符。而cloudPath是云端文件路径，均需要使用“/”作为分隔符。

2. 云存储文件的增删改查

编写一个简单的网页index.html，其中包含CloudBase CLI的存储命令语法，内容如下：

```
<!DOCTYPE html>
<html>
```

```
<head>
  <title>云开发 CLI 的存储命令语法</title>
  <meta charset="utf-8">
</head>
<body>
    <table>
        <thead>
          <tr>
            <th>命令</th>
            <th>说明</th>
          </tr>
        </thead>
        <tbody>
          <tr>
            <td>upload [options] <localPath> [cloudPath]</td>
            <td>上传文件/文件夹</td>
          </tr>
          <tr>
            <td>download [options] <cloudPath> <localPath></td>
            <td>下载文件/文件夹，文件夹需指定 --dir 选项</td>
          </tr>
          <tr>
            <td>delete [options] [cloudPath]</td>
            <td>删除文件/文件夹，文件夹需指定 --dir 选项</td>
          </tr>
          <tr>
            <td>list [options] [cloudPath]</td>
            <td>获取文件存储的文件列表，不指定路径时获取全部文件列表</td>
          </tr>
          <tr>
            <td>url [options] <cloudPath></td>
            <td>获取文件临时访问地址</td>
          </tr>
```

```
            <tr>
              <td>detail [options] <cloudPath></td>
              <td>获取文件信息</td>
            </tr>
            <tr>
              <td>get-acl [options]</td>
              <td>获取文件存储权限信息</td>
            </tr>
            <tr>
              <td>set-acl [options]</td>
              <td>设置文件存储权限信息</td>
            </tr>
            <tr>
              <td>help [command]</td>
              <td> 查看命令帮助信息</td>
            </tr>
          </tbody>
      </table>
  </body>
  </html>
```

想要执行CloudBase CLI的任何云存储命令，必须具备以下条件：

（1）安装CloudBase CLI工具。

（2）创建TCB环境，具有envId。

（3）创建TCB项目，具有cloudbaserc.json配置文件。

因为CloudBase CLI云存储必须运行在特定项目下，所以接下来的操作会在前面任务中所建立的cli-app项目下进行。

使用下面的命令上传文件/文件夹，当CloudBase CLI检测到localPath为文件夹时，会自动上传文件夹内的所有文件：

```
tcb storage upload public/ public
```

图6-11中的左图所示为命令行终端界面，可以看出操作的所在目录是cli-app项目的根目录，先前建立的网页文件index.html被放置在public目录下，通过CloudBase CLI上传到云目录public中；右图所示为云开发CloudBase控制台界面，可以发现CloudBase CLI运行的结果是把网页文件index.html放在上海地域的cli-env环境下，因

为这个操作命令是在cli-app项目下运行的，所以会根据cloudbaserc.json配置文件来决定文件的放置位置。

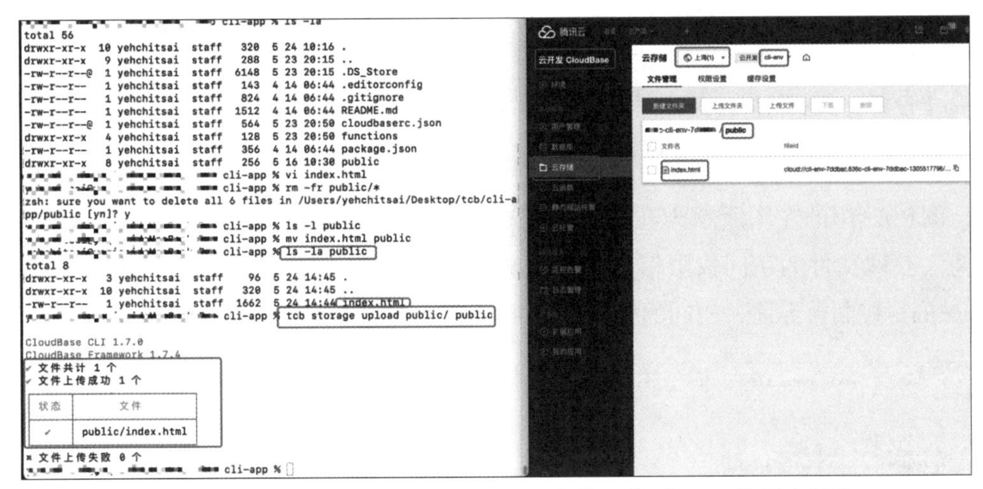

图 6–11　通过 CloudBase CLI 将网页文件上传到 TCB 的云存储中

3．获取文件的临时访问地址

使用下面的命令获取文件的临时访问地址：

```
tcb storage url public/index.html
```

图6–12中的上图所示为在命令行终端中输入命令后的运行结果，会显示出文件的临时访问地址，而下图所示为在本地浏览器的地址栏中输入文件的临时访问地址后所呈现的页面。

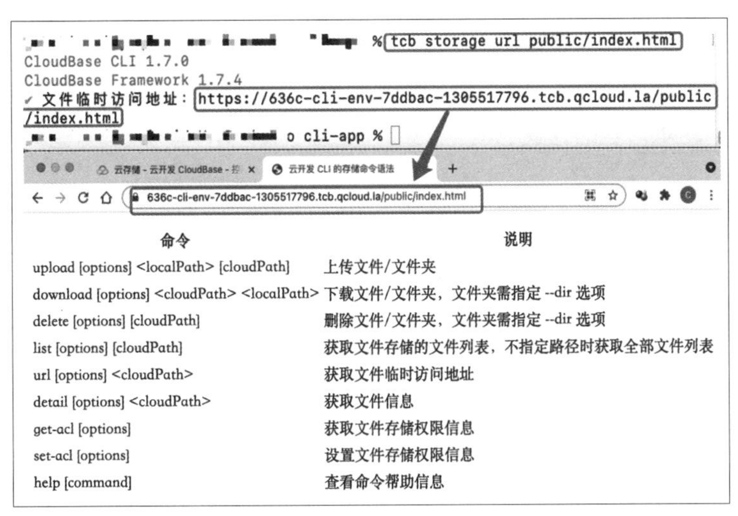

命令	说明
upload [options] <localPath> [cloudPath]	上传文件/文件夹
download [options] <cloudPath> <localPath>	下载文件/文件夹，文件夹需指定 --dir 选项
delete [options] [cloudPath]	删除文件/文件夹，文件夹需指定 --dir 选项
list [options] [cloudPath]	获取文件存储的文件列表，不指定路径时获取全部文件列表
url [options] <cloudPath>	获取文件临时访问地址
detail [options] <cloudPath>	获取文件信息
get-acl [options]	获取文件存储权限信息
set-acl [options]	设置文件存储权限信息
help [command]	查看命令帮助信息

图 6–12　获取文件的临时访问地址及访问结果

使用下面的命令获取文件的信息、获取和设置文件的访问权限信息：

```
#获取文件的信息
tcb storage detail public/index.html
#获取文件的访问权限信息
tcb storage get-acl public/index.html
#设置文件的访问权限信息
tcb storage set-acl public/index.html
```

图6-13中的左图所示为在命令行终端中输入命令后的运行结果，如获取文件的信息、获取文件的访问权限信息和设置文件的访问权限信息等；右图所示为云开发CloudBase控制台界面，相同的操作也可以在控制台中完成。

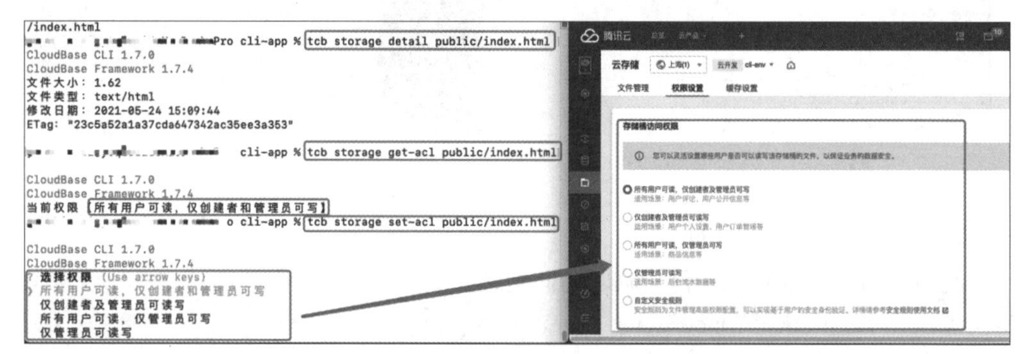

图6-13 获取文件的信息及获取和设置文件的访问权限信息

（五）实训报告要求

记录应用CloudBase CLI工具完成本项目实训的心得体会，并结合操作界面截图进行总结说明，形成文字报告。

项目总结

本项目主要介绍了如何使用CloudBase CLI工具将本地文件存储到云存储中，可以让使用者更了解本地端和云存储之间的差异，以及如何让互联网上的其他人可以存取到开发人员的文件，以此了解后端开发的原理及网站部署的基本原理与操作。

课后练习

一、单选题

1. 以下哪一项不是使用CloudBase CLI工具的主要原因？（　　）

A.自动化　　B.重复的操作　　C.客制化　　D.安全性

2.以下哪一项服务不可以通过CloudBase CLI工具直接使用？(　　)

A.静态网站托管　B.云存储

C.云函数　　D.云数据库

3.以下哪个命令可以安装CloudBase CLI工具？(　　)

A.npm i -g @cloudbase/cli

B.npm i -g @cli

C.node i -g @cloudbase/cli

D.node i -g @cli

4.以下哪个命令可以查看CloudBase CLI工具的版本？(　　)

A.cloudbase -v

B.cloudbase -V

C.tcb -V

D.node -v

5.以下哪个命令可以创建TCB环境？(　　)

A.tcb env create cli-env

B.tcb create env cli-env

C.tcb env new cli-env

D.tcb env add cli-env

6.以下哪个命令可以显示TCB环境的创建情形？(　　)

A.tcb env list

B.tcb list env

C.tcb env view

D.tcb view env

7.以下哪个命令可以将local文件上传到TCB的云存储cloud文件夹中？(　　)

A.tcb storage upload local cloud

B.tcb upload local cloud

C.tcb upload storage local cloud

D.tcb storage cp local cloud

8.tcb storage url public/index.html命令的意思是(　　)。

A.获取文件的临时访问地址

B.获取文件的访问权限信息

C.设置文件的访问权限信息

D.上传文件

9.以下哪个命令可以获得上传的静态网页的访问链接？（　　）

A.tcb storage url public/index.html

B.tcb storage get-url public/index.html

C.tcb storage get-acl public/index.html

D.tcb url public/index.html

10. 以下哪个命令可以删除TCB的云存储cloud文件夹？（　　）

A.tcb storage delete -dir cloud

B.tcb storage rm -dir cloud

C.tcb storage delete cloud

D.tcb storage rm -r cloud

二、实操题

部署一个安卓系统的apk文件供使用者下载、安装。

项目 7

云计算应用开发——静态网站托管

学习目标

微课 – 项目 7

（一）知识目标

（1）理解云开发静态网站托管。

（2）了解云开发静态网站托管的相关知识。

（3）了解静态网站的应用场景。

（4）了解静态网站的工具平台。

（5）了解静态网站的安全知识。

（二）技能目标

（1）掌握云开发静态网站托管的操作技能。

（2）掌握HTML、CSS、JavaScript的操作技能。

（3）掌握对象存储的操作技能。

（4）掌握CDN服务器的部署技能。

（5）掌握HTTP与HTTPS访问的操作技能。

（三）素质目标

（1）培养良好的IT职业道德、职业素养和职业规范。

（2）培养热爱科学、实事求是、严肃认真、一丝不苟、诚实守信的工作作风。

（3）提升自我更新知识和技能的能力。

（4）培养阅读技术文档、编写技术文档的能力。

（5）提升团队协作能力。

项目描述

（一）项目背景及需求

静态网站是指全部由超文本标记语言（HyperText Markup Language，HTML）、层叠样式表（Cascading Style Sheets，CSS）和JavaScript代码编写的网页所组成的网站，所有的内容都包含在网页文件中。网页上也可以出现各种视觉动态效果，如GIF动画、FLASH动画、滚动字幕等，而网站主要是由静态化的页面和代码组成的，一般文件名均以htm、html、shtml等为后缀。

静态网页具有以下特色：

（1）每个静态网页都有一个固定的网址，文件名均以htm、html、shtml等为后缀。

（2）静态网页一经发布到服务器上，无论是否被访问，都是一个独立存在的文件。

（3）静态网页的内容相对稳定，不含特殊代码，因此容易被搜索引擎检索，更加适合搜索引擎优化（Search Engine Optimization，SEO）。

（4）静态网站没有数据库的支持，在网站制作和维护方面的工作量较大。

（5）由于不需要通过数据库工作，因此静态网页的访问速度比较快。

（6）流行的CMS都支持静态网页，这有利于被搜索引擎收录和提高访问速度，但是需要占用较大的服务器空间，而且程序在生成HTML网页时非常消耗服务器资源，因此建议在服务器空闲时进行此类操作。

静态网页与动态网页的区别如下：

（1）静态网页和动态网页主要根据制作网页时使用的语言来区分。

①制作静态网页使用的语言：HTML、CSS和JavaScript。

②制作动态网页使用的语言：前端网页语言（HTML、CSS和JavaScript）+后端服务器语言（如ASP、PHP、JSP等）。

（2）程序是否在服务器端运行是重要标志。在服务器端运行的程序、网页、组件等属于动态网页，它们会随不同客户、不同时间返回不同的网页，如ASP、PHP、JSP、CGI等。

（3）静态网页和动态网页各有特点，网站是采用动态网页还是采用静态网页，主要取决于网站的功能需求和网站内容的多少。如果网站功能比较简单，内容更新量不是很大，则采用纯静态网页的方式会更简单，反之一般要采用动态网页技术来实现。

（4）静态网页是网站建设的基础，静态网页和动态网页之间也并不矛盾，为了使网站适应搜索引擎检索的需要，即使采用动态网站技术，也可以将网页内容转化为静态网页发布。

（5）动态网站也可以采用静动结合的原则，适合采用动态网页的地方就采用动态网页，如果有必要使用静态网页，则可以考虑采用静态网页的方法来实现。在同一个网站中，动态网页内容和静态网页内容同时存在也是很常见的事情。

从技术上来讲，静态网站是指网页不是由服务器动态生成的网站。HTML、CSS和JavaScript文件就存放在服务器的某个路径下，它们的内容与终端用户收到的版本是一样的。原始的源代码文件已经提前编译好了，源代码在每次请求后都不会变化。静态网站有一些好处，如加载时间更短、请求的服务器资源更少等。传统上，静态网站更适用于创建只有少量网页、内容变化不频繁的小网站。然而，随着静态网站生成工具的出现，静态网站的适用范围越来越大。下面介绍几款开源的静态网站生成工具，这些工具可以帮助使用者快速搭建界面优美的博客网站。

1. Hugo

Hugo是一款很受欢迎的用于搭建静态网站的开源框架。它是用Go语言编写的，运行速度快、使用简单、可靠性高。如果需要，它也可以提供更高级的主题。它还提供了一些有用的快捷方式来帮助用户轻松完成任务。无论是组合展示网站还是博客网站，Hugo都有能力管理大量的内容类型。如果想使用Hugo，读者可以参照官方文档或其GitHub页面来安装及了解更多相关的使用方法。如果需要的话，还可以将Hugo部署在GitHub页面或任何CDN上。图7-1所示为Hugo官方网站的主页面。

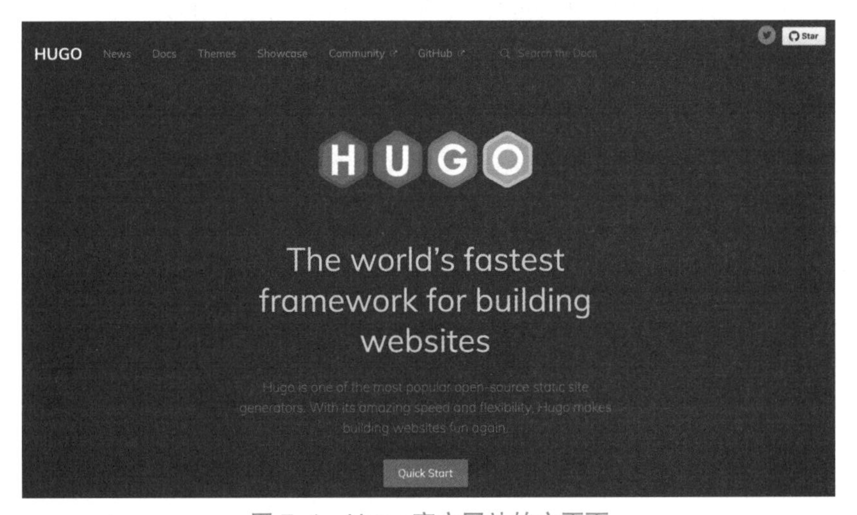

图 7-1 Hugo 官方网站的主页面

2. Hexo

Hexo是一款基于Node.js的开源框架。像其他的工具一样，用户可以用它搭建相当快速的网站。它不仅提供了丰富的主题和插件，还根据用户的每个需求提供了强大的API来扩展功能。如果已经有了一个网站，则可以用Hexo的迁移扩展轻松完成迁移工作。Hexo是一款快速、简洁且高效的博客框架。Hexo使用Markdown解析文章，并在几秒内即可利用靓丽的主题生成静态网页。读者可以参照官方文档或GitHub页面来使用Hexo。图7-2所示为Hexo官方网站的主页面。

图7-2　Hexo官方网站的主页面

3．VuePress

VuePress是由Vue.js支持的静态网站生成工具，而Vue.js是一款开源的渐进式JavaScript框架。如果用户了解HTML、CSS和JavaScript，则可以轻松地使用VuePress。

VuePress由两部分组成：一部分是一个极简静态网站生成器，它包含由Vue驱动的主题系统和插件API；另一部分是为书写技术文档而优化的默认主题，它的诞生初衷是支持Vue及其子项目的文档需求。每一个由VuePress生成的页面都带有预渲染好的HTML，也因此具有非常好的加载性能和搜索引擎优化（SEO）。同时，一旦页面被加载，Vue将接管这些静态内容，并将其转换成一个完整的单页应用（SPA），而其他的页面则会只在用户浏览到时才按需加载。图7-3所示为VuePress官方网站的主页面。

图7-3　VuePress官方网站的主页面

（二）项目构成

静态网站托管是云开发为开发人员提供的托管静态网站资源的服务，静态资源（如HTML、CSS、JavaScript、字体等）的分发由对象存储和拥有多个边缘网点的CDN提供支持。只需要一个命令即可快速部署静态资源。表7-1所示为静态网站托管的功能概述。

表 7-1　静态网站托管的功能概述

功能	描述
SSL	由云开发提供的静态网站托管服务，支持 HTTP 与 HTTPS 访问
快速分发	托管在云开发上的静态网站均缓存在云开发的 CDN 服务器中，无论在何地访问，均可快速传递内容
命令行部署	利用命令行工具，用户可以轻松将文件部署到云开发进行静态托管
自定义域名	用户可以配置自身的域名作为对外提供的静态网站 URL

任务 7　静态网站托管的管理与调用

（一）任务描述

本任务通过对以下知识点的介绍，让读者了解并掌握静态网站托管的管理与调用：

（1）掌握静态网站托管的原理及流程。

（2）掌握静态网站托管的使用方法。

（3）掌握静态网站托管的配置方法。

（二）问题引导

对于云开发静态网站托管，常见的问题如下：

（1）静态网站托管和云开发的关系是什么？

（2）在开通静态网站托管前需要开通云开发环境吗？

（3）静态网站托管提供域名吗？

（4）静态网站托管能和小程序云开发共用环境吗？

（5）静态网站托管服务可以扩展为带有后端的全栈网站吗？

（三）知识准备

（1）使用腾讯云的静态网站托管的优点如下所述。

①极速：腾讯云的静态网站托管操作便捷快速，开发人员只需几分钟时间通过可

视化操作即可轻松获取一个可部署静态网站资源托管的环境；拥有极速公网质量，基于腾讯多年的网络服务经验，无论开发者的客户使用哪家ISP，均可享受相同的极速带宽体验。

②弹性：无须担心所托管的网站资源，腾讯云的自动扩容/缩容让资源可以根据应用请求量自动横向扩容/缩容。

③易用：静态网站托管提供强大的可视化工具、CLI工具，可以帮助开发人员快速构建服务，快速使用工具进行集成开发。此外，其还提供丰富和清晰的文档内容指引等。

④节约：按请求数和资源的实际运行收费，可以极大地节约时间和资源成本，不仅价格合理，而且节约额外的服务运维投入成本，真正做到按需使用付费。

（2）开发人员可以通过CloudBase CLI工具、控制台快速部署静态网页资源（CSS、JS、HTML等）到腾讯云中，并结合域名解析、SSL证书等服务，让客户端可以通过类似www.demo.com这样的主机名称，使用计算机浏览器或手机来观看网站内容，如图7–4所示。

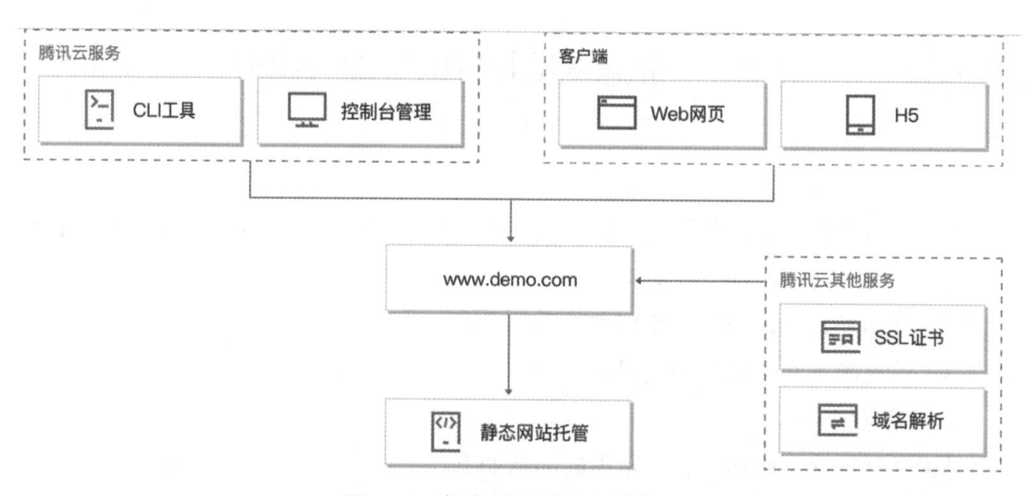

图7–4　静态网站托管部署状况

在使用静态网站托管服务的基础上，JavaScript可以直接通过SDK使用云开发提供的云函数、云数据库等服务，从而将静态网站应用拓展为全栈网站，如图7–5所示。

（3）想要在腾讯云上进行静态网站托管，需要的准备工作如下：

- 注册腾讯云账号。
- 创建云开发环境，获得环境编号（envId）。
- 安装Node.js。
- 安装CloudBase CLI工具。

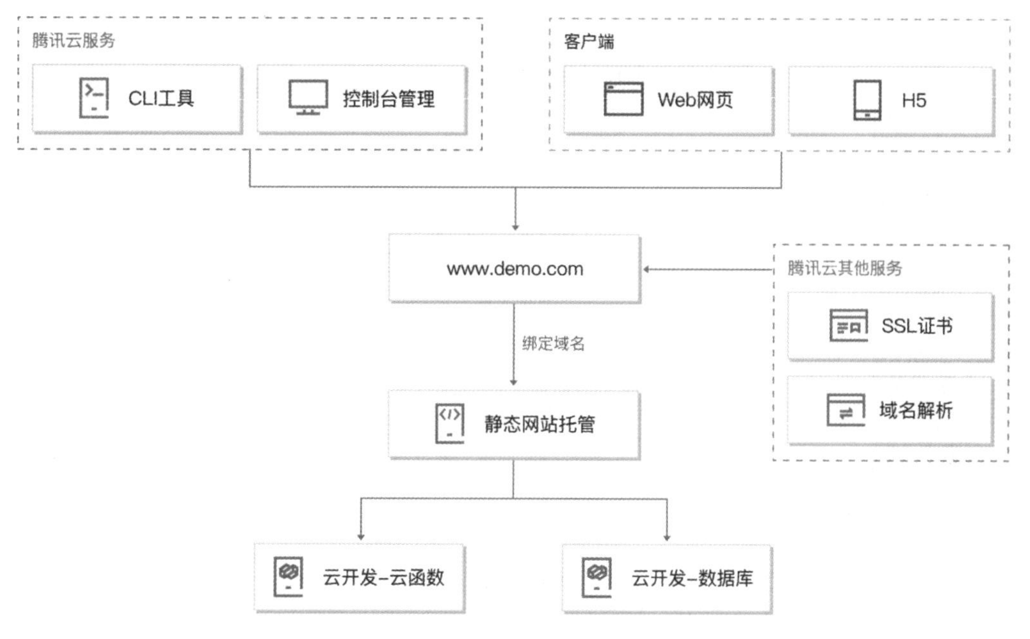

图7-5 全栈网站托管部署状况

（4）静态网站托管的流程如下：

①创建云开发环境。无论是云函数、云存储，还是静态网站托管等云开发服务，要先创建云开发环境，取得环境编号（envId），然后才有办法创建后续服务。

②生成静态网页资源（CSS、JS、HTML等）。

③部署静态文件到云开发环境。

④访问页面。

（四）任务实施

1．掌握静态网站托管的使用方法

登录腾讯云网站并进入“静态网站托管”页面，如图7-6所示。先创建环境，如果已经有云开发环境，则可以选择要将静态网站创建在哪一个云开发环境中，目前仅有上海和广州两个地域提供这样的服务。

可以在创建模板的同时，在环境下建立一个应用程序，因为本次创建的是静态网站，为了让读者可以了解整个过程，所以选择空模板，如图7-7所示。

在“环境信息”页面中配置以下信息，如图7-8所示。

- 地域：上海。
- 计费方式：按量计费。
- 环境名称：cloud-env。
- 免费资源：勾选“开启免费资源”复选框。

• 费用：勾选“同意《计费规则》”复选框。

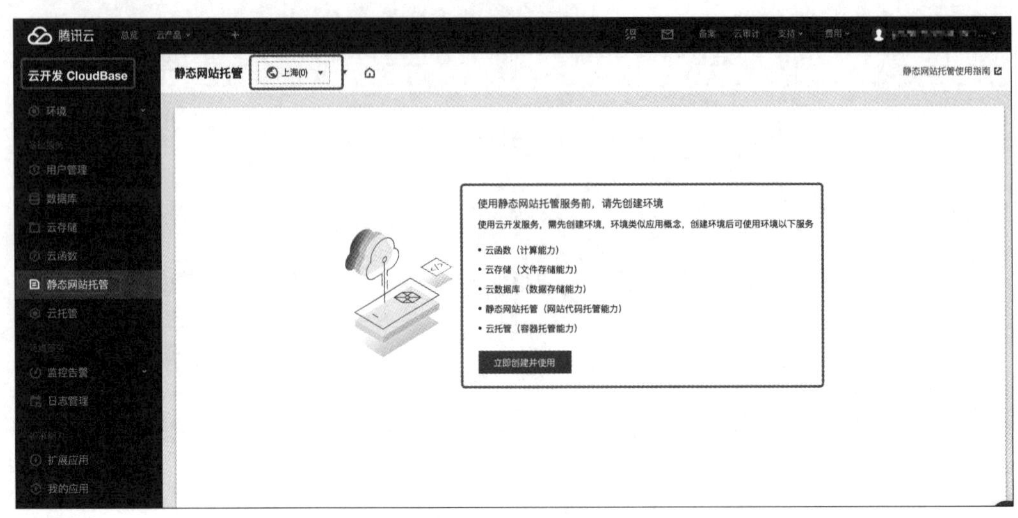

图 7-6 “静态网站托管”页面

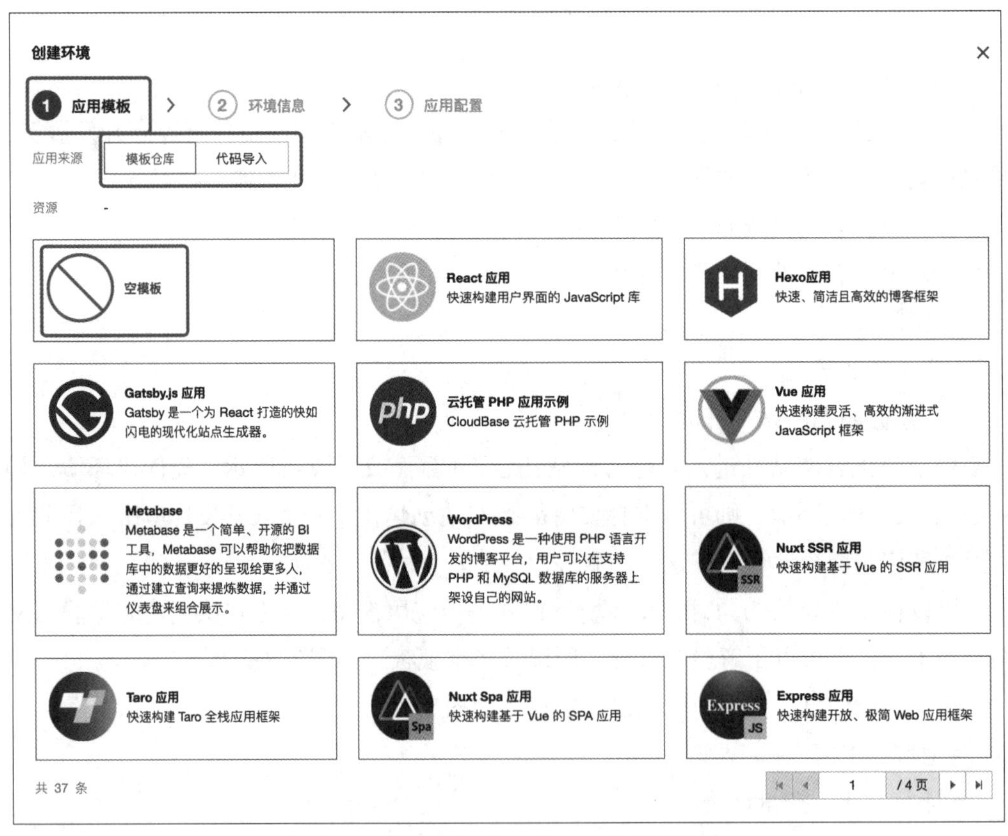

图 7-7 创建环境并创建一个空模板应用

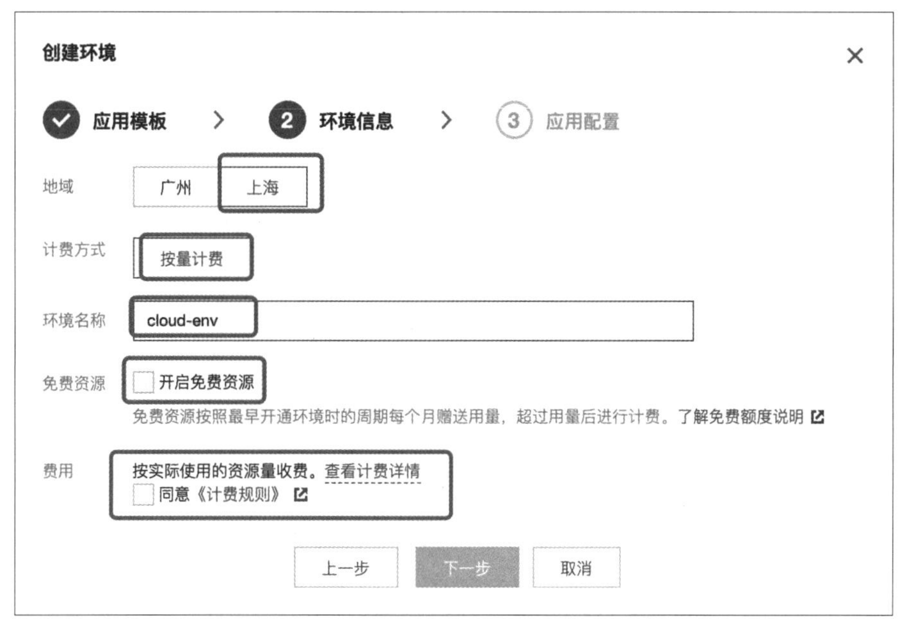

图 7-8　“环境信息”页面

单击“下一步”按钮，在“应用配置”页面配置完毕后单击“立即开通”按钮，完成云开发环境的创建。接着会要求开通静态网站托管，同意后会出现如图 7-9 所示的页面，请注意默认域名、默认索引文档及文件夹的名称，“72bb-static-”后方的那串字符串就是环境编号。如果想要查看环境的相关设定，则可以在上方的环境下拉列表中选择想要查看的环境选项。

图 7-9　静态网站托管信息

编写一个简单的静态网页index.html，代码如下：

```
<!DOCTYPE html>
<html>
<head>
    <title>云开发静态网站托管</title>
    <meta charset="utf-8" />
  </head>
  <body>
    <h1>Hello CloudBase! 云开发静态网站托管</h1>
  </body>
</html>
```

想要部署上述静态网页文件到云开发环境中，需要先确认是否已经完成CloudBase CLI工具的安装，如果未完成安装，则先完成安装再进行下列操作。打开命令行工具，执行以下命令：

```
#创建一个新文件夹
mkdir newdir
cd newdir
#登录云开发
tcb login
#部署文件到云开发环境中
tcb hosting deploy index.html -e [envId]
```

图7-10中的上图所示为在命令行终端中输入命令后的运行结果，下图所示为在本地浏览器中所看到的结果。

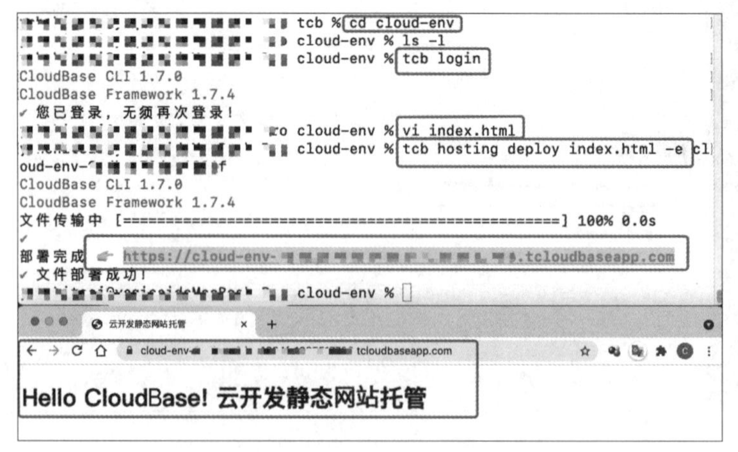

图7-10　部署静态网站托管的命令和结果

2. 掌握静态网站托管的配置方法

接下来，为所托管的静态网站配置索引文档和重定向规则。登录云开发CloudBase控制台，进入“静态网站托管”页面。选择“基础配置”选项卡，在“路由配置”区域中为静态网站配置索引文档和重定向规则，如图7-11所示。

图7-11　为静态网站托管配置索引文档和重定向规则

索引文档是指当用户访问网站的根目录或任何子目录时，TCB将会返回目录下的索引文档，索引文档默认为index.html，可以修改为任意值。

在重定向规则的错误码重定向中，目前重定向规则仅支持对4xx错误码（如404）进行重定向配置。开发人员可以选择性地自定义错误页面，如果用户触发了对应的HTTP错误，可以显示自定义的“404 Not Found”错误页面。例如，如果开发人员将错误文档配置为404.html，则当用户访问的页面不存在时，TCB将返回根目录下的错误文档404.html作为响应内容。

编写一个简单的错误页面404.html，代码如下：

```
//404.html
<!DOCTYPE html>
</html>
<head>
    <title> 云开发静态网站托管 404 </title>
    <meta charset="utf-8" />
  </head>
  <body>
    <h1> 云开发静态网站托管—用户访问的页面不存在 </h1>
```

```
    </body>
</html>
```

部署错误文档404.html到云开发环境中，打开命令行工具，执行以下命令：

```
#部署错误文档到云开发环境中
tcb hosting deploy 404.html -e [envId]
```

图7-12中的上图所示为将错误文档部署到云开发环境中的命令，左下图所示为部署前腾讯云的预设页面，右下图所示为部署后的页面。

图7-12　将错误文档部署到云开发环境中的命令和结果

静态网站中的文件可以设定缓存配置，缓存配置分为节点缓存配置和浏览器缓存配置，TCB静态网站托管支持设置文件缓存时间，用户可以为以下类型的文件设置缓存时间：

（1）特定的文件后缀名，如.jpg、.png。

（2）文件夹，如/test、/foo、/bar。

（3）文件，如/static/*.js。

TCB静态网站托管通过安全配置支持防盗链黑/白名单、IP黑/白名单和IP访问限频等配置，以避免恶意程序使用资源URL盗刷公网流量或使用恶意手法盗用资源。

（1）防盗链黑/白名单：可以通过设置黑名单或白名单来配置防盗链。黑名单为拒绝指定的域名访问静态资源，被识别为非法的请求，会返回403响应；白名单为允许指定的域名访问静态资源。

（2）IP黑/白名单：可以通过设置IP黑/白名单来阻止/放开某些IP地址访问静态资源，支持IPv4地址及其网段格式（/8、/16、/24），支持完整的IPv6地址。

（3）IP访问限频：可以通过设置IP地址的访问限频来阻止某些IP地址过多消耗资源。

（五）知识拓展

搜索引擎优化（Search Engine Optimization，SEO）

搜索引擎优化是一种利用搜索引擎的规则来提高网站在有关搜索引擎内的自然排名的方式，其目的是让网站在行业内占据领先地位，从而获得品牌收益。搜索引擎优化在很大程度上是网站经营者的一种商业行为，将自己或自己公司的排名前移。

搜索引擎优化的技术手段主要有黑帽（Black Hat）、白帽（White Hat）两大类。通过作弊手法欺骗搜索引擎和访问者，最终将遭到搜索引擎惩罚的手段被称为黑帽，如隐藏关键字及制造大量的meta标签、alt标签等。而通过正规技术和方式，并且被搜索引擎所接受的SEO技术被称为白帽。

（1）白帽方法：搜索引擎优化的白帽方法遵循搜索引擎的接受原则。它们的建议一般是为用户创造内容，让这些内容易于被搜索引擎机器人索引，并且不会对搜索引擎系统弄虚作假。一些网站的员工在设计或构建他们的网站时出现失误以致该网站排名靠后时，白帽方法可以发现并纠正错误，如机器无法读取的选单、无效链接、临时改变导向、效率低下的索引结构等。

（2）黑帽方法：通过欺骗技术和滥用搜索算法来推销毫不相关、主要以商业为着眼点的网页。黑帽SEO的主要目的是让网站得到它们所希望的排名进而获得更多的曝光率，这可能导致令普通用户不满的搜索结果。因此，搜索引擎一旦发现使用黑帽方法的网站，轻则降低其排名，重则从搜索结果中永远剔除该网站。选择黑帽SEO服务的商家，一部分是因为不懂技术，在没有明白SEO价值所在的情况下被服务商欺骗；另一部分则只注重短期利益，存在赚一笔就走的心态。

项目实训

搭建 Hexo 静态博客

（一）实训目的

（1）掌握对静态博客系统进行增、删、改、查操作的方法。

（2）掌握云开发CLI工具的操作。

（3）掌握云开发静态网站托管的操作。

（二）实训内容

Hexo是被人们广泛使用的静态博客系统，除了可以通过GitHub Pages来部署，用户还可以通过云开发CLI工具使用云开发静态网站功能来部署。

（三）问题引导

（1）本地开发和云开发的区别是什么?

（2）如何设置云开发环境?

（3）Hexo的文件结构是什么样的?

（4）如何在本地开发Hexo？

（5）如何将Hexo部署到云端供外界存取?

（四）实训步骤

想要在腾讯云上进行Hexo博客系统的托管，需要的准备工作如下：

（1）注册腾讯云账号。

（2）创建云开发环境，获得环境编号（envId）。

（3）安装Node.js。

（4）安装CloudBase CLI工具。

（5）安装Hexo。

1. 创建云开发环境，获得环境编号（envId）

登录腾讯云网站并进入“静态网站托管”页面，如图7–13所示。先创建环境，如果已经有云开发环境，则可以选择要将静态网站创建在哪一个云开发环境中，目前仅有上海和广州两个地域提供这样的服务。

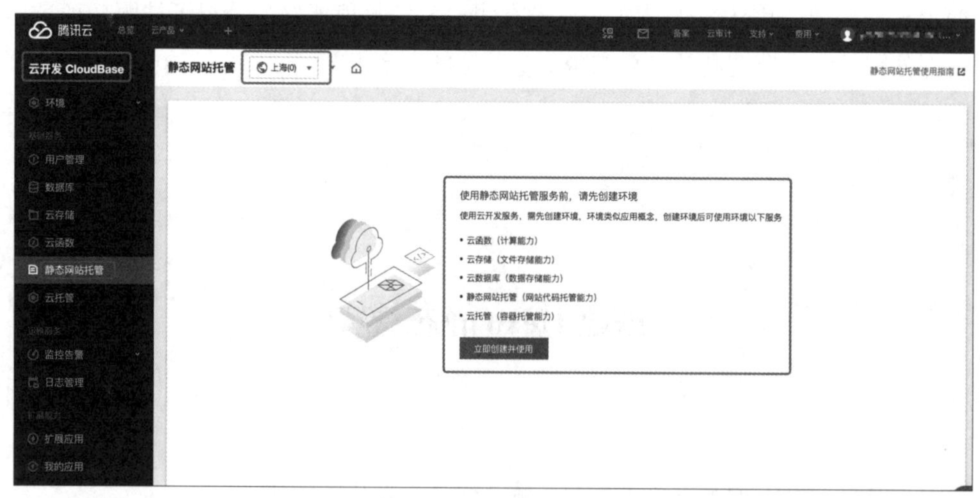

图7–13 “静态网站托管”页面

可以在创建模板的同时，在环境下建立一个应用程序，因为本项目实训的主要目的是在本地端创建Hexo博客系统，所以选择空模板，如图7–14所示。

在“环境信息”页面中配置以下信息，如图7–15所示。

- 地域：上海。
- 计费方式：按量计费。
- 环境名称：cloud-env。
- 免费资源：勾选“开启免费资源”复选框。
- 费用：勾选“同意《计费规则》”复选框。

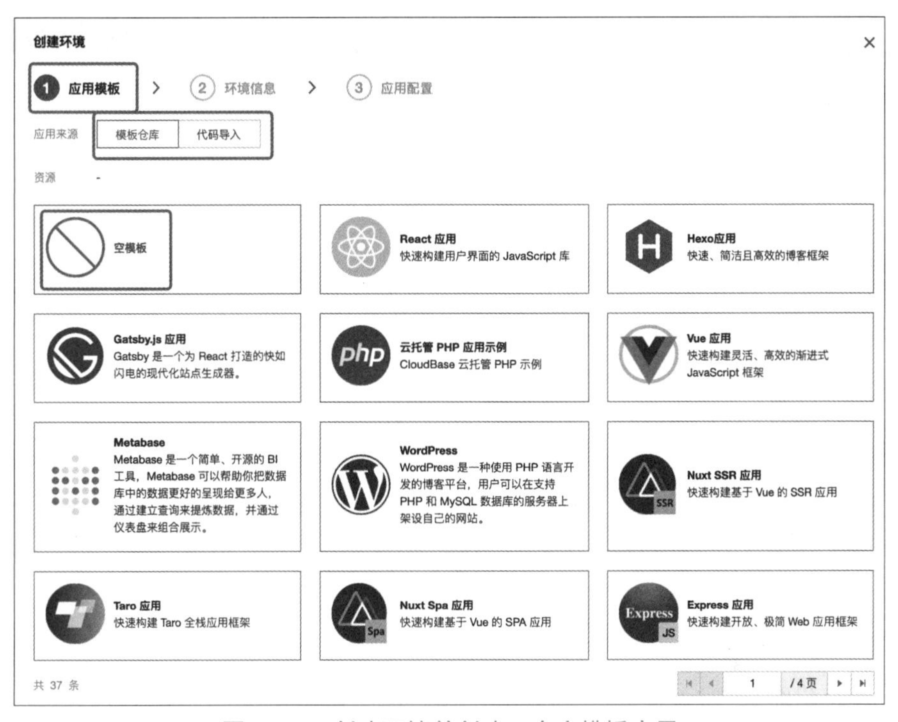

图 7-14　创建环境并创建一个空模板应用

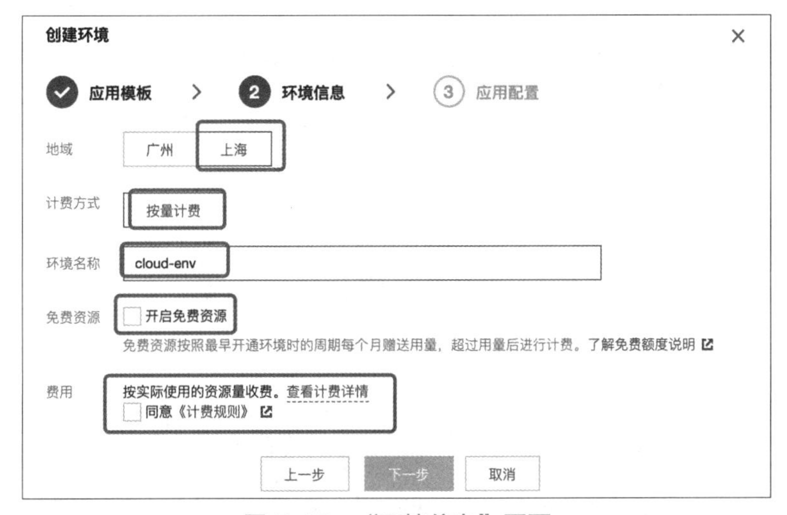

图 7-15　“环境信息”页面

单击“下一步”按钮，在“应用配置”页面配置完毕后单击“立即开通”按钮，完成云开发环境的创建。接着会要求开通静态网站托管，同意后会出现如图7-16所示的页面，请注意默认域名、默认索引文档及文件夹的名称，“72bb-static-”后方的那串字符串就是环境编号。如果想要查看环境的相关设定，则可以在上方的环境下拉列表中选择想要查看的环境选项。

图7-16　静态网站托管信息

2．安装Node.js

如果本机尚未安装Node.js，请从Node.js官网下载二进制文件直接安装，建议选择的版本为LTS，并且版本号必须为8.6.0+。图7-17所示为Node.js的下载界面，目前的版本号为14.17.0，因为编者的计算机为Mac，所以显示的下载平台为macOS(x64)。

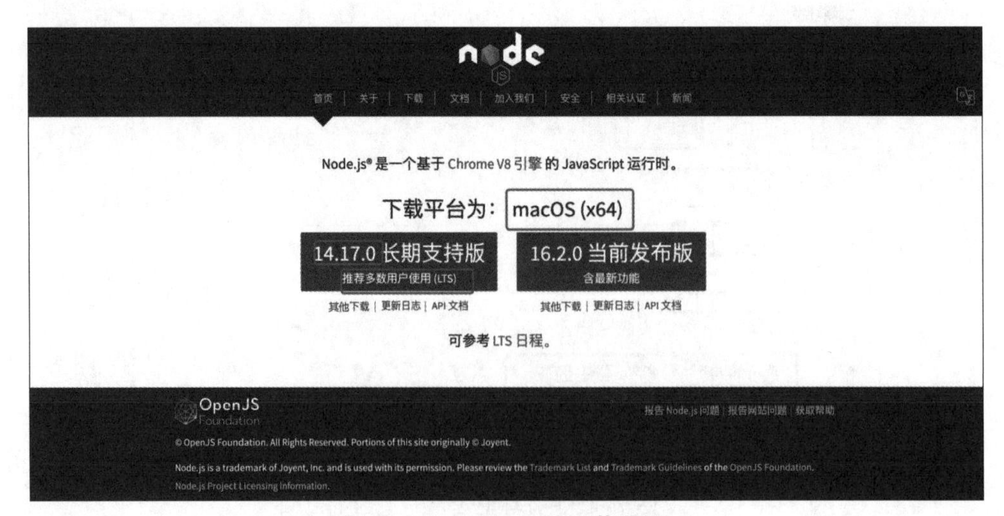

图7-17　Node.js的下载界面

3．安装云开发CLI工具和Hexo

进入命令行终端界面，执行以下命令，安装云开发CLI工具和Hexo：

```
npm install -g  @cloudbase/cli hexo-cli
```

如果npm install -g @cloudbase/cli hexo-cli命令运行失败，则用户可能需要修改npm权限，或者以系统管理员身份运行以下命令：

```
sudo npm install -g @cloudbase/cli hexo-cli
```

利用以下命令来检验云开发CLI工具和Hexo是否安装成功，命令运行结果如图7-18所示。

```
tcb -v
hexo -v
```

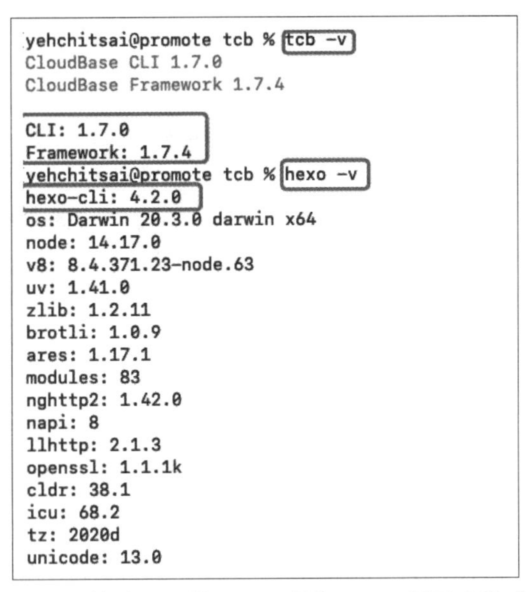

图 7-18　检验云开发 CLI 工具和 Hexo 是否安装成功

4．在本地初始化一个Hexo项目

执行以下命令，创建一个Hexo项目，项目名称为tcb-hexo，Hexo会建立一个名称为tcb-hexo的文件夹来存储这个项目。

```
hexo init tcb-hexo
cd tcb-hexo
ls -l
```

图7-19所示为tcb-hexo项目初始化的所有文件夹，利用tree工具可以列出该项目下的所有文件夹和文档数量，由图可知，共有510个文件夹和3650个文档。

```
510 directories, 3650 files
yehchitsai@promote tcb-hexo % ls -l
total 256
-rw-r--r--    1 yehchitsai  staff       0  5 30 10:42 _config.landscape.yml
-rw-r--r--    1 yehchitsai  staff    2441  5 30 10:42 _config.yml
drwxr-xr-x  166 yehchitsai  staff    5312  5 30 10:42 node_modules
-rw-r--r--    1 yehchitsai  staff  118983  5 30 10:42 package-lock.json
-rw-r--r--    1 yehchitsai  staff     615  5 30 10:42 package.json
drwxr-xr-x    5 yehchitsai  staff     160  5 30 10:42 scaffolds
drwxr-xr-x    3 yehchitsai  staff      96  5 30 10:42 source
drwxr-xr-x    3 yehchitsai  staff      96  5 30 10:42 themes
```

图 7–19　在本地初始化一个 Hexo 项目

5．开发本地 Hexo 项目

执行以下命令启动服务器并预览成果：

```
hexo server
```

图 7–20 中的左图所示为在命令行终端中输入命令启动服务器，右图所示为开启本地浏览器，在地址栏中输入“http://localhost:4000/”预览成果。

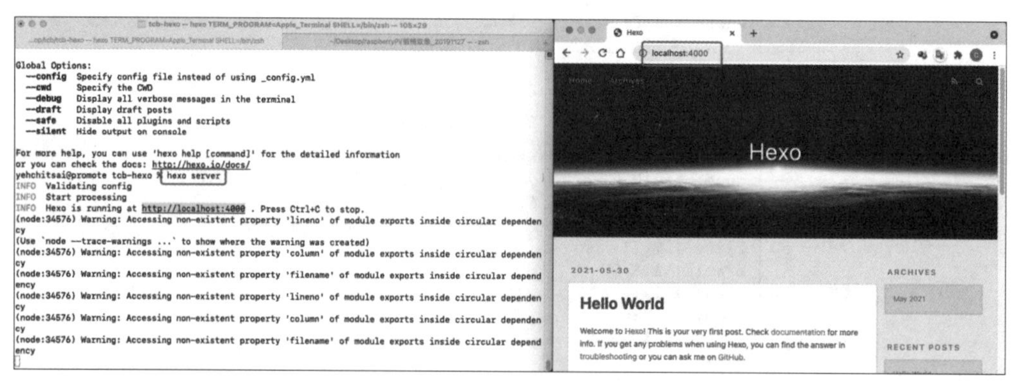

图 7–20　启动服务器并预览成果

修改 tcb-hexo 项目，将 ./source/_posts/ 内的博文 hello-world.md 复制一份，并命名为“hello-world2.md”，重新启动服务器并预览成果，会看到有两篇博文，如图 7–21 所示。

图 7–21　修改 tcb-hexo 项目

6．部署tcb-hexo到腾讯云开发应用中

在tcb-hexo目录下执行hexo generate命令来生成静态文件，Hexo会默认将文件生成在public目录下。文件生成完成后，通过云开发CLI工具进行部署（需要将envId替换为前面创建云开发环境时所获得的环境编号）。

```
hexo generate
cd public
tcb hosting deploy ./ -e [envId]
```

图7-22中的左图所示为在命令行终端中执行命令的结果，右图所示为云开发中静态网站托管的内容，部署时要特别注意所在目录。可以发现Hexo会将先前的xxxxx.md的MarkDown文档转换成HTML静态网页。

图7-22　在tcb-hexo项目中产生多份MarkDown文档

（五）实训报告要求

记录应用云开发完成本项目实训的心得体会，并结合操作界面截图进行总结说明，形成文字报告。

项目总结

本项目主要介绍了如何使用云开发CLI工具将Hexo本地文件部署到云开发环境的应用中，可以让使用者更了解本地端和云开发环境之间的差异，以及如何让互联网上

的其他人可以存取到开发人员的文件，以此来了解后端开发的原理及网站部署的基本原理与操作。

课后练习

一、单选题

1. 以下哪一项不是静态网站的组成元素？（　　）

A.HTML　　B.CSS

C.JavaScript　　D.Node.js

2. 通常静态网站使用下列哪种数据库？（　　）

A.MySQL　　B.MongoDB

C.SQL Server　　D. 不使用

3. 以下哪一项不是制作动态网页使用的语言？（　　）

A.ASP　　B.PHP

C.JSP　　D.MySQL

4. 以下哪一项不是开源的静态网站的生成工具？（　　）

A.Hugo　　B.Hexo

C.VuePress　　D.Vue.js

5. 以下哪个命令可以创建云开发环境？（　　）

A.tcb env create cli-env

B.tcb create env cli-env

C.tcb env new cli-env

D.tcb env add cli-env

6. 以下哪一项是云开发的静态网站托管中不提供的服务？（　　）

A. 自定义域名

B. 命令行部署

C. 支持 HTTP 与 HTTPS 访问

D. 支持数据库

7. 以下哪个命令可以部署 index.html 文件到云开发环境中？（　　）

A.tcb hosting deploy index.html -e [envId]

B.tcb storage deploy index.html -e [envId]

C.tcb deploy hosting index.html -e [envId]

D.tcb deploy storage index.html –e [envId]

8. 以下哪个命令可以创建一个Hexo项目？（　　）

A.hexo init tcb–hexo

B.tcb init tcb–hexo

C.hexo new tcb–hexo

D.tcb new tcb–hexo

9. 以下哪个命令可以启动服务器并预览Hexo项目成果？（　　）

A.hexo server

B.hexo start server

C.tcb hexo server

D.tcb start server

10. 以下哪个命令可以生成Hexo静态文件？（　　）

A.hexo generate

B.hexo build

C.tcb hexo generate

D.tcb hexo build

二、实操题

部署Hugo博客系统到云开发环境中。